成为设计师丛书

如何成为绿色建筑师

——可持续建筑，设计，工程，开发和运营的职业指南

[美] 霍利·亨德森 著

李珺杰 朱 聪 译

夏海山 校

中国建筑工业出版社

著作权合同登记图字：01-2013-7609号

图书在版编目（CIP）数据

如何成为绿色建筑师——可持续建筑，设计，工程，开发和运营的职业指南／（美）亨德森著；李珺杰译 . —北京：中国建筑工业出版社，2018.6
（成为设计师丛书）
ISBN 978-7-112-22317-6

Ⅰ.①如…　Ⅱ.①亨…②李…　Ⅲ.①建筑设计—可持续性发展　Ⅳ.①TU2

中国版本图书馆CIP数据核字（2018）第128273号

Becoming a Green Building Professional：A Guide to Careers in Sustainable Architecture，Design，Engineering，Development，and Operations / Holley Henderson and Anthony D. Cortese，ISBN 978-0470951439

本书经美国John Wiley & Sons，Inc.出版公司正式授权翻译、出版

责任编辑：姚丹宁　董苏华
责任校对：姜小莲

成为设计师丛书
如何成为绿色建筑师
——可持续建筑，设计，工程，开发和运营的职业指南
[美] 霍利·亨德森　著
李珺杰　朱　聪　译
夏海山　校

*
中国建筑工业出版社出版、发行（北京海淀三里河路9号）
各地新华书店、建筑书店经销
北京点击世代文化传媒有限公司制版
北京中科印刷有限公司印刷
*
开本：889×1194毫米　1/20　印张：20⅘　字数：582千字
2018年12月第一版　2018年12月第一次印刷
定价：78.00元
ISBN 978-7-112-22317-6
（32138）

版权所有　翻印必究
如有印装质量问题，可寄本社退换
（邮政编码 100037）

献给我的母亲，Nora Ellen

目 录

第一章 为什么要发展绿色建筑？

第二章 绿色建筑专家都做什么？

第三章 绿色建筑教育

第九章　绿色建筑的未来

前　言

人类设计革命

——Anthony D. Cortese，Sc.D. Second Nature 总裁；

American College & University Presidents' Climate Commitment 发起人

人类与高等教育正处在前所未有的十字路口

由于人口和技术 / 经济系统的飞速增长，人类已经成为造福地球和其他居住者健康和福祉的主要力量。人类的数量和工业资本的蓬勃发展对地球造成的影响不亚于其冰河时期与小行星相撞带来的破坏性后果。在曾经的两个世纪中，地球人口从 10 亿增长到了 67 亿，能源消耗增长了 80 倍，经济产量增长了 68 倍，其中大部分发生在 20 世纪初期。尽管各种环境保护的流程和法律体系已于 1970 年在工业化国家建立，但根据大多数国家和国际主流科学评估，所有生命系统（海洋、渔业、森林、草原、土壤、珊瑚礁、湿地）从长期来看都处于急速下降的水平。一些（例如，主要海洋渔业、珊瑚礁、森林）已经崩溃，而更多的是正在快速接近着崩溃的边缘。人类与自然界都在经受着考验，有毒环境、人造化学品，以及空气和水污染，这些都影响着我们的健康和大生态系统的生产能力。

同时，我们在许多健康和社会目标中并没有获得理想的成绩：32 亿人没有卫生设施，并且收入低于 2.5 美元 / 天；超过 10 亿人无法获得清洁的饮用水。世界上最富有的 20% 和最贫穷的 20% 的差距已经从 1960 年的 28∶1 发展到目前的 85∶1。即使在美国，这样的差距也是自 19 世纪末、20 世纪初的镀金时代以来最大的时期。在资源（如石油和水）方面，我们有全球性的经济衰退和国际冲突，这破坏了全球社会的稳定性，世界上 25% 的人口消耗着全球 70%-80% 的资源。

加速所有负面趋势的挑战是人类引起的全球变暖，主要由于化石燃料的燃烧，而这些正在破坏着地球的气候和其他生命的支持体系。不管我们在新闻媒体中听到或读到什么（尤其在美国），人类引起的气候破坏是真实存在的，而且已经影响到了我们：它比五年前（2007 年）最保守的科学家们的预测还要糟糕，而且发生的速度也要更快。大多数人不明白的是，对地球气候的破坏会削弱现代文明的基础。正如 Dianne Dumanoski 在她《The End of the Long Summer》一书中所断言的：

> 我们的生活方式依赖于稳定的气候条件。在格陵兰岛和南极洲冰层的取样告诉我们，在这个动荡的气候历史中，我们生活在一个非常特别的时期。我们现在能看到的大多数物种都经历了 200000 年的存在，我们的祖先不得不在一种不利于农业的极端气候中生活。就我们所知，目前世界农业、文明和人口数量方面的发展，只是因为一种少见的气候插曲——在过去的 11700 年中一种反常的"长夏"的气候稳定期。人类已成为全球气候变化的风险代理人，我们现代工业文明的庞大规模，正在破坏着我们星球的代谢系统——这是维系我们所有地球生活的一个庞大的整体性过程。由于人类对星球的影响，地球上这个特殊时期即将结束，而前方会发生什么谁也无法得知。[1]

虽然这可能（而且应该）会让我们感到不适，但这就是目前的现实，并会引发人类未来的核心问题：

> 我们将如何确保所有当前和未来人类的基本需要都能得到满足？生活在繁荣安定的社会，在能否为拥有 90 亿人口并且到 2050 年计划将经济产出增加 3-4 倍的世界提供足够的经济机会？这个星球支持生命的能力是否在日益减弱？

地球系统的科学家一直认为，如果每个人都按美国平均水平线的生活方式，我们则需要四到五颗行星（按欧洲生活方式需要三颗），不断供应所有我们需要的资源并提供核心的生态系统服务，包括将废弃物转化成

1　注释 1. Dumanoski, Dianne.《The End of the Long Summer: Why We Must Remake Our Civilization to Survive on a Volatile Earth》(纽约：皇冠出版社，2009 ），第二页

有用物质。与此同时，亚洲、非洲和拉丁美洲正在以前所未有的速度扩张着经济，以使 30 亿人口摆脱贫困，为全体人民创造更高质量的生活。挑战的不仅仅发生在环境层面，可以说这将是人类文明、道德和才智所面临的最大挑战。但这并不是关于拯救地球。地球已经历经了五次重要的生物灭绝，最后一次是在 6500 万年前的恐龙时代，而第六次将是由人类造成的。我们的目标是为全人类创造一个繁荣的文明。我们的目标是建立在理解所有人类活动和人类生存完全依赖于地球的所有资源和核心生态系统服务之上的，包括将废弃物转化为有用物质。

观念的转变

我们是如何一步步走到今天的？现代工业社会的文化操作说明就是，只要我们更加努力、聪明，让市场力量在社会中更好地运行，所有这些挑战都会迎刃而解。

但现代文明伴随的日常活动使我们自身的生存问题受到了威胁，并把地球生活系统置于危险之中，而这也会威胁到现代文明的生活条件。在工业化的世界里，我们被一种神话所误导，认为人类随着持续"进步"和经济的发展，最终的目的是控制并独立于自然，因为这种模式在过去三个世纪中确实为世界人口中很重要的一部分（尽管可能仍是一小部分）在现代社会生活质量提升方面作出了巨大的贡献。这个导向性的神话包含了一个隐含的假设，无论人口的数量或其物质欲望的水平如何，地球都将不断地、无限地给我们提供资源并将废弃物变为有用物质。这个神话假定人类的技术创新将使我们忽视星球的限制。

我们需要在思维和行动方式上做些转变。正如爱因斯坦所说，"我们不能在创造问题的思维层面去思考解决方法。"我们目前看到的有健康、经济、能源、政治、安全、社会正义、环境，和其他如独立、竞争、等级等社会问题，这些问题是有系统性并相互依存的。但事实是我们在系统设计上是失败的。

例如，我们本身没有环境问题，但我们在构造经济、社会和技术的方式对健康和环境都会带来消极的后果。21 世纪的挑战必须以系统的、集成的、整体性的方式解决，并以强调创新和更好的方式来帮助和实现成功社会。我们需要做的，是能够为使用者带来健康和生产力的建筑，使用尽可能少的能源并从可再生能源中获取能量，采用可再生的环保材料，在当地提供的生态系统中生活，支持壮大的本地和地区社会网，鼓励可持续的绿色

出行，并不断学习如何以可持续的方式生活。

改造建成环境

当我们审视人类的影响和需求的规模时，很明显，重建自然和建成环境必须是当务之急。建筑对环境和人类健康有重大影响，它需要全世界淡水资源的六分之一，收获木材的四分之一，物质和能量流的五分之二（电力的70%），这些对环境和健康都产生了非常大的负面影响。结构也会对当前定位之外的区域产生影响，社区的空气质量、受影响流域、运输模式等——超过五分之四的交通运输是由一座建筑前往另一座建筑的。此外，发达国家的人们将近有90%时间都是在室内，好的室内环境质量关乎健康，但为创造、运营和补给这一水平基础设施所需的资源是巨大的，而这些资源正在减少。据说，我们将不得不替换四分之三的现有建筑存量，并在未来40年内建造双倍的建成环境以适应需求。这些如果没有设计、施工、运营和选址方面的彻底改变，是不可能实现的。

设计原则

这里是有关于我们所知道的长期运作的可持续生活：

- 尽可能少用资源和能源；用可再生能源为经济提供动力。
- 从线性的"取、造、废"模式转化为循环工业生产，其中"废弃物"的概念将被消除，因为每一种废品都是另一种工业活动的原料或所需物。
- 依靠自然所生产的产物生活，而不是依靠资本——以自然界能够自我更新的速度利用自然资源——并将这些理念带入可持续林业、渔业和农业。

这是一种仿生学概念——对在34亿年的实验中存活下来的自然界的模仿和学习。

这些原则为所有当前和未来几代人能够追求有意义的工作，有机会实现自己的全部潜力，提供了很好的机会。

越来越多的企业、政府、劳工和其他领导人都一致认为，建立在这些原则基础之上的清洁、绿色经济是恢复美国经济领导地位、创造数百万就业岗位、帮助解决全球健康和环境问题的唯一途径。Interface公司是世界上最大的拼块地毯制造商，年销售额达 12 亿美元，同时也是致力于经济、社会、生态可持续发展的世界领先公司之一，该公司已故主席兼创始人 Ray Anderson 曾说过：

　　在 Interface，可持续发展的商业案例（作为我们业务的核心目的）是非常清晰明确的：一个资本家的核心，我想不到更好的案例能够带来更低的成本、更好的产品、更高的士气，忠诚的员工和好的信誉。我们成本的下降而不是上升，破除了可持续性代表昂贵的神话。我们的第一步倡议——对浪费零容忍——它已经帮我们节约了 4.33 亿美元，这些金额超过了对所有资本投资和可持续发展相关所需支付的费用。我们的产品一直以来都是最棒的。可持续发展是一种创新的源泉；我们的产品设计师一直都以成功运用"仿生学"为导向，以自然为灵感。大家围绕着我们的使命和一个更高的目标——马斯洛理论中的最高层自我实现：当人们致力于一些高于自我之事时的自我实现，这是一种自上而下和自下而上的由可持续性发展而来的调整方式。由此带来的市场声誉是巨大的，同时也为 Inerface 赢得了业务，因为客户都希望与一家正在尝试做正确之事的公司合作。没有大量的市场营销，不打广告战，就创造出了我们所经历的那种顾客忠诚度。[2]

改变我们的思想，价值观和行动

　　这些原则必须是学习和实践的基础。高等教育必须领导这一努力，因为它将要负责提供大多数开发、领导、管理、教育、从事和影响社会机构的专业人士，包括最基本的：小学、初中和高中。高等教育已经成为了实现现代化、先进文明一个关键的杠杆点，它将在这个迅速展开和相互依存的世界中变得更加重要。此外，学院和大学校园是社会的缩影——他们就像能够反映社会的一些小城市或社区。

　　不幸的是，目前的教育系统，总体上来说是在强化当前不可持续发展的模板。事实上，正是那些世界上最好的学院、大学和专业学习的毕业生带领我们走上这条道路。例如，尽管越来越多的建筑学校专注于教学可持续设计，但他们大多数还没有使可持续设计融入教育体系和实践，而且几乎所有知识学科和职业教育也是如此。

2　Ray C. Anderson. "Editorial：Earth Day，Then and Now." Sustainability：The Journal of Record. April 2010, 3（2）：73–74. doi：10.1089/SUS.2010.9795.

为什么会这样呢？当前系统中几个结构方面的问题有助于理解这些。人口、人类活动和环境之间的相互作用是社会必须解决的最复杂且相互依存的问题，例如战略、科技和安全公正的政策体系，以及环境的可持续性未来。这些问题跨越了占主导地位的高等教育学习框架和学科界限。此外，许多高等教育强调个人学习和竞争，导致专业人士对合作的努力不足。

高等教育在促进可持续发展的现实中如何发挥领导作用呢？学习的内容将更多关注人与环境的相互依存、价值观和道德观的无缝对接，以及作为核心学科的教学。学习的内容将反映跨学科的系统思维，动力学以及运用学科中的横向严谨和纵向严谨进行所有专业和学科的分析。教育要把重心放在积极的、体验式的、以探索为基础学习以及解决现实中的实际问题上，并在校园以及更广泛的社区当中进行。高等教育将在正式课程中进行对可持续发展的运作、规划、设计、采购和投资。作为高等教育的使命和学生体验的一个组成部分，它将与当地和社区建立伙伴关系，以帮助他们进行可持续化发展。后者是至关重要的，因为高等教育包括经济发展的锚机构，其每年运营支出约为 32000 亿美元（所谓"锚机构"就是深深地嵌入社区，作为社区的生活、经济和社会发展必备要素的一类机构，没有这些机构，社区就不能称之为社区——译者注）。这比世界上除了 28 个国家以外的所有国家 GDP 总和还要高。

希望的灯塔

高等教育中的可持续发展环境维度，特别是在过去的十年中，在各学科项目中都有着前所未有的快速增长。令人兴奋的环境（和现在的可持续发展）研究和研究生项目在每一个主要学科、工程和社会学科中都有出现，并在设计、规划、商业、法律、公共卫生、行为科学、道德和宗教中逐渐增长并变得丰富。在校园中可持续发展的进步也以更快的速度增长。高等教育已经接受了能源和水资源保护、可再生能源、废弃物最低化和回收、绿色建筑、采购、替代交通、当地食品和有机食品的增长，以及"可持续"采购——对环境和金钱的双重节约。由此带来的增长率是任何其他社会所无法比拟的。

在美国，根据美国绿色建筑委员会[3]数据，在过去十年，高等教育领域有近 4000 座为达到 LEED 体系（绿色能源与环境设计先锋）而设计或正在设计的新建筑。美国的学生环境运动是 20 世纪 60 年代民权运动和反

3　USGBC：美国绿色建筑委员会，www.usgbc.org/，访问日期 2010-7-15.

战运动以来组织最完善、规模最大、最先进的学生运动。这些发展是二战以来高等教育创新最鼓舞人心的趋势之一。

但遗憾的是，高等教育在可持续发展的健康、社会和经济方面做得并不好。而且教育的努力并没有普及到大多数学生，他们对可持续发展的重要性知之甚少，也不知道如何将个人和职业生涯与可持续发展原则相结合。除了少数例外，可持续发展，更多的是作为一个社会愿望，而不是中央机构用以决定高等教育机构成功与否的目标。对于美国的系统转变来说，最明亮的灯塔之一就是美国学院和大学校长气候承诺（ACUPCC）[4]，开始于 2007 年 1 月，由 12 所大学和其校长，并与 Second Nature，促进高等教育可持续发展协会（AASHE），和 ecoAmerica 合作共同努力应对环境问题。这是一个高知名度的联合和个人承诺，以衡量、减少，并最终中和校园温室气体排放，培养学生能力的同时对社会也能起到帮助作用，重要的是，他们会公开其进度报告。其中 Second Nature 一直为 ACUPCC 提供网络组织和支持方面的帮助。

截至 2011 年 1 月，仅仅不到五年时间，在所有 50 个州和哥伦比亚特区，已有 675 所大学做出了此项承诺。他们代表了 590 万名学生——约占学生总数的 35%——包括了各种类型的机构，从两年制的社区学院到最大的研究型大学。这是前所未有的领导力。高等教育是美国第一个也是唯一一个拥有相当数量致力于气候中立成员的重要部门。这些在国际社会这方面功能缺失情况下显得尤为重要，根据我的经验，我认为美国国会也会采取行动。因为这些学校所做的都是在科学领域的必要之事，但对于目前的操作模式来说并不容易做到。

另一座希望的灯塔，是通过专业学校、社团和非政府组织（如 USGBC，Architecture 2030，和美国建筑师学会）进行专业设计、施工和规划的努力。Holley Henderson 的名为《如何成为绿色建筑师》（Becoming a Green Building Professional）一书是对这一努力的重要贡献——它结合了各种对专业设计团队来说十分重要的知识和角度，这些对于创造建筑和社区设计革命也是非常重要。同时它也对学院、大学和专业学校中的教师、学生和专业人士的实践也起到了非常重要的助力。

尽管所有这些努力都是非常重要的，但挑战的规模需要我们在思维、行动和价值观上都要有巨大的飞跃。世界上最主要的国际政府、科学和非政府机构，以及许多商业组织，都认同在下一个十年中必然会发生个人和集体的价值观和行为方面的深刻变化，如果我们要避免改变，则会破坏一个辅助人类文明的长期生存能力。

许多人认为创造一个健康、公正和可持续性的社会太过困难或无法实现，但如果我们还像以往一样，今

---

4 美国学院和大学校长的气候承诺，www.presidentsclimatecommitment.org/，访问日期 2011-1.

天的学生和他们的孩子都将会经历最严重的气候破坏，以及其他大型的为满足人类需求的非不可持续手段带来的恶劣影响。他们会发现自己生活的美好、和平和安全的世界早已被大打折扣。而我们则面临着现代史上最大的代际公平挑战。地球并不认为人类的改变有多困难，它会用自己的时间和自己的方式慢慢回应着我们所做的一切，它并没有认知能力，只能等待着由我们来找出如何保护我们生活方式和我们自己的改变方式。

如果遵循本书的原则，下一代则将有机会获得他们应得的体面的生活。

绪　论

　　当我在考虑职业道路时，我的倾向是一个以艺术为基础的领域，所以我发掘了自己作为室内设计师，在制作空间方面的才能。"你是否发掘自己在某方面的才华，你知道自己能胜任哪方面的工作？"通过不断对自己的提问和探寻，就是我发掘自己的过程。所以，在我母亲的推荐下，我阅读了一本名叫《Zen and the Art of Making a Living》的书，由 Laurence G. Boldt 撰写。有两个关键性的决定都是来自这本书：

- 调查选项。
- 问自己：你的目的是什么？

　　在我的职业选择研究过程中，我看到过 Ray C. Anderson 的一个演示，我清楚地记得，他用幻灯片播放着，我被他真实的故事所打动——是关于一个转型商人在零影响解决方案方面探索的故事。我的研究，再加上自己的灵感，终于在一个非常紧张的会议中达到顶点，参会的有我当时所在公司（tvsdesign）的总裁，Roger Neuenschwander，FAIA。我的观点很简单："绿色建筑是未来，我们需要朝着这个方向进发。"他毫不犹豫地说："那么写一份商业计划书吧，我会支持你的。"我当时还在想，"什么是商业计划书？"这场谈话就是发生在 LEED 刚刚起步和绿色建筑逐渐发出声音的时候。我并没有经过环境方面的培训或是教育，就连一个大学中的启发性环境生物课程都没有参与过。但他和公司愿意冒这个险。我最终完成了商业计划书，并帮助他们开始了可持续设计实践；多年以后，我效力于 Ray 的公司，InterfaceFLOR，并终于创建了一个名为 H2 Ecodesign 的可持续发展咨询公司。七年后，我被邀请写了这本书。

　　我认为我所经历的迂回路径都有助于我不断地思考，Teresa 曾经说过："你正是你需要的，做你需要做的。"当我在路上有所疑惑时，如果我在正确的地方，那么每一步（无论当时我是否知道）都将充满目标。这本书也是基于此而完成的。无论你在建筑领域采取什么样的职业道路，或是在一个完全不同的方向，比如会计、执业律师，或教师——环境意识都可以成为编织你职业生涯的脉络。避难所或建筑物都是我们的房子，所以他们对我们社会的贡献是重要的。

以下是我在探索职业生涯的早期学到并且目前依然认同的：倾听明智的建议，在灵感的驱动下行动，勇往直前，勇敢认识到道路的每一步都是有目的的。寻找你内在的指南针。

你可以开始你职业生涯的第一次探索，可以过渡到一个生态性质的工作岗位，或仅仅只是考虑绿色建筑行业。无论你从哪里开始，绿色建筑的职业生涯都会是一个新的冒险。我们从一个被称为 Emerging Professionals 的充满活力的美国绿色建筑委员会（USGBC）群体中汇聚了一种独特的视角，Emerging Professionals 这个群体通常已经走出学校，但不超过 30 岁。你会发现他们声音贯穿本书，这是他们的图标：**EP**

获取更多关于 USGBC Emerging Professionals 的信息，请访问网站：www.usgbc.org/DisplayPage. aspx?CMSPageID=116。

致　谢

在这里我要表达最衷心的感谢，感谢所有在完成本书过程中提供帮助的人。

感谢上帝使我有机会成为承载你们话语的容器。

衷心感谢我的家人——感谢 William 对我们国家的服务；感谢 Irene 的才华、贡献和创造力；感谢 Ellen 是宇宙中最了不起的母亲和大学中的生活教练（www.createyourlifecanvas.com）；感谢 Lauren 作为我最可信赖的妹妹，以及 Steve，Lily，Cooper，Cecilia，Haley，Kent，Chip，Tonya 和 Ronald。

Gregg Hinthorn——我爱你。感谢你敏锐的洞察力和不断的支持。

Sir Winston Longfellow——你是世界上最好的狗。谢谢你耐心地陪我散步，和那些漫长寂寞日子的陪伴。

感谢用一块块拼图创造出全部的我珍贵的朋友们。由衷感谢 Candace，Gaines，Ruth Ann，Teresa，以及冥想课程对我的不断支持。

在本书的创造中，感谢 John Wiley & Sons 公司为本书提供了契机，感谢 Kathryn，Danielle，Doug，Penny，以及整个幕后的编辑、制作和营销团队提供的大力支持。感谢 John Czarnecki 提供的初期图片。

写作和编辑并不是我日常的工作。所以，在本书形成的初期，Shannon Murphy 和 Kathryn（Kit）Brewer 在基础设施的设置方面提供了非常多的帮助。本书中的大部分内容，是由 Amara Holstein 进行编辑并进行反馈，从而促成了本书的整体完成。她也是一位作家，通过网站 www.amaraholstein.com/ 可以获取关于她的更多内容。Amara——感谢你的洞察力以及深夜和周末的辛勤劳动。Paula Breen，Lee Waldrup 和 Michael Bayer——感谢你们的早期提供的建议。

Lisa Lilienthal，非常感谢你为本书提供的创意，以及对 Tony Cortese 的引荐。Tony，很感谢你通过打造环境教育的道路对整个社会的贡献，以及感谢你愿意将对这项工作的想法借给我。

感谢愿意贡献出他们宝贵时间、知识和对未来绿色建筑职业提供支持的数百名学者、摄影师、从业人员和营销部门人员，感谢你们参与采访和进行图像收集工作——衷心感谢你们中的每一个人。

我们 H2 Ecodesign 的内部团队为本书的信息贡献提供了大量帮助。没有足够的语言能够表达对她——Sharlyn，无与伦比贡献的感谢，感谢你在那么多不眠之夜里所完成的工作。深深感谢 Yvonne 对本书细节的关注和跟进；关于她的作品可以访问 http：//yswords.com/；感谢 Melissa 和 Lauren 对图像协调的帮助。

感谢各位早期匿名审稿人对本书的推荐。在后期，Jim Hackler 提供了一位非常有见地的同行评审，感谢您付出的宝贵时间与反馈，更多关于 Jim 的作品可访问 http：//theurbaneenvironmentalist.com/。

感谢 Octane Coffee：www.octanecoffee.com，感谢你们在这几个月里为我提供的茶。

最后，但并非最不重要，我要感谢每一个在我生命中出现的挑战——你知道你是谁。逆境创造为我创造了一个重要的视角，我知道这些时刻都是我宝贵的成长经历。

CHAPTER

第一章
为什么要发展绿色建筑?

除非有人像你一样在乎这整件事情，否则一切都不会好转的。事实如此。

——苏斯博士，摘自 *The Lorax*（环保主题儿童读物）

我们的世界

绿色建筑是一门寻求回馈自然多于从自然环境（既大环境）中索取的学问，并且最终将帮助人类保护自身和地球的健康。这是一个崇高的目标，它从个人角度和专业层面激励着绿色建筑专业领域中的大多数人。然而，成为一名绿色建筑师没有一条标准的道路，绿色建筑专家也并不是一种特定的类型。这个领域是广泛而多样的，包含了大量的工作岗位和专业类型，但是所有人都怀揣着同一个理想：创造可持续发展的建筑，并最终实现可再生。

试想一个绿色建筑的创造者，绝不是一两组人亦或团队一起策划、设计、建造和维护一个建筑，相反，它是一个很好的综合组织，成员有着不同的背景和工作头衔。在房地产商和土地开发商更关注投资回报值的今天，绿色建筑承担着唤起人们环保意识和实现整体可持续发展战略的角色。建筑师设计建筑物本身的框架；室内设计师雕刻健康的室内空间；工程师在内部填充有效的系统，从水暖电气到机械工程。承包商要确保所有生态意识的元素都在建造过程中被正确安置，设施管理人员要保持场地的环境，直到木屑被清理，最后一个窗户安装完毕。

Nusta 水疗中心休闲区，华盛顿特区（LEED CI 金级）
公司：Envision Design 摄影：Eric Laignel

　　这本书的目标是向读者介绍绿色建筑行业，解释如何成为这个快速发展的职业领域中的一员，同样，也是为了激励读者。绿色建筑的职业道路是全新且不易规划的，但它同时也会为愿意坚持追求的人带来巨大的回报。

　　著名的绿色建筑师，同时也是美国建筑师学会会员的 William McDonough 曾说，"我们的目标是创造一个令人愉快的多样化、安全、健康和公正的世界，在这里我们可以公平、生态、优雅地享受干净的空气、水、土壤和能源，就是这样！这些东西都如此地令人着迷！"[1]

需　求

　　从全世界的范围来看，城市在垂直和水平的维度上呈现出更高、更大的趋势，建筑上的创新也越来越多。从钢筋混凝土建筑可以高达 2700 英尺（822.96 米），到市区的承载量可以达到 2000 多万人，人类的发明创造不断突破着过去难以想象的极限。

但是这种创新也是有代价的，其中大部分不良后果是环境上的。根据能源信息协会的数据表明，仅在美国，建筑行业产生的废弃物超过了整个国家废弃物排放量的30%，且占高达一半的能源使用量以及近四分之三的国家电力耗能。[2]

大量建筑行为的影响比比皆是，很多是由建成环境造成或导致的。其中最关键的三大问题是：空气污染、能源浪费和水资源短缺。

空气污染

一个人可以在没有食物和水的情况下生存数日，但几分钟没有空气都不行。一个隐蔽性的问题很容易被忽视，建筑物中的空气质量差往往表现为下述形式：细颗粒物，有毒气体排放和霉菌。从油漆、建筑材料、家具到清洁用品，挥发性有机化合物作为气体排放的增加，是目前造成空气质量差的一个共同因素。有毒建筑材料的能源生产、消费和浸出也会影响空气质量。所有这些空气问题都可能会导致严重的健康问题，如哮喘、上呼吸道疾病、儿童成长问题，甚至癌症等。

在佐治亚州劳伦斯维尔，佐治亚格威内特学院的学术中心，能源回收系统最大限度地提高了能源效率，使建筑的运行和维护都非常经济。玻璃幕墙部分向南，这种特别设计过的玻璃，可以为进入建筑的可见光提供一个高传输率，但太阳能的透过率较低。在可以获得一天内大部分日照的地区，一种玻璃原料已被应用于应对通过玻璃第三面进入内部的光，以进一步降低太阳能传输量。公司：John Portman & Associates。摄影：COURTESY OF GEORGIA GWINNETT 学院

能源浪费

能源是大多数建筑的动力核心。室内制冷和制热、照明、烹饪和用电需求等，所有这些功能都要消耗能源才能实现。环境能源问题涉及从化石燃料资源的有限性到气候变化的影响等多方面问题，很多人认为环境能源问题是导致海平面上升、食品供应变化，并且最终导致数百万人流离失所的重要原因。

水资源短缺

水资源是人类生存所需最基本的元素之一，水要用于从饮用、清洁卫生、烹饪到灌溉作物等一切事情。事实上，人在没有水的情况下仅能生存 2 ～ 10 天。[3] 但地球的淡水资源正在迅速减少，我们对它的需求却正在迅速增加。麦肯锡咨询公司 2009 年的一份报告显示，全球水需求量到 2030 年将增加 40%，而目前河流枯竭、气候干旱和海平面上升等因素共同作用，导致全球水资源的供应量正在不断减少。[4]

文艺复兴时期的绍姆堡会展中心酒店，绍姆堡，IL。池塘近 3.5 英亩，已 100% 用于本土植物的开发。公司：John Portman & Associates，摄影：JAMES STEINKAMP

我们关心绿色建筑的理由

人类作为一个群体，可以也应该成为提供环境可持续发展解决方案的领导者。正如科学博士安东尼·D·科斯特（"Second Nature"项目总裁）作出的解释：

要使以上论述成为现实，我们必须认识到，在可持续发展的道路上，文化和价值观与科学和技术发展同样重要。它必须以艺术、人文、社会和行为科学、宗教和其他精神的灵感，以及物理和自然科学和工程为引导，换句话说，通过学习和文化建立基本框架。它也必须遵循承诺，使人类的基本需求都能得到满足并且有机会得到充实的生活。

这些想法必须作为促进健康、公正和可持续型社会这样一个设计原则的核心，而这些原则则是建立在我们需将黄金法则运用在人类的现在和未来以及我们要在地球上度过的余生这样一个人类共识上面。为了进行这些工作，上述原则必须成为社会经济和管理框架的基础，因此，同样也必然作为教育的一个基本组成部分。

这些想法能实现吗？

能，因为我们必须这样做。[5]

在地球上，作为我们建造环境中的业主、规划师、设计师、工程师、施工人员和管理人员，为什么我们不能成为一个可持续未来的支持者？

绿色建筑先锋

绿色建筑专业的工作不仅仅需要一个工作者朝九晚五地按时上班，相反，就如同政治家和牧师一样，绿色建筑专业人士们的个人生活往往是他们职业生活中不可或缺的一部分，这是件非常有趣的事。绿色建筑专业的从业人员作为世界可持续发展趋势的引领者，不仅在他们的工作时间内要关注自己所做的事，更要将绿色的理念运用到他们整个生活方式和行为中，他们生活中所做的一切都要考虑在内，并且仔细斟酌，具体包括以下：

他们居住的地区：城市或郊区？

喜爱的交通方式：步行、骑自行车、坐火车、开车或乘坐飞机？

食物来源：地域性、季节性和是否为有机食品？

ASHRAE 为合伙用车者和节能汽车使用者
提供了专属停车区。（LEED 白金级）
公司：Richard Wittschiebe
Hand. OWNER AND
照片来源：ASHRAE.

采购的商品：是否符合公平贸易、制造商的价值观和产品的内容？

通常这些价值观和可持续发展目标是绿色建筑专业的总体精神和思想的一部分，绿色建筑专业人员不断地向一些更加细致的领域扩展，并留下他们的不断改进的绿色足迹。比如一个经常需要乘坐飞机出差的环保演讲人，或许在家时只会选择骑自行车及公共交通出行；又或是一个环境顾问可能会成为一个素食者，以减少她的碳足迹。虽然没有人可以做到对环境毫无危害或达到一个零碳足迹的生活状态，但致力减少碳足迹的努力往往能被一些其他同行或是领域外的人注意到，这些有利于可持续发展的行动使对生态理想的奉献精神变为现实。

激励措施

如果说环境问题不足以说服一个人意识到绿色环保的重要性，那么还有无数的商业和经济利益值得被考虑。房地产商可以对越来越理性且要求越来越高的消费市场宣传其绿色证书，从而得到更高租赁利率，实现更高的投资回报率，或是表现出他们在该领域的领导地位使其成为首选市场。当绿色建筑规章制度生效时，建筑升级不再需要昂贵的成本，并且可以通过降低保险费用、退税和一些激励措施来节省更多的资金。

另外一个连锁产生的省钱渠道——减少相关健康问题！事实证明，前面已经说过绿色建筑可以提供更好的健康环境，它将直接改善环境对居住者健康状况造成的不利影响，从而减少生病缺勤率，提高工作效率和考试成绩，并能使人们长期保持健康的状态。

这样对环境和最终产生的效益都很有利。

灰色的世界

用纸还是塑料？这是杂货店需要面对的一个共同问题，然而通常却不能简单地回答。因为这包含原材料提取、包装、运输，及相关联的水和能源的使用、材料对健康的影响、材料的再利用，以及各种其他方面的问题，它们共同作用影响着这个答案。即使你说不使用纸袋或塑料袋，并拿出自己的包放在柜台上，同样存在着问题：你的包是从哪里来的？它是什么材料制成的？是谁做的？如何清洗？即使这些看似简单的问题也可能会变得难以回答。

但这里也有一个简单的解决方案。当我们面临着一个不是非黑即白的灰色地带问题时，使用预防原则可能是"前进"的一种办法。这个基本形式的决策工具意义在于"防患于未然"。当风险还不确定的时候，预防原则能够帮助我们确定一个行为是否应该被执行，这是绿色建筑专业思维方式的基本前提。换句话说，预防原则认为，如果采取某一特定行为或执行某一政策可能对公众或环境造成危害，执行者应当承担举证的责任，以证明该方式是危害最小的形式。

建筑环境和预防原则是绿色建筑将所有环境问题考虑在内的切入点。

绿色建筑

那么，谁是美国绿色建筑的负责人？从联邦政府的角度看，美国环境保护署（EPA）作为政府机构目前担任这项任务，它于1970年建立并执行有关人类健康和自然环境的法令。[6]

> **绿色建筑**："绿色建筑"的概念由美国环境保护署（EPA）定义如下：
>
> 绿色建筑是对结构创建的一种实践，同时也是一个复杂的流程。这个流程将对环境负责和资源有效利用的观念贯穿在建筑的全部生命周期中，从选址到设计、施工、操作、维修、改造和解构。这种做法的拓展补充了传统建筑设计欠缺的对于经济、实用、耐用性和舒适性的关注。因此，绿色建筑也被称为可持续或高性能的建筑。[7]

美国绿色建筑史

　　绿色建筑并不是一个新概念。千百年来，由于实际原因，被动式太阳能设计（采光与照明）和使用本地或区域性材料已被纳入建筑创作中。最近，我们所知道的现代绿色建筑运动是由 20 世纪 70 年代的美国能源危机引起的，其中汽油燃料成本大幅飙升，呼吁着社会对于进行节能和替代燃料的相关研究的关注。

时间表

过去 40 年来的绿色建筑发展进程历史时间简史如下：

■ 1970 年建立了美国环境保护署。

■ 绿色建筑领域的相关专业在 20 世纪 90 年代开始正式的走到一起。在美国的一些早期的里程碑事件包括：

　■ 美国建筑师学会（AIA）组建环境委员会（1989 年）。

　■ 美国环保署和美国能源部共同启动了能源之星计划（1992 年）。

　■ 第一个出台绿色建筑方案的地区是得克萨斯州奥斯汀（1992 年）。

　■ 美国绿色建筑委员会（USGBC）成立（1993 年）。

　■ 克林顿政府发布"绿化白宫"提案（1993 年）。

　■ 美国绿色建筑委员会推出了针对新建筑的绿色建筑评估体系（LEED）1.0 版本试点方案（1998 年）。

■ 美国绿色建筑委员会 LEED2.0 版本获得通过（2000 年）。

■ ED Mazria 公布报告并提请科学家和建设部门共同关注建筑业对于气候变化和温室气体排放的影响，并应对 2030 年的气候变化挑战（2002 年）。

■ 总务管理局（GSA）要求所有新建的联邦建筑必须至少能够被认证为 LEED 银级（2003 年）。

■ 2005 年的能源政策法案包括联邦建筑可持续性能的评价标准（2005 年）。

■ 美国联邦绿色施工指南说明在所有建筑设计指南网站上公布（2006 年）。

■ 联邦环境执行办公室公布的美国联邦对于绿色建筑的承诺：经验与期望（2007 年）。

■ 布什总统签署 13423 号行政令——加强联邦环境、能源和运输管理，其中包括可持续发展设计和高性能建筑的联邦目标（2007 年）。

■ 2007 年的能源独立和安全法案包括了高性能绿色联邦大楼的要求（2007 年）。[8]

■ 美国绿色建筑委员会（USGBC）的 LEED 标准更新至 2009 版本（3.0 版本），包括所需的能源和水源监测协议（2009 年）。

■ ASHRAE 标准 189.1，为绿色建筑的高性能设计标准（除低层住宅以外），已作为第一个绿色建筑规范发布（2010 年）。

■ GSA 升级到所有新建的联邦建筑和重大整修都需要达到 LEED 金级水平及以上的认证（2010 年）。

■ 国际绿色建筑规范（IGCC）：安全和可持续性文件公布（2012 年）采用标准 189.1（2011 年），作为达到新规范基准的最佳路径。

■ 美国绿色建筑委员会发布了 LEED 标准的新版本（4.0 版本是基于 2012 年的版本发展而来）。

各等级

可持续发展的观念已经渐渐在人们的日常生活中普及，这在很大程度上归功于近年来绿色建筑活动的增加，其中包括自上而下（政府要求 / 企业激励机制）和自下而上（消费者需求）两种开展方式。在大多数情况下，当前人们说"绿色"时，这并不表示绘儿乐新出的蜡笔颜色，而是被视为代指环境的绿色属性。

正如前面历史"时间线"里的特点，绿色建筑是从"顶端"由联邦政府授权给他们的建筑，然后许多州和城市政府纷纷效仿。在底部基层，越来越多的消费者意识到生态行动的重要性，并开始呼吁希望引起地区居委会、建筑、家庭、企业、厂商和政府的重视。

随着生态意识的推广，其他环境保护的工具也被添加到市场中，公认最好的例子应该是美国绿色建筑委员会推出的 LEED 项目，作为国际公认的绿色建筑认证计划。这些都为行业的广泛接纳和快速的市场转型提供了方便人们了解的媒介。

伴随着这些活动的开展，出现了对致力于绿色建筑的专业团队的强烈需要，或者说是对于绿色建筑专业的需求。

什么是绿色建筑专业？

因为绿色建筑的职业领域涉及很多不同方面，它包括了很多传统的建筑业工作，如建筑、园林建筑、工程管理、室内设计、施工、设施管理和房地产，所以可持续发展理念便可以融入所有这些行业的具体工作中。另外，也有专门的绿色建筑专业顾问，这是一个相对崭新的职业方向。

那么，是什么将建筑专业人士这个多元化的群体结合在一起，并将他们汇集到"绿色"这一理念上来的？尽管这个行业中的各个专业承担着不同的角色、拥有着不同的特性，但是所有属于可持续性建筑领域的专家都是采用"三重底线"的理念在进行思考。

这是一个由约翰·埃尔金顿在他 1998 年出版的《*Cannibals with Forks：the Triple Bottom Line of 21st Century Business*》一书中创造的术语："三重底线"意味着将以下三种因素平等考虑后做出均衡决策：

- 经济因素
- 社会因素
- 环境因素

  这三个元素也被称作利润 / 人类 / 地球，或三大支柱。[9]另一个被三重底线和绿色建筑使用的常见相关术语是"可持续发展"。

  这个词在联合国于 1987 年的布伦特兰委员会上被首次定义，一般是指满足当前需要而又不对后代造成影响。[10]一个可持续发展的例子是，为当代人口生产粮食的同时需要确保土地、水和其他粮食生产的必要资源可以使下一代接着使用而不受影响。

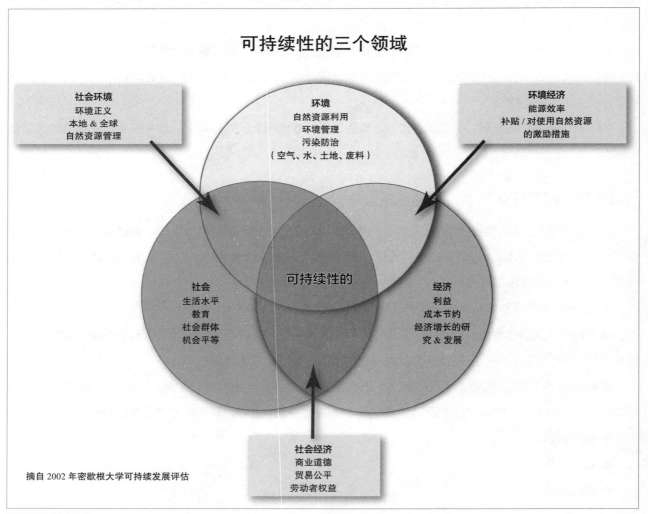

可持续性的三个领域

类似可持续性的另一个词是"再生"；然而，它已经超出了人类的需求而是提升到所有物种，为失去的生态系统的再生提供机会。当第一次被引入公众讨论时，一些"绿色"的术语可能各自有具体的、不同的含义，但随着越来越多的人开始参与并投资环境目标，这些不同含义的词语便开始融合，并可以相互替代。在这方面，这本书的下列词语都是在试图表达和描述类似的含义：

- 环境
- 生态
- 环境友好型
- 绿色
- 再生
- 可持续发展的

绿色建筑专业将三重底线原则融合进建筑的各个阶段，从始建到拆除。这里有一些方法，可以使不同的绿色建筑专业工作者可以培养更好的内部群体并创建性能更优的建筑：

- 城市规划者和开发人员考虑城市肌理、社区连通性和交通运输。
- 土木工程师应通过周边的基础设施来确保建筑与场地的正常施工，从而最大限度地减少对生态的破坏。
- 景观设计师通过公园和植被的设计连接自然和建筑环境。
- 建筑师和室内设计师应创造资源高效利用的和考虑周全的健康建筑和空间。
- 机械工程师采用自然通风或高效率的过滤设备，为居住者提供新鲜的空气。
- 设备管理者应保证建设中使用最高效的设备和影响最小的维护程序。
- 房地产专业人士在洽谈中应尽量达成业主与租客双赢的租约。
- 绿色建筑顾问是所有这些领域的通才。他们的典型特点是在上述所有这些领域令绿色建筑性能达到最大化。

绿色建筑专业人士在他们的领域和规模范围，创造着多种多样的建筑，从商业楼宇到居民住宅。然而这本书更具体地集中在社区和商业建筑，包括城市、办公、教育、医疗、酒店餐饮和探究绿色建筑人士将如何影响这些建筑的设计、施工和运营。

遗产

当想要成为一名绿色建筑工作者（或参加任何职业），请考虑您理想的遗产。

> 遗产（legacy）——过去流传下来的东西：是指从上一代或过去流传及保存下来的东西。[11]

在美国，最受尊重的工作者有医生、护士、警察、消防员、政府工作人员、律师、教师、家长、企业主、非营利专业人士、政治家和科学家。从观念上来说，一个贯穿所有这些领域的共同特点是其对健康、安全、商业和科学产生积极影响的愿望，从个体（或是动物）到城市、州乃至整个国家。一个绿色建筑专业人士也有相同的愿望，并希望将其融入我们的社区、建筑、家庭并最终融入人们的生活。

你为什么会特别对美国环境的未来抱有希望？

> 三个星期前，在我女儿周末班的每个孩子都要构思出第 11 个法令，13 个孩子中有 12 个的内容都是关于环境——循环利用、捡垃圾、节约用水。是的，我非常充满希望！

——Lynn N. Simon，**美国建筑师学会会员，LEED AP BD+ C，Simon & Associates 公司总裁**

没有希望……但我可能是错的……

——Peter Bahouth，**执行董事，美国气候行动网络**

> 我满怀希望。原因是刚好知道很多目前在我们的 K-12 教育体系中的年轻人和学生，这些孩子我总是能听到他们说"明白"。他们知道，在我们大众都了解如何使用自然资源和如何对待自然环境前，这将是一项艰巨的任务。

> 但他们准备迎接挑战。我们在这些问题上有很多很棒的想法正在实施，但变化在开始时总会显得很缓慢。随着"下一代"领导者的崛起，我相信能看到更好的解决方案。

——Bryna Dunn，**美国注册规划师协会成员，美国建筑师学会助理，LEED AP BD + C，莫斯利建筑师事务所可持续性规划和设计总监**

绿色建筑专业人士通过再生和健康的空间创造一份财产，它可以给人们提供可以使用的公司、学校、医疗保健设施和可以居住的家。建筑不仅仅是用于一个遮风避雨的结构，它也可以用于提高我们的日常生活质量，或是成为一个学习工具并产生收入。接下来，让我们来详细来看看，绿色建筑专业人士有哪些机会。

绿色就业统计

当考虑一条职业道路时，评估该职业的未来市场是非常必要的。从各方面来看，绿色建筑的发展在未来几年只会更强。著名的咨询公司博思·艾伦（Booz Allen）在 2009 年底发布了一份精心调研的报告[12]，该公司被美国绿色建筑委员会聘请，以便更好地了解和确定市场走向，并专门针对绿色建筑行业的工作情况进行研究。

结果是非常令人振奋的。博思·艾伦预计绿色建筑的就业机会到 2013 年将增加四倍，短短四年内就业机会将从 200 万增长到将近 800 万，这将额外产生超过 5540 亿美元的 GDP 增长，和超过 3960 亿美元的工资。就美国绿色建筑委员会方面来说，其 LEED 相关经济支出就可以提供 15000 个工作岗位，到 2013 年这个数字将会达到 230000。[13]

另一个例子是，一年一度被称为碳薪酬的国际调查发布了 2010 年绿色相关行业在各种领域中的情况。他们发现一件有趣的事，在接受调查的 1200 人当中，绿色行业中有四分之三的人对自己目前的工作很满意，35% 的人觉得自己的岗位比一年前更加稳定。[14] 此外，

基奥瓦县立学校，主要街道。在学校的主要流通走廊被称为"主街"。视野开阔的走廊是学生聚会的空间。图为日光与被卡特丽娜飓风吹倒的柏树回收利用后制成的木条包墙组成的画面。公司：BNIM。摄影：© ASSASSI

研究发现，绿色职业在可再生能源领域的需求已遍布全球，尤其适合那些喜欢出国生活和工作的人们。

绿色收入

收入预测在各种绿色建筑专业范围各有不同并经常更新，所以一般最好的方法是通过可靠的网络资源和信誉度高的年度调查了解最新信息。劳工统计局有一个网站和关联工具，专门用于绿色建筑领域。作为一个基本的参考：在该网站上显示2011年一个环境工程师每年收入可以达到80000美元。[15]另一个资源——薪资表，是各种类工作的工资分布的一个庞大的数据库，可以对当前市场的薪酬水平给出一个很好的判断。这些资源给予求职者准确的数字和面试时谈判的筹码。2011年建筑相关专业的平均工资从建筑类机械工程师的67000美元到建筑项目经理的58000美元[16]，这些数字确实相差很多，但碳薪酬调查显示，在美国，这些受访者的平均工资为104000美元。[17]

如何进入这个领域

许多不同的途经都可以通向绿色建筑领域，这就意味着各条道路可能是量身定制也可能需要根据特定的需要和兴趣做出调整和整合。这些路径将在第三章中进行更加深入的探讨，但作为一个简要的概述，这里列出可以采取的三个主要途径：学习、参与和合作。

学习

第一条通往绿色建筑领域的道路是通过教育获取知识和学术能力。这需要通过正规的高等教育、培训、实践经验或竞赛。

参与

可以采取的另一条较为宽泛的途径是参与当地非营利机构的志愿者活动，又或是参加一些较为正规的培训指导或实习项目，通过一些经验丰富的专业人士了解和掌握如何将绿色建筑原则具体化。

合作

其中最重要的途径是通过从事各种与绿色建筑存在或可以建立工作关系的职业来创造合作机会。另一种合作形式是正式接触一些绿色招聘人员，积极寻求与求职者专业技能相匹配的工作机会。最后，职业规划指导人员会支持那些想要进入绿色建筑领域但不太确定他们感兴趣专业，以及想要转型到他们所选择职业领域的人。

进入绿色建筑职业领域的最好秘诀是什么？

> 多样化。尽可能多地学习经济学、生物学、商业、系统思维和社会学等等。这个领域需要人们拥有与可持续发展相关的丰富知识和经验，用以应对现实的挑战，并可以拿出真正创新、有效的解决方案。

——Mary Ann Lazarus，美国建筑师学会会员，LEED AP BD+ C，高级副总裁 / 可持续设计的全球主管，HOK

> 对于愿意进入绿色建筑行业的人，通过专业发展和交流的机会来拓展关系是很重要的。绿色建筑是一个合作的过程，正是通过这些关系，才能实现真正的可持续发展。

——Lynn N. Simon，美国建筑师学会会员，LEED AP BD+ C，Simon & Associates 公司总裁

> 对于那些拥有环境学位的人来说，你会遇到很多可以涉足绿色建筑的机会。不过，我建议他们最好可以再接受一些建筑或商业相关的教育并将其与深层次的环境可持续发展知识相结合（有热情和理想是好的，但知识更加重要）。此外，还要进行实践，这样才有更深入现场积累知识的机会，并认识一些绿色建筑的专家。

——Henning M. Bloech，LEED AP，GREENGUARD

环境研究院执行董事

> 坚持你的梦想和激情。在三年级的时候我决定主修生物学，我希望可以使这个世界更加的环保。于是我主修生物，同时也攻读了环境科学，并且获得了环境规划硕士学位。但是长大后我仍然不知道我将要成为什么样的人或者说怎样创造一个更加环保的世界。但好在我仍知道自己到底想做什么，我不满足于无法实现自己目标的工作。当听到先锋建筑师威廉·麦克唐纳讲到他想要做出什么样的设计时，我终于找到了把我的所学付诸于实践的方法。如今我已经和建筑师们一起工作 15 年了，当他们做出建筑环境方面的决定时，我帮助他们了解这个决定对自然环境的影响和产生影响的机制。我希望年轻的专业人士能在他们各自感兴趣的领域发掘属于自己的非传统并能激发他们热情的方式来拯救世界。因为如果你不能在其中找到乐趣，你是不会长期留在这个领域的。

——Bryna Dunn，美国注册规划师协会成员，美国建筑师学会准会员，LEED AP BD + C，莫斯利建筑师事务所可持续性规划和设计总监

利用优势

RICK FEDRIZZI
总裁，首席执行官，创始人兼董事长
美国绿色建筑委员会

可持续发展对于您个人来说意味着什么？

> 对我来说，"可持续"的定义很简单：它意味着一种生活方式，那就是我的儿子、孙子，再到孙子的儿子，他们依然可以以我现在的生活方式生活。这也同样意味着相对于现在，我们要为未来做铺垫，使其更繁荣、更健康、更合理；我们的生活习惯（个人层面以及全球层面）不会引起资源的枯竭，从而影响生活质量。绿色生活的意义正在于此：我们的生活方式是可持续的，我们最大的敌人不应该是我们自己。

您是如何进入绿色建筑领域？如何实现个人的转型？

> 我很幸运地在联合技术公司（UTC）工作了25年，这家早期的先驱企业有一个在当时很深奥的理念：我们时代前所未有的技术进步可以用于更有意义的事情。换句话说，UTC认识到真正的进步不是在技术扩张和环境质量中作抉择，而是同时做好两者，特别是那些需要两者交叉互补的领域。这是我们对三重底线认识的开端，我知道我想成为其中一员。

我们听到这么多关于人类活动对环境的负面影响，那么在您看来，绿色建筑是如何作为一个"解毒剂"，缓解这些负面影响并对环境产生积极影响的。

> 绿色建筑不是一个列举着人类不该怎样做的负面清

基奥瓦县立学校：庭院。该建筑是围绕着一个拥有聚会空间的庭院而建，该庭院可以作为所有年龄段孩子的活动中心（LEED NC Platinum）。公司：BNIM。摄影：©ASSASSI

单；相反它是一系列关于我们可以和应该去做的创新的、令人激动的、积极向上的正面清单，是一条可以使经济、环境和社会景观相互协调发展的道路。

这是一种解决方案，我的商业知识告诉我这也是可以带来真正改变的关键。

绿色建筑改变人类和环境相互影响的潜力来自一个关键的概念：连通性。绿色建筑的重点不收集环保的小发明或是集合一些商业噱头，而是如何最大限度地发挥建筑系统间的相互作用。这些系统包括了建筑物中的人和建筑物所在的社区。在最好的建筑中，好的通风系统和采光在节能的同时，也能使里面的人更加健康、舒适。位于步行的街区建筑在减少温室气体排放的同时，也能使人们和邻居的联系更紧密，创造很强的空间感。节水意味着减轻市政水处理系统的负担；就地取材不仅减少了运输的需求，也使家庭、办公室、学校和社区与当地经济建立了直接联系。当我们设计、建造、运营以可持续为核心的绿色建筑时，人们的日常行为也会受到影响，从而使我们都成为解决方案的一部分。在自然界中，我们看到的所有生物自身之间和与生态系统之间都有着密切相关、千丝万缕的联系，绿色建筑就在确保人类与所在环境的相互作用如同自然界里的方式一样互惠互利。

您认为绿色建筑领域成功最大的障碍是什么？这些障碍是如何被克服的，以及如果这些障碍仍然存在，您认为可能的解决方案是什么？

> 如同人类历史上每一个重大的改变一样，绿色建筑成功的最大障碍是现状。当人们谈论转型时，其实是在说做事方法上的根本性改变，而当我们谈到根本性改变时，总会有人对此感到紧张和不安。他们紧张，是因为他们一直在按照旧有的方法做事并获得了成功，并担心新的变化会颠覆之前的成功。但绿色建筑有一个内在的解决方案。在过去 20 年里，推进绿色建筑的那些充满激情、创新和奉献精神的建筑师们一直在努力打破传统的桎梏，他们证明了变化是有益的。无数把绿色建筑作为核心的公司和专业人士都获得了成功，他们有的从事建筑的设计和建造，有的生产建筑所需的产品或材料，有的是地产商或运营商。到现在已经有超过 16000 家公司都把他们在美国绿色建筑委员会的会员作为参与决定其商业策略的核心组成。

绿色建筑的众多积极影响（环境、社会、经济等）中，你觉得最令人兴奋的是哪一个，为什么？

> 三重底线里的每一部分都很重要（经济、社会、自然环境），它们没有轻重之分，缺一不可。这三者之间相互作用产生千丝万缕的联系，而这其中的联系便是绿色建筑运作的原理。

我很看好这个行业的经济前景，因为它能使从政治到文化各行各业的人热爱绿色建筑。

我们所做的这些使商业利润、自然环保和以人为本的理念紧密连接了起来，这也是我们能取得成功的关键。

生态 – 预言家

BILL BROWNING
Terrapin Bright Green 创始人

你以前提到过七个可持续发展流程的关键思路，能不能解释和说明一下这些思路的意义与重要性？

> 仿生学和原生态为设计提供了灵感。原生态设计让人类和自然重新连接在一起，也使建筑变得更加健康和充实。通过研究大自然的例子和经验，仿生学为各种设计上的挑战提供了新的解决方法。通过研究一个地方的"深度生态史"，我们可以设置一个全新的标准来测量这个地点生态系统所能提供的东西；这是一种量化的生态系统服务。"节点和网络"提供了一种建设大规模互联的可恢复绿色基础设施系统的方法；这是连接生态区的一种方式。"净零加"（net zero plus）作为一个哲学思想，它是指我们不仅要争取在一个地区实现净零能耗，也应该使其能够长期独立运转。"超越成本壁垒"是用以推动实现效率最大化的同时允许系统的缩小或淘汰用以降低原始成本的一整套方法。净零和碳中性计划是一个伟大的目标，但有时在某一地区不可能做到尽善尽美。"从事补偿"是一个自动的碳补偿系统，是投资于本地化的能源效率措施和可再生能源系统。

所有这些想法都很重要。我最专注于原生态设计，因为我相信随着城市化水平提高，与自然互联的需求也会越高。此外，持久的生态建筑需要人们的珍惜和维护。就像由弗兰克·劳埃德·赖特（Frank Lloyd Wright）设计的庄臣公司行政楼，虽然它已有 70 多年的历史，但仍然被很好地维护着，里面最初的设计和结构也都在发挥着作用。

你有一个科罗拉多大学的环境设计本科学位和一个麻省理工学院的房地产开发硕士学位，能解释一下为什么会选择这条教育之路吗？

> 环境设计可以让我去探索建筑、景观建筑和城市规划，这种丰富的经验是大多数设计学校所提供不了的。我本打算去获得建筑学位，但后来发现开发商才是能决定最终要建造什么样建筑的人，所以我去了麻省理工学院房地产中心去学习房地产开发。

哪段工作经历让你觉得学到很多东西？为什么？

> 在我们许多 Terrapin 项目中都需要去思考，所以每个新的项目都是令人兴奋的。在过去的工作中，开始于 1993 年的白宫的绿化项目，是一个早期的案例，凸显如何使用真正的一体化设计来应对真正复杂的挑战。

你最近考虑的最令人兴奋的新的绿色技术或概念是什么？

> 我们使用的是特定地点的生态系统指标作为目标设定的基础，确定本地的生态系统一年可以转化多少的碳，每年这个地区有多少阳光照射，有多少阳光再次辐射或通过光合作用固定。以及生态系统留存水的能力，有多少水被留存、多少流走、多少被蒸发？这片区域有多少物种？这些都是这片区域生态系统的性能指标，我们面临的挑战是，是否能够达到或超过当地生态系统的性能。这是一个比在此之前就设定一个标准（比如节省 30% 能源）更有趣的过程。

关于环境有哪些特别的担忧?

> 我很惊讶地发现关注环境已经政治化了。

在可持续发展方面,有什么可以向美国同行借鉴的? 相反,在哪些领域美国是需要向他们的国际同行学习的?

美国项目中往往可以把一体化设计做得更好。但也有一些显著的例外,比如在许多其他地方设计往往会被困在一个问题上。围绕绿色发展的社会创新是美国项目的下一个前沿。

有没有你觉得特别有意思的新的绿色潮流?

城市农业,它不但将人和粮食生产再次联系起来,更重要的是它的生态效益和体验植物从种子到成熟的过程。

两位的采访

接下来的两个被访者是绿色建筑的领军人物,而且两人是夫妻。虽然他们拥有同一个"祖母绿级别的"绿色建筑的目标,但在这个专业领域,他们的角色不同却有重合——一个专注于房地产事业,另一个活跃在建筑及室内装饰行业。

经历激情

SALLY R. WILSON, AIA, LEED AP BD + C
环境战略全球总监和高级副总裁
CB Richard Ellis 经纪公司高级副总裁

请解释一下你的专业背景

> 我有一个室内装饰的学士学位和建筑的硕士学位,并且在建筑领域已经工作了 18 年,主要集中在室内装饰。我作为承租代理人加入 CB Richard Ellis 公司。目前是其经纪公司的高级副总裁兼任环境战略全球总监。

什么时候开始发现自己想要涉足绿色建筑领域,具体又是如何进入的?

> 绿色建筑一直是 Ken 的实践的重点,所以当我 2003 年离开建筑行业时,他便鼓励我把绿色建筑原则融合进工作的内容中。我们第一个将绿色原则融入实践的客户是 2004 年的丰田公司,绿色原则作为我们团队明显的市场优势,很快便赢得了业务。我们被认为是绿色租赁实践方面的专家,客户包括美国绿色建筑委员会、世界自然基金会、

绿色和平、世代 IM、卡尔弗特，以及众多专业服务公司和承诺碳减排的世界 500 强企业。

绿色理念是如何运用到你的日常工作中的？

> 这个问题有些难回答，因为在不知不觉中环保的理念已经和我们团队的服务产品融为一体。除了在 CBRE 做咨询工作中尽量使我们的公司和服务产品更加绿色化，我还会从实践和流程上给很多客户和业主灌输可持续建筑的好处。

从不同的专业视角，你和 Ken 是如何交流对于绿色建筑的想法的？

> Ken 更熟悉的是技术和实践，而我对市场的感知能力更强一些。我的强项是帮助客户进行战略定位，以便让其他人（如 Ken），接下来可以更好地实施具体的工作。

作为绿色建筑的先驱，你是从哪些地方看出绿色建筑的发展趋势的？

> 当我和 20 多岁或更年轻的人交谈时，我发现他们很关心气候变化，这种趋势只会更明显，因为我们正在为他们构建这些。

作为 GBCI（绿色建筑认证协会）曾经的第一任董事会主席，你对于未来的资格认证有什么预测？

> LEED 是一个作为市场差异化的优势而存在的，所以我相信它会继续成长，同时也期待着它可以成为一个国际标准。即使在经济情况下滑时，我们也能看到证书和资格认证这方面的增长。

在成为绿色建筑专家的路上，你觉得最棒的是哪一段学习经历？

> 是参加在 CBRE 的碳中和的时候。我们在过去的四年里一直在努力测量并尽量减少我们的碳足迹，而这次的学习让我对碳核算和抵消战略有了更好的理解，也让我为一个在全球拥有超过 400 个办事处的公司制定和实施了更好的碳减排政策。

USGBC 总部：入口，华盛顿特区。2009 年竣工（LEED-CIPlatinum）。公司：Envision Design, PLLC。照片：ERIC LAIGNEL

绿色 DNA

KEN WILSON, AIA, FIIDA, LEED FELLOW

Envision 设计公司负责人兼创始人

请介绍一下您的专业背景。

> 对建筑的兴趣可以追溯到我还在上三年级的时候,当时我是去参观哥哥学校的科技展,看到一些高中生制作的房屋建筑模型,我觉得这是我见过最酷的事情了。妈妈告诉我,这就是建筑师做的事情,从那时起建筑便成了我将来想要从事的行业。后来,当我大约 12 岁时,我妈妈带我去了西塔里埃森,那是一次不可思议的难忘经历。

后来,我去弗吉尼亚理工大学学习建筑,并于 1981 年参加了学校的 4+1 合作办学,所以我大学的第四年到毕业都是在英国的学校度过的,而在那里我可以周游欧洲和斯堪的纳维亚,以及整个英国。这些在完成最后一年学业之前在欧洲的旅行和工作经验,都对我的学习意义深远。

在我职业生涯的 19 年中我曾任职于各种不同的公司,并接到过从单户住宅到大型商业建筑的各种项目类型。大约在建筑行业工作了 15 年后,我开始承接一些室内的项目,然后我发现自己真的很享受完成建筑中直接与人类活动密切相关的这部分设计工作。我开始更多地思考建筑物的室内装修和空间如何对人们的生活产生积极的影响。

我见证了经济衰退对建筑产业的影响,而室内设计在经济下滑的情况下则普遍表现得更好。

1999 年的春天,我开创了自己的公司——Envision 设计,旨在建立一个专注于客户服务和卓越设计,并可以提供从建筑设计、室内设计到产品设计以及绘图一系列服务的设计公司。公司成立后我们接到的第一个项目是为美国绿色和平组织设计总部,这对于我走上绿色建筑设计专业来说是一个不可思议的机会。这个项目对我们之后的思维方式产生了深远的影响。

您是在什么时候,如何确定自己想要进入绿色建筑领域的?

> 首先,我一直对自然环境有着浓厚的兴趣。我在亚利桑那州的一个小镇长大,喜欢去露营和参与野外活动。我喜欢那些构思巧妙但不过分夸张的建筑设计,也喜欢改造现有的建筑物并使其尽可能地节能高效。当我们被聘请设计绿色和平组织美国总部时,这些点正巧都聚集在了一起。我意识到,虽然我一直从不同角度思考绿色环保,但绿色和平组织的项目让我的这些想法得以上升到一个新的高度。

绿色理念成为了 Envision 设计公司的市场优势。

一开始,绿色理念并不是总能发挥作用,但我们一直致力于向每位客户介绍并推荐绿色设计。

谈谈绿色理念是如何运用到您日常工作流程中的?

> 在我们公司成立的 11 年时间里,绿色思维逐渐融入,到现在已经完全成了我们实践和日常做事方法的一部分。我们所有的专业工作人员都通过了 LEED 认证,目前在做的所有 LEED 项目也都在积极争取铂金级认证。我们的样品库已经完全杜绝非绿色材料,所有项目无论是否申请 LEED 认证,我们的样板说明都是绿色环保的,绿色理念已经被植入我们设计的 DNA 中。

您和 Sally 来自不同的专业，是如何沟通彼此对绿色建筑的看法的？

>Sally 在她的公司里通常负责把控大方向上的可持续性。由于她在 CBRE 公司的职位，使她有机会与其他很多财富 500 强企业可持续发展领域的同行建立联系，有时我会从她那里听到很多其他大型公司致力于更加绿色环保的努力。正因为如此，在跟她参加一些高层绿色会议时我往往是作为她的配偶被人们熟知的，大家并不关注于像 Envision 这样的 20 人规模的小型建筑公司。

您认为当前我们面临的最大挑战是什么？

> 我认为就向大众普及绿色建筑理念的优势这方面而言我们还有很长的路要走。因为在华盛顿特区工作，所以我有幸见识了这里先进的绿色理念，这里城区地带获得 LEED 认证和注册的项目比美国的其他任何地方都多。

您已经为多家最具环保理念的非营利组织如：绿色和平组织、世界野生动物基金会和美国绿色建筑委员会设计过总部，您能谈谈这几个项目之间的共同点，以及您从这其中学到了什么？

> 当下，绿色仍然不是万能的。即使是我们环保非营利组织的客户，他们也希望获得功能性，高效和美观兼备的空间设计。他们希望项目能够高效地完成，按工期和预算进行建设，当然，他们也重视项目是否绿色环保，但是一旦我们被雇用并开完 LEED 专家研讨会后，客户们便会假设我们会完全为项目的绿色方面负责，他们便把注意力集中到空间的设计和功能上去。我们会不断地与客户沟通项目绿色方面的进展，但在日常会议中这通常并不属于最重要的部分，因为我们的客户相信可持续发展问题都会得到解决。

您是如何将绿色或者说可持续理念带进家庭的？

> 我们的房子是一栋中世纪摩登风格的住宅，2004 年时我们对它进行了绿色翻修，并且多年来还一直不断在改进。我的车是一辆 2005 年的普锐斯，而 Sally 和我在周末几乎都宅在家里。我们的房子采用风力发电，并且加入了绿色能源信用网络。我们注重所有物品的回收利用，并将有机废弃物用来堆肥。我们把绿色环保作为家庭讨论的重要议题，为孩子们树立榜样。虽然他们最初认为父母很奇怪，但我相信这些点点滴滴的事情还是对他们产生了影响。

真理的追寻者

NADAV MALIN
建筑绿色公司总裁

您是在什么时候，如何确定自己想要进入绿色建筑领域的？

> 我关心如何以已知最好的方式来保护我们的地球环境。20 世纪 90 年代初，市场状况不好，我一时找不到工作，当时我正在对我家进行建造和部分的改建，所以说服亚历克斯·威尔逊雇用我来进行他的研究和撰写报告。当时还没有出现"绿色建筑"领域，但亚历克斯有预感这将成为今后的趋势，并跟我说了这个想法，这是我第一次听到"绿色建筑"的理念，它就这样适时出现了，当然，现在仍是。

您参与过一些绿色理念的书籍、杂志和期刊的文章撰写，在这个过程中带给您哪些新的学习经验？

> 我听说如果当你有一个很棒的问题并提供一个发表言论的机会时，人们通常会毫不吝惜自己的时间和才智。任何事物都不是独立存在的，绿色建筑与事物之间的联系就像事物本身相互关联一样，有时因为各种关联因素太多所以反而很难厘清该如何将各种材料组织在一起。

在这个领域，建筑绿色公司提供的资源往往是最受关注的，您认为这是为什么？

> 我想正是因为我们的坚持不懈才赢得了这些关注和重视。这个行业的领军人和我们相熟多年，而这些年来我们在这个领域的努力也形成了统一的观点和理念，他们也会把我们推荐给其他人。当然，这绝对是无害的，在一个

如此"绿色"的领域，我们是不会在自己出版物上刊登广告的。

您日常工作中最棒或最糟糕的部分分别是什么？

> 最糟的部分很容易回答，即弄清楚哪些事情是不用做的。我们需要进行的项目是非常多的，这就意味着其中很多事情都要与人合作完成，我们不可能自己完成所有的事情，但是又不太擅长设置界限。

至于最好的部分，我特别喜欢学习新东西，与人分享想法，并且有机会能结识到很多积极而又聪明的人。

在录用绿色建筑专业人才的时候您比较看重哪些品质？

> 我认为最重要的是批判性思维能力，虽然这有时候很难判定，但它确实能帮助你找到强有力并且高效的理科人才。其次是态度，我们需要员工完成大量不同的任务，其中有枯燥乏味的也有具有挑战性的，所以当需要他们与其他人协作完成时，必须能够做到认真对待每一项工作！

很多人都迫不及待地想看到建筑绿色公司的下一个绿色建筑十佳作品榜问世。除了需要从数量庞大的作品中进行挑选，十佳榜还要面对哪些其他挑战呢？

> 如同 LEED 和绿色建筑领域的其他很多东西一样，挑战主要集中在你需要在众多作品中寻找那些具有超前理念的作品，但它又不能过于超前以致投放市场实际操作时还没有人知道该如何运用这个理念。我们选择的一些作品非常成功，但也有些不那么成功，因为人们还没有意识到

它将会带来或产生的价值。

有时，您会写一些可能引起争议的"硬货"文章或评论，是什么促使您坚持这种有时不太受欢迎的立场的？

> 人们期待我们能够解释和帮助他们理解复杂的问题，但设计师很少有时间做这样的研究，因为它需要对一个问题进行真正深入的挖掘和研究，所以我们想试着来完成这件事。

当开始产生争议时，我们会试图遵循直觉，寻找自己认为最靠近正确方向的理念并相信它也会得到读者的认同，即使有时并得不到认同，但我们认为最重要的是，我们尽力罗列出支撑自身理念的证据和理论，并尽可能做到不主观地去影响读者的判断，但是对于缓和人们对一些我们所持观点的态度来说还有很长一段路要走。

作为绿色建筑领域的先行者，您认为绿色建筑今后的发展趋势是什么？

> 正如我所见证的，20 世纪 90 年代是这个领域发明创新的时代；在 21 世纪初绿色建筑领域吸引了大批的人，而这些人很多后来成为了这个行业的先驱，这很大程度上要归功于 LEED。这表明，从 2011 年开始的下一个十年以及之后绿色建筑运动将逐渐成为主流。推动证明其更多实际的性能优势，而不仅仅流于建模预测的理念，作为这个趋势的一部分，将得到强化。

对于那些想要从事绿色建筑行业的人，您有哪些好的建议呢？

> 虽然我这样说听起来可能很奇怪，但这个行业确实不再像 20 年前那样随便什么人都可以挂牌营业了，现在来说获得一个硬性的专业证书并且有好的建筑、工程或其他设计和建筑类的教育经历显得尤为重要，有了这些基础，将更容易获得绿色建筑领域所需的专业知识，而这些知识就像连线画图游戏里的那些小点一样，通过它们的指引绘制出整幅画作……

真正的可持续发展

L. HUNTER LOVINS
自然资本主义解决方案公司总裁及创始人

对于可持续发展咨询您是如何定义的？

> 持续发展咨询是帮助公司、社会团体乃至国家实施的，用以提高人力资本和自然资本的方法的实践。大多数的可持续发展顾问最初来自环境或社会公义相关行业，他们一直致力于使企业减少对环境和人类健康损害的做法，而真正的可持续发展就意味着放弃这些做法，使地球上的自然资源和环境得以持续地维持人们的正常生活。这也是自 1968 年以来我一直在做的工作，帮助企业找到一种通过可持续理念来获得更多利润的运作方法。

但这往往很难。因为非可持续的经营方式通常可以获得经济利益，也是商业中更为熟悉易行的方式，我们的任务是为其带去一些创新，提供一种可以减少浪费节约资源的方法。最初，在一定程度上，仍然有一些环保主义者攻击这种方法，他们坚信企业不需要考虑那么多因素，因为商业本身就是正确的事。一些一流的首席执行官，如巴塔哥尼亚（Patagonia）的 Yvon Chouinard 和 Ray Anderson 就受益于这种理念。Yvon 引用我导师 David Brower 提出的问题："如果我们的星球毁灭了，你能去哪里做生意？"，Ray Anderson 则会反问，"结束地球生命的商业案例是什么？"

我想，就算这些空想预言家是正确的，等他们的想法渗透到华尔街，所有的企业都不顾环境只考虑利益的时候，他们也会反对因此而带来的后果。

如果我可以给总裁一个明确、现实的商业案例，在这个案例中更有效地利用能源，使用可再生能源，并实现真正的可持续发展，那么因此产生的经济利益可能会成为比道德因素更好的推广动力。

例如我们之前刚刚在科罗拉多州的博尔德县所作的报告。

太阳谷分公司，洛杉矶公共图书馆，太阳谷，加利福尼亚州（LEED NC Gold）。公司：Fields Devereaux Architects & Engineers, James Weiner, AIA, LEED Fellow—design architect。由当地艺术家创造的一个艺术玻璃窗，讲述着社区里的事，并为大厅提供了一个焦点。锥形的椭圆天窗，为经过的人们提供均匀的光线。摄影：@RMA PHOTOGRAPHY

这是一个对转基因生物（GMO）的科学文献，因为该县正在进行一个主题为是否应该允许公有空地种植转基因甜菜的辩论。这很有趣，因为里面充满了各式各样的科学知识。对此，我们的建议是：这不是一个科学问题，而是一个政策问题。县政府的角色就像一个管家，人们需要确定的是他们想要县里为他们做什么。尽管转基因技术看似并不是一个与可持续发展直接相关的事，但它究竟是否符合可持续理念却值得讨论。起初，因为他们使用的除草剂和杀虫剂量更少，人们认为这类转基因食品是更加环保的。但现在研究证明，**转基因食品确实对人类健康有威胁**。我们查阅了讨论中所有提到的相关文献，并得出结论：这是一项需要公众来决定的议题。

另一方面，我在荷兰受雇于荷兰皇家壳牌公司做咨询顾问。壳牌正试图了解和寻找能源、水和食品安全之间的关系，这将引出一系列研究主题。我们团队正在帮助他们，包括生态系统科学家 Eric Berlow，他谈到过"有序关联网"的概念，这是一种组织复杂信息体的方法。团队里的人们来自不同的学校、城市以及各个公司，比如西门子和IBM，还有他们（IBM）的智慧地球计划。壳牌的目标是希望通过改良技术使公司更好地运作并收获更多利润，但我们的加入或许会促成一个对于地球和上面生活的人们来说更好的结果。你工作的内容完全取决于你的客户，但所有最终的结果却是你可以把控的。

鉴于您有与像世界经济论坛、联合国及各大公司合作的经验，对于环境问题应该会有一个更广阔的全球视角，能谈谈您对其未来的展望么？

＞我们其实在进行一场关于开创全新商业模式和灾难之间的较量，并提供一种新的生活方式以及与世界相处的方式。如果你读了全球生物多样性展望三，从 Tom Lovejoy 博士和许多科学家大量研究中，你会意识到，世界上所有的主要生态系统都已处在危险之中，其中三个已陷入崩溃的边缘。其中第一个就是珊瑚礁生态系统——海洋的育婴苗圃，如果我们仍然像现在这样忽视环境问题，它将在 21 世纪末面临消亡。第二个正在崩溃的还有具有"世界之肺"之称的亚马逊生态系统。第三则是海洋酸化的问题。就像我们所知的那样，这可能会造成很多生命的灭绝。生态系统崩溃的速度之快让科学家们忧心忡忡。事实上，没有人知道人类会遭受什么。喜剧演员乔治·卡林说的："拯救地球？地球很好，真正需要被拯救的是人类。"

但是我们相信一些高尚而伟大的工作者正在不断致力于确保未来几代人可以享受一个像我们得到时那样美丽的星球；虽然我们都如此确信美好的生活会一直延续，但如果经常阅读科学文献你就会了解，现实情况其实已危如累卵，并不容乐观。而我们通过商业之路正在摧毁它。我们面临着巨大的挑战：失去很多重要的物种；经济动荡；如果没有发生全球经济大萧条，那么我们基本可以确定经济会进入第二个严重的衰退期；不稳定的能源价格；食品价格已创世界纪录。高盛投资银行现在将水资源称为未来十年的石油。

在同一时期，来自各大咨询公司的 24 个独立研究均表明，那些在可持续发展方面较为领先的公司，其股票价值比缺少可持续概念的公司要高出 25 个百分点。那些股票价值增长最快的公司市值比其缺少可持续理念的竞争对手高出 65 亿美元，并且即使在经济下滑时，价值也没有流失。这里就有一些值得我们推敲的东西。我们致力于使企业客户了解核心商业价值可以通过可持续的方式促进提高，并且各个方面的股东价值也会随之提高，即使这些有时不会体现在他们的资产负债表中。埃森哲

最近的一项研究称，财富 500 强中 93% 的 CEO 都认为可持续发展在未来的十年里将尤为重要，它显然已变为一个前景广阔的领域。

您认为在未来的五年里，绿色建筑领域最大的转变将是什么？

> 着眼于现有的建筑和基础设施，为城市规划振兴带来了一些突破性的方法。

当人们开始看到气候变化带来的真正影响时，这在沿海区域尤为明显（这些影响已经发生在英国），他们将会适应绿色建筑享有的优先权。

人们会开始认识到水资源的重要性将逐渐与能源相当，在有些地方甚至超越了能源。

——Mary Ann Lazarus，美国建筑师学会会员，LEED AP BD + C，高级副总裁 / 可持续设计的全球主管，HOK

> 现有的建筑物，现有的建筑物，现有的建筑物，哦，我是说现有的建筑物！

——Lynn N. Simon，美国建筑师学会会员，LEED AP BD + C，Simon& Associates 公司总裁

> 对评级和思想体系的兴趣，将超越 LEED 评价系统。

人们将认识到，可持续发展在临近的社区范围内可以比在建筑体范围内得到更好的体现。

——Alex Zimmerman，a.sc.t.，LEED AP BD + C，应用绿色信息咨询有限公司总裁，加拿大绿色建筑委员会创始人兼总裁

> 更注重产品和材料，以及它们对居住者（化学毒性）和生命周期的直接影响。我想我们将远离使用单属性和单一环境效益（回收的内容、快速再生、PVC 自由等等）来评价产品，而是向 EPDs（环境产品声明）和更全面评估的方向发展，以便获得更好的购买决策。

——Henning M. Bloech，LEED AP，GREENGUARD 研究院执行董事

> 气候变化将改变我们所做的一切。如果我们能及时采取行动，将对选址、水资源、能源、交通运输、材料、城市热岛、蚊虫防治，以及我们的葡萄酒产地都产生深远的影响。

——Peter Bahouth，美国气候行动网络执行董事

> 我认为建筑规范的快速发展，尤其是对绿色建筑在规范上的关注，将会促使改变设计和建筑的方向。这将会给那些没有引起足够重视的公司带来大量需要学习的新的东西。

——Bryna Dunn，美国注册规划师协会会员，美国建筑师学会准会员，LEED AP BD + C，莫斯利建筑师事务所可持续性规划和设计总监

重建光明的未来

基奥瓦县学校

格林斯堡，堪萨斯

BNIM

想象力 + 挑战

在毁灭性的龙卷风摧毁了基奥瓦县的城镇和学校后，422联合学区选择了一个大胆的策略，将他们的学校结合到一座综合教学建筑设施中，同时也保留了小学、初中、高中不同阶段学校各自的功能特点。该设计将高度灵活性与可持续方针相结合，坚持以学生为本的核心。

学区的重建将与城镇的可持续综合总体规划一致，并直接以LEED铂金级为目标。这个决定为后来城市中所有公共建筑都达到铂金评级指明了方向。

这所K-12教学设施将三个乡村社区学校的资源整合到一个单一的设施中，从而也是对这个区域规模的需求做出了合理精简。

学区设计者深知采光对于提高学生的成绩、开发学生潜能及提升专注力都有重要的影响，所以对教室采光和自然通风都进行了优化设计。并根据不同年龄组对教育和社会实践需求的不同，对幼儿园、小学、初中和高中不同年级分别进行了单独的空间设计。该设计还将建立学生团队意识的理念融入建筑中，借此希望可以鼓励和指导学生正确的进取意识。

战略部署 + 解决方案

社区

在学校的设计过程中，该镇正在实施一个全面的总体规划，其很大程度上渗透进了学校的总体规划中。新学校的选址将沿主要街道布置，这是一项对增强格林斯堡城市密度建设提议的一部分。当然，其他标准的影响更大：保证从学校到家之间这段路程步行或骑自行车的安全系数；保证在学校步行范围内的基础设施可用性；剧院、聚会空间、运动场和其他场所拥有在大型社区中共享的能力。

土地

该团队在进行主要场地规划的过程中确定了适当的建设方向，最大限度地发挥学校建筑中适合应用被动式太阳能和风能的最佳位置优势，通过维护现有暴雨排水路径减少对场地内建筑的影响，强调与社区间的连接，并选择有利位置使周边社区的居民对校区的共享达到最大化。

学校的场地设计在恢复的过程中还注入一些带有当地元素的景观。一系列的生物洼地、人工湿地、恢复性湿地和步行小道不仅重建了该地区的自然环境，也对雨水起到了分流的作用。这种环境将学生、工作人员和游客同生气勃勃的生态系统重新联系在一起，也保护土地免受侵蚀。同时，也为本地物种创造了一个自然的栖息地。

水资源

由于格林斯堡的年平均降雨量较低，所以需要通过提高建筑物中的水资源使用效率达到节约用水的目的，这在水资源日益稀缺的今天显得尤为重要。格林斯堡市没有雨水收集系统，而学校场地恰好是被洪泛区一分为二的，因此收集并利用好每一滴落在学校里的雨水非常重要。各种策略在保证长期节水目标的同时将有助于减少市政污水处理系统的负担，并减少饮用水的需求。建筑设计应用了很多提高利用效率的策略，如低流量管路装置、双冲水阀和无水小便器。减少饮用水的使用，将雨水收集并储存在六个蓄水池中，在少雨的几个月中正好可以满足当地低维护成本景观的灌溉需求。一个现场的人工湿地可以进行废水处理并将处理后的水资源返回到地下水中。该设施还可以收集采暖通风与空调设备产生的冷凝水作为冷却塔中的补充水进行再利用。

能源

格林斯堡学校购买的电力百分之百来自可再生能源。一台50千瓦的风力涡轮机提供了部分的电力需求，而剩余的部分来自位于镇外的风电场。暖通空调（地热闭环地源热泵）系统隔离不可避免的污染源，提供足够供应和过滤的新鲜空气和返回空气，并保持建筑物及设备自身的洁净。系统的可控性，包括温度和补充照明，都提高了室内环境的舒适度，从而促进生产力和幸福感的提升。

校舍的建筑围护结构、定位、照明和太阳能控制系统减少了建筑物的供暖和空调负荷。结构绝缘板被用来减少热负荷，并创建一个高性能的建筑围护结构。雨屏覆层系统提高了抗水分渗透性，减少了热负荷。白色和金属银的屋顶饰面也起到了减少热负荷的作用。通过将高效冷水机组和空气处理机组连接起来的方式将获得非常可观的能源储蓄量，其数值高于ASHRAE标准90.1，2004年最低能源代码基线建筑。

材料

为避免采用原材料，整个设计中使用的是由回收材料制成的产品。耐久性强的堪萨斯石灰石、锌和再生柏木被应用在建筑外部；而建筑内部，人流密集区域采用了水泥混凝土地面和混凝土块等原材料，而再生木材则使用在触觉区。材料制造优先选择距离场地不超过500英里的，这样既可以节约运输成本，同时也能支持本地工业发展。一种创新的"招牌"石灰石表皮来自距离现场120英里的当地采石场。为了减少建筑垃圾量，我们尽量使用再生材料，从解构仓库用于室内的木贴面和镶板，到将从卡特里娜飓风中抢救出的柏木用于外墙贴面、壁板以及桥梁的建设。

建筑废料管理计划将95%的建筑废料从堆填区转移到循环再造区重新回收利用。学校有一个持续的废弃物回收计划，包括将厨余垃圾用于园林堆肥。

采光和空气

采光和通风策略是通过安排可开启扇、遮阳保护以及能够利用被动采光和空气流动的位置来形成建筑建模。建筑的外墙长向为南北向，以便最大限度地采光，并且减少西晒。拥有锯齿形天窗屋顶的体育馆，被放在教学区和行政区的北侧，以避免被其他建筑阻挡阳光和空气流通。教学区的屋顶部分是倾斜的，以便未来放置太阳能板。

由于采光优化，通风和室内空气质量对学生的学业成绩以及建筑物使用者的健康和舒适度都有着很大影响，所以这些便成为了设计的焦点。采光和控制，可开启扇，视野最大化，教室控制，户外教室和餐区，庭院中的操场和可共享的学习空间，所有这些都被用来创造一个与户外连接紧密的舒适的学习环境。

在教室中采用开阔的窗户意味着人们能看到更多周围的景色，同时能保证在校时间有充沛的光照。外部遮阳设备减少了眩光和热增量。朝北的长窗平衡了房间的光照，并利用自然分层和当地盛行的西南风提供了自然通风。

基奥瓦县学校：实验室。设计过程首先关注的是所有受光面的日照和对于日照的优化方法。采光的重要性对于学业成绩的影响是这项设计方案的驱动因素之一（LEED 铂金级）。公司：BNIM。照片：©ASSASSI

集体智慧和反馈循环

通过大型专题研讨会，社区方、学生以及教职员工参与了整个设计过程，这意味着从一开始就有了自主设计的成分。一位儿童发展专家的参与帮助了设计团队与学区方更好地理解学生在学校室外空间学习和施展自我的需求。在这个合作过程中产生了满足孩子们、教师、职员和社区需要的建筑，更重要的是，这将成为自豪感的来源和让人心动的社区。

初露端倪

未来是广袤的、令人激动的，因为人们正在探寻并进入不断变化和不断扩大的绿色建筑领域。随着全球对自然资源需求的增加和人类为后代就治理和修复地球所做的努力，都需要大量可持续发展专家的介入。解决目前很多环境问题的关键是，绿色建筑健康专业人士需要有良好的工作前景、强劲的经济收益和大量的资源来支持。没有比现在更好的时机来开启成为绿色专业人士的旅程。

注 释

1. 威廉·麦克多诺的《The Wisdom of Designing Cradle to Cradle》，TED 演讲，www.ted.com/index.php /talks/view/id/104，访问日期 2011 年 9 月 30 日。

2. 美国环境保护署（EPA），《Buildings and Their Impact on the Environment: A Statistical Summary》（2009 年 4 月 22 日修订），www.epa.gov/greenbuilding/pubs/gbstats.pdf，访问日期 2011 年 10 月 13 日。

3. 美国地质服务局，美国地质调查局水实情测验，http://nd.water.usgs.gov/index/quiz.html，访问日期 2011 年 10 月 2 日。

4. 2030 年的水资源团队，麦肯锡公司，绘制未来的水资源：经济框架提供决策依据，2009 年，11 页，www.mckinsey.com/App_Media/Reports/Water/Charting_Our_Water_Future_Exec%20Summary_001.pdf，访问日期 2011 年 10 月 2 日。

5. 安东尼·D·科尔特斯，科学博士（2010 年 10 月 2 日），在东南亚和南亚以及中国台湾台南的成功大学举办的 2010 年大学校长论坛中，关于高等教育在创造健康，公正和可持续社会中的紧迫和关键作用上所作的演讲。www.secondnature.org/documents/cortese/cortese-SATU-october-2010.pdf，访问日期 2011 年 10 月 13 日。

6. 美国环境保护署（EPA）"EPA 的起源"，www.epa.gov/aboutepa /history/origins.html，访问日期 2011 年 10 月 2 日。

7. 美国环境保护署（EPA），" 绿色建筑的定义 "，www.epa.govgreenbuilding /pub/.htm，访问日期 2011 年 10 月 2 日。

8. 美国环境保护署（EPA），" 绿色建筑在美国历史 "，www.epa.govgreenbuilding /pub/.htm# 4，访问日期 2011 年 10 月 2 日。

9. 约翰·艾尔金顿，《Cannibals with Forks: The Triple Bottom Line of 21st Century Business》，牛津大学：斯通出版公司，1997 年；哈瓦肯，新泽西州：约翰·威立国际出版公司，1999 年。

10. 联合国大会（1987 年 3 月 20 日）。世界环境与发展委员会报告：我们共同的未来，作为 A / 42/427 号文件——发展与国际合作：环境的附录提交大会。文中引用摘自其中 " 第 2 章：实现可持续发展 " 第 1 段。www.un-documents.net/ocf-02.htm.

11. 必应词典，版权所有者 Encarta® 世界英语词典（北美版）©&（P）2009 微软公司。版权所有。由布卢姆斯伯里出版公司为微软公司研发。www.bing.com/Dictionary/search?q=define+legacy&qpvt=definition+of+legacy&FORM=DTPDIA，访问日期 2011 年 10 月 2 日。

12. 博思·艾伦咨询公司和美国绿色建筑委员会，绿色工作研究，2009 年。

13. 同上

14. 来自 Acona and Acre Resources，碳薪酬调查，2010 年，第 25 页，www.carbonsalarysurvey.com/，访问日期 2011 年 10 月 13 日。

15. 美国劳工统计局，职业就业统计：职业就业和工资，2010 年 5 月，"17-2081 环境工程师"，www.bls.gov/oes /current/ oes172081.htm 访问日期 2011 年 10 月 2 日。

16. 薪级表，2011—2012 年大学工资报告 " 最佳本科学历员工工资 "，www.payscale.com/best-colleges/degrees.asp，访问日期 2011 年 10 月 2 日。

17. 来自 Acona and Acre Resources，碳薪水调查，2010 年，第 11—12 页，www.carbonsalarysurvey.com/，访问日期 2011 年 10 月 13 日。

第二章
绿色建筑专家都做什么？

无论是面对足球场上复杂的防御，还是现代社会中的问题，只有相互协作才能取胜。

——文斯隆巴迪（美国足球教练，因赢得头两个超级杯而闻名）

　　想象一下一个典型的城市办公大楼——在城市街道上矗立的一个由钢和玻璃组合而成的高大矩形塔楼。阳光使屋顶和低效的窗墙变热，导致更高的制冷需求和随之而来的更多的能源消费。在室内低效的灯光下，工作人员们挤在高高的工作台上，通过空调吹出浑浊的空气来纳凉。由家具和油漆的气味以及质量低下的音响造成的持续性因素引发的头痛是最常见的抱怨。在一天结束的时候，他们奔向自己的汽车，也不过是在一辆接一辆拥堵的车流中打发着漫长的回家路程。这样的工作环境很难称之为一个理想的模板。

　　现在，想象对建筑做一些改变。太阳能板利用太阳辐射，而涡轮机则利用风能共同为建筑提供清洁的能源。人们可以在铺满青草、鲜花、点缀着树木的屋顶和平台上野餐。精心设计的拥有分组办公桌的空间完全取代了曾经的格子间，使人们能接触到阳光和户外的视野，人们打开窗户让新鲜空气进入，一系列的环境和照明因不同的需求而进行着改变，愉快的哼唱不时穿插在人们的活动和交谈中。下班后，人们可以坐在公车或火车上阅读着早上没看完的章节，或是骑着自行车欣赏路边的风景，避开堵塞的高速公路。

　　是什么让第二个场景比第一个更吸引人呢？是绿色建筑专业人士的参与。绿色建筑（有时称为"可持续建筑"）就是通过高效利用资源，对环境负责，保护人类健康的方式进行设计和建造建筑的实践。

美国血液学会（LEED 铂金级）。公司：RTKL。照片©PAUL WARCHOL

　　一个建筑要想成为真正的绿色建筑，除了与它的维护和运作有关外，建筑的整个生命周期都应当尽量符合可持续发展的标准。最后，当它被拆除或彻底改建时，所有的部件和材料应该是可重复利用、可回收或有助于再生的。

　　传统的建筑模型侧重于功能、美学、成本和调度。绿色建筑则更进一步，在这些基础上加入了可持续的理念。尽管建造的过程、策略与技术是不断发展的，并且在各种不同的气候和地区可能会有所不同，但从设计到操作来看，总有几个核心因素是绿色建筑者必须考虑的，包括：

- 位置、地形特征和建筑朝向
- 节约用水
- 能源效率
- 碳计量

- 材料和资源选择 / 减少
- 室内空气和环境质量
- 有毒物质的减少 / 消除

有时面对预算，法规，或其他限制，可持续领域专业人士必须有所取舍或在某些环保特性上做出妥协。毕竟，总体目标并不仅仅是在建筑的每一部分都使用绿色材料这么简单，而是创造一整套的体系——例如污水处理和供热系统，它使建筑融入环境，使生活更加健康。从缓解了图书管理员因之前吸入过多书架发出的有毒气体造成的头痛，到幼儿园里学生可以学着照料花园并在阳光充沛的教室里学习，然后向他们的父母传播绿色知识，当建筑拥有绿色特性时，这样鼓舞人心的例子比比皆是。通过这样的方式，绿色专业人士改变的不仅仅是建筑还有人们的生活。

一般原则

任何深入绿色建筑的人都很快会意识到这个领域更像是一片海洋。这里有一系列广泛的绿色建筑特点和评级系统，并且绿色建筑技能和专业知识看起来几乎是无限的。尽管如此，现在绿色建筑行业仍有两个关键原则：

- 将对物理环境（包括所有物种）、社区和经济体的影响降到最低。
- 有益于居住者的健康。

这两个原则作为建筑中一种通用语言的基础，也为所有绿色建筑专业人士提供了共同的目标。医生们有着"不伤害"的希波克拉底誓言；[1] 而建筑师通过他们设计的居所宣誓"提供健康、安全和福祉"给公众。[2] 绿色建筑原则结合这两个原则同时对其扩展，并将对个人、家庭和社会的关注和对地球资源和建筑环境的关注融合在一起。

自然步骤

在 20 世纪 80 年代末，卡尔－亨里克·罗伯特博士，一位瑞典医生，同时也是癌症专家，他将自己的癌症患者和其家庭、当地医护机构以及社区情况做了比较，以及他们如何一起抛开政治立场与信仰的不同而专注于更高的医疗目标。他将共识文件发给很多科学家和学者专家，并收集这些反馈信息，最终促成了一本名为《The Necessary Step》的书，于 1992 年出版。从这开始，"自然步骤框架"初具雏形。[3]

"自然步骤框架"使人们不会因为那些可能发生争论的或是左翼与右翼的问题而产生争执。与此相反的是，这一框架的形成是建立在如何使生命成为可能，我们所在的生物圈如何运作以及我们如何成为地球自然系统的一部分，这三个问题的基本理解上的。与其纠结抽象的定义和复杂的原因，不如简单地说它是建立在一个有关基础科学的平台上，并真正实现跨学科、跨领域的合作以对可持续发展做出具体的可测量的改变。总之，如果你想要获得真正的"成功"，就必须在采取行动之前首先明白它的实质意义，然后再进行步骤规划进而达成目标。[4]

"自然步骤框架"在可持续性方面有着四个基本的原则：

1. 减少我们对地壳资源的开采（例如重金属和化石燃料）

2. 减少社会生活中对化学物质及化合物的生产（例如二噁英、多氯联苯、DDT）

3. 减少人类活动对自然界和自然进程的破坏，以及因此造成的自然界物理退化（例如过度砍伐森林和对野生动物栖息地的侵占）

4. 减少对人们生活中基本需求的影响（例如不安全的生产工作环境）

初看之下，所列出的这些清单似乎是在阻碍发展，但实际上他却是着眼于工业进步的残留影响。第四条侧重于满足人们基本需求的原则是以智利经济学家 Manfred Max-Neef 的理念为基础的。他的研究确定了九大基本人类需求：生存、保护、情感、理解、参与、休闲、创作、身份、自由，这些需求不因时空或文化而改变。[5]

许多机构现在都选择与自然步骤框架进行合作，包括一些市、州、学校和一些公司诸如：宜家、耐克、松下和沃尔玛。

随着自然步骤的推进，我们可以开始看到那些指标在创建绿色建筑，组织和社区的过程中到底有多么重要。

指标

目前，一系列用于计算和比较建筑环境影响的工具和指标已被研发，并用以对绿色建筑理论提供理论支持。这些指标通常很复杂，所以我们将引入普遍用于衡量食品健康价值的指标以方便理解。

美国食品药品监督管理局（FDA）为食品生产和企业加工提供了若干标准和指南，并要求将食品的卡路里和营养物数值印在其外包装的营养表上。[6] 因此，当面对食品包装上眼花缭乱的成分表时，顾客们可以轻松的通过对比这些卡路里、蛋白质、维生素和微量元素的含量来确定不同商品的营养价值。

所以，正如食品标识可以让消费者了解他们所吃食物的营养价值，一个广泛的评估体系，包括工具、方法、技术等，也可以使绿色建筑专业人士对其所建造的建筑的环境影响和健康效益进行评估。有一个流行的格言："你不能管理那些你无法衡量的东西。"[7] 这一概念是各项指标的核心。指标是那些用来表明一个系统或是一栋建筑是如何运行或完成的数字，这些数据不仅给予用户反馈信息而且有助于形成一个整体对策用以应对未来环境和健康方面不断变化的各项挑战。

标准

当考虑如何最有效地增加健康效益同时降低建筑对环境的影响时，绿色建筑专业人士通常使用绿色建筑评价标准。理想情况下，一套独立的绿色建筑标准是在具有地域化的背景之下形成，并建立在对特定地点社会和环境的特殊考虑的基础上。就像美国食品药品监督管理局颁布的对于食品生产商的指导条例一样，一些绿色建筑标准是带有强制性的国际、国家或地区法律法规；同时也有些非强制性的指导原则及资质证明。举例如下：

强制性标准

美国 2005 年能源政策法案要求所有新建的商业建筑中，在其管道系统，如水池、淋浴、厕所中增加节水设计。[8]

卡西德勒尔城，CA：商场（LEED NC 金级）。公司：WD Partners。所有者及照片：新鲜 & 快捷社区超市

非强制性标准

责任制森林管理制度是森林管理委员会（FSC）的指导原则，它一个为绿色建筑中所使用木材提供认证的非营利性组织。他们的"监管链"涵盖了从种子到原木再到项目基地的全过程，同时还保护了土著居民和森林工人的权益。

证据表明，这些标准正在对可持续建筑实践产生真正的影响。举个例子，FSC 在 1990 年只是木材用户和交易商，开始它仅是一小群人的组织，到后来发展为加利福尼亚环保和人权组织的代表，再到今天，FSC 标准保护了全球超过 3.57 亿英亩的森林。[9] 这是一个令人钦佩的成就，特别是参与这个项目的都是自发的志愿者。

评级系统

同样，政府颁布法律法规，非政府组织提供评级系统和自愿性认证，用以衡量建筑和建筑过程的绿色属性，另外还有许多工具可用于帮助绿色建筑专业人员符合行业标准。这些工具用于设计和规划过程，以确定减少环境影响和增加健康效益的最佳方法。评级系统是建筑者用于评估和公布建筑物环境"营养"信息的有效工具。比如营养标签列出了脂肪或蛋白质的克数，那么"绿色标签"可以列出水的消耗量或太阳能的收集量。

一个重要的评级系统是绿色能源与环境设计先锋奖（LEED）。LEED 是由美国绿色建筑委员会制定并于 1998 年发布，旨在为建筑物所有者和运营商提供了一个简明的框架，用于识别和实施实用和可衡量的绿色建筑的设计、建造、运行和维护的解决方案[10] 在 LEED 推出之前，环境设计并不是建筑师们的主要关注点，但今天，LEED 已经改变了绿色建筑的市场，并使可持续发展这个概念呈现于公众眼前。截至 2012 年初，已经有 50 个州和 43 个国家超过 11000 栋或超过 1765000000 平方英尺的建筑获得 LEED 认证，此外还有超过 15 万 LEED 认证的专业人士，该计划已经取得了巨大的成功。[11]

除了建筑物以外，另一个值得注意的评级系统是由联合国环境规划署制定的温室气体指标（GHG 指标）。它提供了一种将易于获得的燃料和能源使用的信息转换为温室气体排放的标准化估值方法。[12]

绿色建筑专业人员使用这些指标来最大限度地实现其项目的可持续发展。这些指标还可以用来与客户、公众、政府官员、项目和运营团队或其他社区成员进行更有效的沟通。

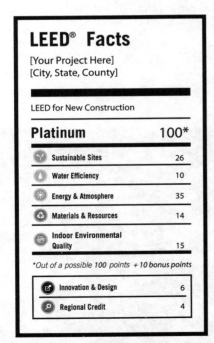

LEED 新建筑记分卡。图片：美国绿色建筑委员会（USGBC）

整体性思维

对于复杂森林生态系统中的单颗树木而言，空气为其光合作用提供二氧化碳，风散播种子，土壤为其提供养料，而水滋润它。每个系统都很重要，但只有当它们作为一个整体一起工作时才能保证树木的生命。

同样，整体性思维也是绿色建筑者的重要工具。所有创建家庭、办公室、学校、图书馆或任何其他结构所需的各种可持续方法都要一个全面的，以团队为导向的整体过程。为了找到解决问题的最佳方案，需要客户提出环境或结构目标并由项目团队执行，团队的所有成员都将自己的知识和技能集合用到项目中，只有通过合作才能实现最佳的最终成果。

例如，几个绿色建筑专业人士计划在建筑工地进行水管理，土木工程师负责减少雨水引起的土壤侵蚀；景观设计师提供了使用剩余雨水进行灌溉的途径，以减少城市用水的需求；建筑师提供了从建筑的屋顶收集雨水并将其储存在水箱中的方法；而暖通工程师注意到储存的雨水可用于冲洗厕所。总的来说，这样的综合思维过程为这个绿色建筑及其地点形成了一套整体的节水计划。

房屋
使用独特的雨水收集、渗透和净化策略
150 棵保存完好的原始树木
（估值约 150 万美元）形成袖珍公园的外景

洼地
从街道、房屋和地面上收集、吸收和过滤雨水。

街道
具有单向坡度的路面引导雨水流入种植草洼地。

城市下水道
将大暴雨的水引入池塘，慢慢地沉淀为清洁水进入朗费罗河。

院子里的排水沟
将雨水直接引入洼地或排水管。

High Point 创新的天然排水系统收集，渗透和净化雨水，同时保护濒危的银大马哈鱼栖息地。高点社区、西雅图、华盛顿（绿色三星级）。公司和图像：MITHUN

如果由每个专业人士独自思考解决方案，则会导致"不自然"的一维设计。在 *The Integrative Design Guideto Green Building* 一书中，7 组和比尔·里德详细描述了从负责建筑各个方面的"总建筑师"到现在的"专业化时代"的演变。[13]

对于那些高度专业化聚焦的绿色建筑者，单一化思考的缺点是显而易见的。例如，在这样的模式中，建筑师可能会创建一个与机械设计师设计的暖通空调系统毫不兼容的建筑平面图和顶棚设计。没有两个专家之间的讨论和协作，当设计付诸实施时没有考虑顶棚应配合机械管道系统的形状和大小时，问题将不可避免地产生，导致无法得到最完善的空间。对于这种问题，7 组和里德提供了实践的解决方案，通过发展综

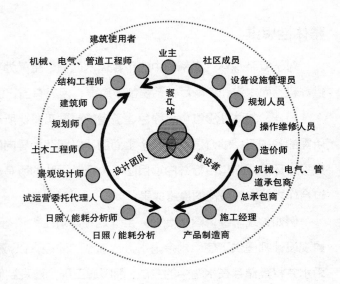

主要建筑相关专业工作者关系环。图片来自比尔里德和7GROUP；改编自比尔里德的原始图形。转载已获得约翰威利父子公司的许可

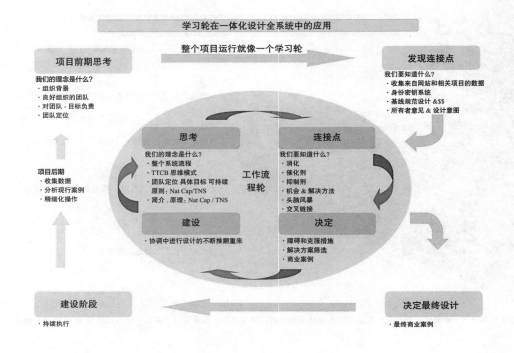

学习轮示意图（应用）。由 ALEX ZIMMERMAN 改编自 PETER M. SENGEET AL. 在第五项训练操作手册中提出的想法：创建学习型组织的策略和工具（纽约：DOUBLEDAY 出版社，1994）。转载获得约翰·威利父子公司的许可

合思维流程，实现设计的进一步提升。该书指出，"整合过程可以被简化描述为研究 / 分析和团队研讨会的重复模式。"如本章前面所示的，由 Alex Zimmerman 提供的学习轮图表中，显示了一个综合性设计会议的学习过程。[14]

多角度的观点

在生活中，我们都扮演着各种角色——学生、老师、员工、老板、孩子、父母、配偶和朋友。所有这些"视角"决定了我们解决问题的方式。综合思维的好处之一是能够接受多种观点和解决方案。最成功的绿色建筑团队是由那些懂得通过将自己的才能和技术与他人的进行整合以发挥最大优势的人组成。

有这样一个例子，大亚特兰大女童军的新总部就是通过建筑团队的综合思维过程来开发建筑的能源系统，他们包括建筑所有者、提供融资的捐赠者、机械工程师和试运营委托代理人。他们从建筑物外部开始，首先是一系列太阳能电池板用以转化光能为建筑提供能源；在内部，高效的制热、制冷和照明系统减少了建筑的能源需求；项目结束时，试运营委托代理人根据建筑所有者的原始目标对系统进行复核。这个团队努力的结果最终实现了能源成本的节约，新总部获得 LEED 银级认证，女童军创建了一个播客来庆祝（可以通过 www.h2ecodesign.com 访问）。播客内容着重于整合过程和建筑的特色。[15]

本书中的每个绿色建筑专业人员都为绿色建筑带来了丰富而复杂的视角，并且在设计和建筑中都扮演着多种角色。在一个或多个绿色建筑专业中，原则、指标、综合性思维、全方位的角度以及高技术水平这些的共同作用构成了绿色建筑专业成功的基础。

绿色建筑行业人员

学者	环境顾问
建筑师	设备经理
建筑所有人	室内设计师
可持续发展总监	景观设计师
土木工程师	机械工程师
试运营委托代理人	非营利成员
承包商	水暖工程师
电气工程师	房地产专业人员

绿色建筑专家都在做什么？

> 绿色建筑专业人士将可持续发展实践融入建造过程。这意味着权衡环境对客户需求的影响将是除时间安排和经济以外的关键问题。作为一个建筑租赁方面的专家，我会尝试在租户与房主之间达成一些鼓励他们以高效、环保的方式建设、运营、维护建筑的协定。

——Jennifer A. Ralph，LEED 认证专家 BD + C，CB Richard Ellis 公司经纪服务部

> 回答什么是绿色建筑专业人员首先需要一个关于绿色建筑专业人员的定义。绿色建筑专业人士可以分为两类：

1. 与建筑业有关的任何具有可持续性或环保的"常规"活动。例如：利用环保和可持续性方法和材料的室内设计师、建筑师、工程师、建筑师或专业承包商。

2. 一些绿色建筑中的新兴职业，只专注于特定的可持续发展性成果。如果建筑没有朝着更佳的可持续方向发展，这些职业将不会大量存在。例如：建筑性能专家，建筑认证顾问，能源经理，能源审计师或建筑调试专家。

——Jessica Rose，LEED 绿色助理，首席导航员，可持续发展倡导者

> 绿色建筑专业人员会参与到建筑环境的方方面面，最终必将成为行业内的教育专家。他们负责领导一个将旧的实践原则与新的创新产品相结合的新产业，并需要更深入了解如何将人，经济利益和地球问题与建筑和发展相结合。

——Dan Donatelli，LEED 认证专家 BD + C，Unisource 国际公司，可持续发展总监

> 绿色建筑专业人员理解团队合作的重要性，并能够认识到建筑是一个复杂的系统。绿色建筑专业人员经常早早把大家聚在一起，启发和激励团队的协同工作，头脑风暴式的创新，协同评估，选择方法、材料和技术。他们是整个过程的促进者，促进并鼓励持续和开放的沟通。

——Liana Kallivoka，博士，USGBC LEED 教师，奥斯汀能源绿色建筑项目经理和可持续发展顾问

> 绿色建筑专业人员理解并能权衡好绿色建筑科学技术与人类对美学、功能以及适于居住性需求之间相互依存的关系。最优秀的绿色建筑专业人士致力于寻找开发建筑和环境来满足生活需求、保护地球资源和环境以及促使更多的人加入到环保这项事业中等等这些的交叉点。

——Michelle Bernhart，真蓝通信有限责任公司总裁兼创始人，可持续发展战略专家。

> 绿色建筑专业人员是具有环保责任设计知识的人，旨在寻求和了解大量绿色建筑问题之间的联系，这包括三个层面的健康：建筑物居住者、当地生态系统和全球环境。他们也同样致力于继续学习，愿意分享知识，并在工作中表现出领导力和热情。

——Jean Hansen，FIIDA，国际开发委员会，LEED 认证专家 BD + C，AAHID，EDAC，HDR 公司高级专业合伙人，可持续室内设计经理。

> 绿色建筑专业人员通过不断的研究和学习，进而促进实践标准要求的提升。

——Samantha Harrell，LEED 认证专家 ID + C，LEED 认证评审员

> 不断学习如何如何改善建筑环境以更好的服务居住者，同时更好地利用建筑、运用和维护建筑时所需的资源。

——Chad Pepper，LEED AP，Greek Key Services 总裁

> 绿色建筑行业包含许多技能。对于我们这些负责产品和项目沟通的人来说，需要与共同参与者分享学习过程以及关注有意向的项目以培养更广阔市场。如何处理事情与这件事情本身一样重要。无论是新建还是现有的建筑，绿色建筑都需要一套整体的途径来完成在对环境造成最小影响为前提下生成最为健康的建筑内部环境这个目标。

——Nancy Rogers，**绿色地球性能要求网络创始人**

> 绿色设计专家是负责修复人类社会和自然界之间逐渐断裂的联系。这个新的联系不仅仅是个单一的全方位的设计，而是一个将想象和对生命的颂赞全部融入进去的或古老或现代的建筑体。于是建筑便不只是居住的地方，它连接着我们的文化和环境。

——Rico Cedro，**美国建筑师学会成员，LEED AP BD+C，ID+C，Verdi 工作室，可持续设计总监**

> 我作为一个绿色建筑专业人士的最终目标是减少我们行业对自然环境的影响。为了实现这一点，我努力在我们的自然环境和建筑环境之间通过节约能源和减少温室气体排放的绿色建筑战略来架起桥梁。获得这些知识并将其付诸实践需要不断地进行过程分析，仔细审查，传递"绿色信息"，并鼓励同事和客户也将这些知识融入日常实践。

——Cindy Davis，**LEED BD+C，Callison 副董事**

> 可持续设计是一个需要在新出现的建筑问题中不断地通过改造或重塑来完善自我的过程。在如今产品、系统和战略都不断发展的环境中，所有的一切就像水流一样都是不断向前流动的，如果退回到过去的建筑问题解决方法中对于人类和环境来说都是一种伤害。

——William（Bill）D. Abballe Jr.，**美国建筑师学会成员，LEED AP BD+C，tvsdesign 副董事**

> 绿色建筑专业人员是客户在绿色建筑行业中从材料选择到运营指导再到商业战略各方面值得信赖的全方位顾问。它能帮助客户通过规避法规中的监管空白来减少风险，同样也可以帮助从市场供给（如筹资机制、激励与折扣）中获得更多收益。

——Christine S. E. Magar，RA，**美国建筑师学会成员，LEED AP BD+C，Homes，Greenform**

> 我们越来越发现绿色建筑理念影响多种属性的环境反馈，在不同的组合中，会产生对"绿色建筑"极不相同的解读。像传统建筑一样，没有完美的、万能的可持续设计。可持续建筑必须反映对环境、社会以及其所在社区、建筑所有者及个人用户的经济利益的思考。这就是绿色建筑专业人士需要参与的地方，帮助人们在一个整体、组织良好、可维护的空间中表达、策划和执行这些有利环保的事项就是我们的工作。

——Leslie Gage Ellsworth，**美国建筑师学会准会员，LEED AP BD+C，Kronberg Wall 建筑师事务所，设计助理**

能否描述一下您典型的工作日程是怎样的？

> 我的大部分时间都花在处理具体项目，合同或指导上，具体来说就是参加会议或审查和撰写文件，通过对一些绿色建筑议题的讨论来提升行业性能。我的大部分时间用于通过电子邮件或电话回复一些问题，并提供建议、资源或是给出方向性指导。我还会保留一些时间，用于阅读时事通信、杂志以及了解一些最新的议题、争论话题和案例。

——Don Horn，美国建筑师学会成员，LEED AP BD+C，美国总务管理局，联邦高性能绿色建筑办公室，副主任

> 我希望没有"典型的工作日"。在任何一天你都可以坐在办公室，制定 LEED 调试计划，审查设计或施工文件，或是撰写报告，或者你也可以与新的客户会面，他们一般是某个机构或组织的高级成员，通常是机构所有者。你可能正在参加设计或是建筑会议，经常需要去现场视察或是解决问题，又或者你需要帮助客户、建筑运营商以及租户了解他们的建筑是如何运作的。

——Robert（Jack）Meredith，P.Eng.，LEED AP BD+C，HGBC 健康绿色建筑咨询有限公司，创始人及总裁

> 当我在办公室时，约 20% 的时间用在办公室会议，20% 在进行具体项目的一对一会议，20% 在电话会议（通常是关于一些志愿服务），10% 在行政和董事会协调，30% 用于直接的项目工作中。

——Gail Vittori，LEED AP BD+C，建筑性能最大化中心，联合理事

> 我一天中部分时间在办公室度过，审查设计图纸、与咨询工程师们开会，并监督办公室的事务性工作。也经常需要去建筑工地，解决一些施工中的问题，另外还会花很多时间在与潜在客户的会面和交谈上。

——Muscoe Martin，美国建筑师学会成员，LEED AP BD+C，M2 建筑

> 我会试图避免典型的工作日这一概念，因为我喜欢使每个工作日都有所不同。没错，有很多需要参与的常规活动，比如邮件和电话的回复，进行科研、写建议书、新材料和产品标准评级系统的审查，书写项目报告，只不过这些事情的时间、空间、地点都在不断变化。你很可能会发现从家里的办公室（我的办公会议室之一）到会议中心的大厅、当地的星巴克、客户的项目办公室、图书馆，再到火车和公车上都是我办公的地点。我早在"移动工作者"这个术语被发明前就是其中一员，我对能走在时代的前端感到很开心！

——Kirsten Ritchie，PE，LEED AP O+M，Gensler 公司可持续设计总监及负责人

湖景阳台图书馆，湖景阳台 CA（LEED NC Platinum）公司：Fields Devereaux Architects & Engineers，项目建筑师：James Weiner，美国建筑师学会成员，LEED 会员。稍微降低的天花板，有弧度的长凳和书架的形状形成了孩子们的故事空间。照片来源：RMA PHOTOGRAPHY, INC.

您对想要进入绿色建筑领域的人有什么建议？

> 当你越深入的了解可持续领域，越会发现还有多少东西有待学习。可以通过参加会议，阅读书籍和参与项目等从经验中学习，也可以多听取别人的看法。应该从其他绿色建筑项目中学习更多知识，并不断思考新的可能性。可持续发展中，需要我们还学习和去做的还有很多。

——Don Horn，美国建筑师学会成员，LEED AP BD+C，美国总务管理局，联邦高性能绿色建筑办公室，副主任

> 找到你的兴趣点，并坚持下去。如果暂时还没有找到，那么你应对所有要做的事都充满激情直到你找到自己感兴趣的领域为止。

——Robert（Jack）Meredith，P.Eng.，LEED AP BD+C，HGBC 绿色建筑健康咨询有限公司，创始人及总裁

> 学会提出问题！不要假设其他人都会知道所有的答案——还有很多问题有待发现。在这个过程中，要勇于承担风险，并从错误中总结经验。

——Gail Vittori，LEED AP BD+C，建筑性能最大化中心，联合理事

> 如今有许多建筑师声称他们已经做到绿色环保，但成为一个绿色建筑师需要做的远比完成一个 LEED 认证的项目要多得多。我建议去建筑学校深造之前可以先去从事设计或建筑类的工作，然后在学习中尽可能了解建筑对资源、水、能源和土地的影响。

——Muscoe Martin，美国建筑师学会成员，LEED AP BD+C，M2 建筑

> 除了对工作的技术层面的钻研外，还需花时间学习其他技能，比如团队引导技术和团队动力学，另外还有书面、口头表达和沟通能力。在绿色实践中，建筑师、工程师、室内设计师和承包商不会各自为战。实际上，成功的从业者擅长为每个项目组建一个团队，并确保每个团队成员都能够贡献他们的专业知识和意见。工作中的沟通也很重要，因为我们都可以在沟通中相互学习，那些成为领导者的人通常都是好的演讲者和作家。

最重要的是，找到志同道合的同事、老板、合作伙伴和员工，生活和工作是与人相关的活动。与那些敢于挑战你，帮助你提高以及可以和你相互学习的人在一起工作是件非常愉快的事。还有就是记得把那些吸引你的加入绿色行业的原因放在首位。

——Joel Ann Todd，美国绿色建筑委员会的 LEED 指导委员会环境顾问兼主席

> 首先，弄清楚如何最好地利用你当前的技能和专业知识，然后将它们与你的兴趣点相结合——想想当你能说："哇！太棒了！现在是星期一七点钟或星期六午夜，我现在要准备工作了。"声音中充满了："我喜欢在办公室"或"我喜欢在工地现场"的感觉。当满足了以上内容，你就能在适合自己的机会出现时及时地抓住它。但这还需要一步：找到这个机会，这就需要你迈开探寻的步伐，不要以为它们会主动来找你。

——Kirsten Ritchie，PE，LEED AP O+M，Gensler 公司可持续设计总监兼负责人

战略眼光

DON HORN，美国建筑师学会成员，LEED AP BD+C

美国总务管理局（GSA）

联邦高性能绿色建筑办公室副主任

GSA（总务管理局）通常被称为联邦政府的"房东"，因为它为几乎每个在我们国家的联邦办事处和机构提供工作区和办公服务——从法院到入境港。拥有 8600 栋建筑物和 5000 亿美元的资产，GSA 是世界上最大的资产管理机构之一。

——参议员 Joe Lieberman，2010 年 2 月 1 日

您在日常工作中的角色和责任是什么？

我的工作基本内容是作为课题专家为 GSA 和联邦政府的人提供咨询、指导和帮助。我正在努力通过将可持续性融入到商业实践和战略思维中来改变机构的文化。这涉及到一些需要通过绿色建筑政策和操作实践来提高性能的概念化方法。

成功的绿色建筑专业人士需要具备哪些技能和特征？

我认为绿色建筑专业人士需要具备的最重要的技能是预见和沟通的能力，包括整体的系统化思维和对标准实践做出改变的能力，以及能够说服他人思考更多可能性，影响他人及其决定并能激发创意和预见未来变革的能力。

绿色建筑领域广泛，包括许多专业。您会如何帮助一个新人在领域中选择自己的定位？

我首先要问，"你想从事什么工作？"你是对高层次的概念思维感兴趣还是对保证工程正常进行的实施方案、产品和材料这些详细内容感兴趣？

从指出问题的咨询师 / 顾问到解决问题的设计师到追踪文件进度的顾问再到不断改进产品的制造商，绿色建筑专业人士几乎任何学科中都有无数实践的机会。

您认为绿色建筑中发展最快的领域是什么？

我认为最有机会的是那些已经慢慢向绿色概念靠拢的分支学科。一种新的建筑方式正在占据一席之地，人们会很想了解绿色建筑议题正在如何改变基础服务。这些专业包括执行法规的行政人员，检查员，房地产专业人士以及任何具有可识别绿色专业特征的人，这些特征是指节省资金及提升效率。

您是如何进入绿色建筑领域的？如果再回到当初的话，您的做法会有所不同吗？

不，不会。1999 年，GSA 的公共建筑服务部成立了一个新的环境部门，需要一个建筑师的参与来启动这个被称为"可持续设计"的新概念，我很高兴地接受了这个挑战。这个机会汇集了我所有的兴趣点：建筑、景观设计、历史建筑、资源的再利用，了解事物的工作原理，以及热爱自然。1999 年秋季的 USGBC 成员峰会对于奠定我们绿色建筑行业的基础有着巨大深远的影响。在这个领域中我有幸结识了很多志趣相投的人，他们对未来建筑的新方向和在地球上与自然和谐相处有很多前瞻性的设想，我常常在与他们的交谈中能学到很多。在参加各种机构的地方性会议或是通过对一些问题的研究讨论都会有类似的谈话和与他人交流的机会，善于利用这些机会你可以提出问题、学习，并开始做出改变。

技能大师

KIMBERLY HOSKEN，LEED AP O+M

Johnson Controls，Inc.，绿色建筑总监

您在日常工作中的角色和责任是什么？

基本上，我有三个目标：

- 开发战略，工具，流程和团队，以支持我们在全球的绿色建筑项目。
- 会见国内外客户。
- 在约翰逊全球控制公司里推进可持续发展。

发展的战略，工具，资源和流程都涉及到了解客户需求和提供解决方案的问题。我的角色就是为那些想要追求更环保或使商业和文化更具可持续性的客户定义和概括战略流程。

你是怎么进入绿色建筑领域的？

我开始时是在塔霍湖的工务局工作，我们当时正在进行侵蚀控制来"保护湖泊"和管理交通运输以"改善空气质量"等项目。我不是环保主义者，而是建筑师和施工经理。在改变我们行为方式，来开辟一条对各个层面来说都能得到更好结果的路径方面我只是这项浩瀚工程的小小一部分。

成功的绿色建筑专业人士需要具备哪些技能和特征？

我认为在任何职业生涯中想要获得成功都要拥有一个领域的专业只是和配套的技能，你可能是建筑师或工程师，一个地产经理或是设备经理，也可能是个销售副总裁，但你首先需要一种技能。有很多拥有环境科学学位的年轻人希望到我这里寻求工作岗位，但只是拥有一个相关的学历还远远不够，对在大学中的年轻人来说有一个很重要的点：你需要增加你的价值并有能力在整个团队或机构中展现一些特殊的技能，然后学习如何将你的特定专业领域向绿色环保的方向靠拢。

我个人是建筑学历背景，所以这是我的专业领域，我知道如何构造一栋建筑，如何管理一个项目，并在其中加入了环保元素。我曾回到学校进修商学硕士所以也掌握了很多商业中财务方面的知识。

此外，学会与人沟通是一个所有专业都会用到的技能，这一点太重要了。有些人天生拥有这种技能，不需要学习，但如果你没有这种天赋，那么有很多学习途径和资源可以使你成为一个更好的沟通者。

植被和地面覆盖植物：树木，灌木和地被植物被种植在屋顶和景观区，以帮助降低整体环境温度。Energy Complex，泰国曼谷（ LEED CS 铂金 ）。公司：Architect 49。所有者：Energy Complex Co., Ltd.，照片：2011 年，ENERGY COMPLEX

您的工作是否允许您经常旅行？

我的一天经常是从飞机上开始或结束，可能是在从密尔沃基到底特律的公司班车上也或者是在去往伊斯坦布尔、开罗、迪拜或深圳的路上。我经常需要在世界各地的绿色建筑大会和讨论会议上发言，也会长途跋涉去见客户。在开罗，典型的一天包括去三个建筑的施工地考察，维持三天的关于通过 LEED 流程的专家讨论会，晚上还需要会见政府官员、客户和潜在客户。

绿色建筑领域中最有前景的领域是什么？

我认为客户目前最需要的是一个长期可持续发展的规划，他们想要的不仅仅是一个拥有环保性能的建筑，而更多地是需要这样一种绿色的文化。这对于来自各领域的公司和机构来说将是一个巨大的机会。

终身学习

JOEL ANN TODD
USGBC LEED 指导委员会 环境顾问及主席

你是怎么进入绿色建筑领域的？

之前我是一名环境顾问，并没有建筑、工程或是结构方面的教育背景。1989 年时，我加入了美国建筑师学会和美国环境保护署负责管理生命周期评测，它是基于材料的研究并需要提交报告给美国建筑师学会的环境资源指南。很幸运的是，当时一起合作参与这个项目的有一些事绿色建筑的先驱，我跟他们学到了很多。在最开始的那段日子，我们大多数人都是怀抱着某些具体的兴趣点进入绿色建筑领域的，比如能源效率、环保产品或者室内空气质量。但当我们越发深入的时候才意识到所有这些具体的主题都是相互联系密不可分的，所以必须要对他们有全面的掌握。这在今天也同样重要，正如我们对待一体化方针和可再生议题一样。

绿色建筑专业人士获得成功所需的最重要的技能和属性是什么？

良好的专业教育是必须的。教育范围最好尽可能地广泛一些——与自己专业相关的领域都需要有所了解因为将来工作很可能会涉及。

团队引导技术和团队动力学也很重要，因为你将来会在团队中或领导团队。

保持对学习的好奇心和热爱。

慷慨的精神和对价值的承诺。

将这些价值观运用到实践中，并以此为核心。

绿色建筑领域广泛，包括许多专业。您会如何帮助一个新人在领域中选择自己的定位？

首先，跟随你的梦想。想想绿色建筑的什么方面最吸引你？获得一些经验，当你有机会参与项目团队时，尽可能多地向其他团队成员学习。最后，不要过早地将自己定位，多多学习，你就会发现真正吸引你的是什么。

一名学生正在进行村庄规划练习。地点：Yestermorrow Design/ 建筑学院，Waitsfield, VT。照片来源：2011 MATTHEW RAKOLA

通过设计进行交流

PENNY BONDA, FASID, LEED AP ID+C
Ecoimpact 咨询公司合伙人
可持续化商业室内设计发起人

您是怎样成为绿色建筑专业人士（教育，经验，导师等）的？

1995 年，作为即将就任的美国工业设计师协会（ASID）主席，我代表它参加了早期美国绿色建筑委员会成员会议。在去之前我根本不知道绿色建筑是什么，当我离开时，我知道我不能再像过去 20 年那样做室内设计，而不考虑居住者的健康或我们星球的环境。

在那次会议上，我遇到了一个建筑师——比尔里德，他们需要一个室内设计师，而我需要绿色教育，于是我们做了个交易——我在担任 ASID 主席的任期内在他这里兼职，他则开始教我可持续发展的基础知识。

作为作家，室内设计师和可持续发展顾问，您的"三重身份"是如何重叠和相互影响？

我"参加"室内设计工作已经 11 年了，2000 年开始为《Interior & Sources》杂志撰写可持续室内设计专栏，2005 年为《Interior Design》杂志维护博客。我现在是健康建筑网络的月度专栏作家。

我作为 LEED 最初的一名教职员工开始在 USGBC 传播绿色建筑的概念，通过写作和演讲，我觉得我对室内设计的走向产生了重大影响，并且我在设计师团队中良好的沟通能力推进了室内可持续建筑的实践（他们的问题大多关于建筑使用者）

您对可持续发展和 / 或绿色建筑行业的未来有什么预测？

我们正在进入一个健康和透明的新时代，消费者们开

芝加哥国际室内设计协会过渡走廊的特色功能墙，IL（LEED CI 金）。公司：Envision Design。照片来源：ERIC LAIGNEL。

始期待出现可以保护、增强和维持我们的地球环境的建筑物。"绿色建筑"必将成为一个冗余的术语。实现这个未来就是我们的专业所要做的事。

来自传道士的呼声

KIRSTEN RITCHIE, PE, LEED AP O+M
Gensler 公司，可持续设计主任兼负责人

您在日常工作中的角色和责任是什么？

我是可持续材料专家、绿色建筑教育家，以及可持续性能的传道者。我效力于一家神奇的，有独特创业精神的国际设计公司，他们的设计范围从 6cm 的葡萄酒标签到 600m 的塔，似乎什么都有。我每天的工作就是跟世界各地的客户和项目团队就我们工程项目进行环境和可持续性能方面的提升研究——无论是在大学中促进可持续发展行为的新的社会营销活动，还是整个新城市的规划。我将特有的可持续发展理念和基于性能表现的关注带入每个项目中，我帮助设计团

队、客户和市场更好地了解可持续发展方式可带来的投资回报——不管是提升后的品牌形象，更高的员工舒适度，还是客户参与度的提高，或生命周期成本的降低。

您认为绿色建筑中发展最快的领域是什么？为什么？

其中之一是智能电网部署。一些新兴发展的领域分布在能源发电、智能家电、社区选择聚集、能源网、电力驱动车、再生能源整合、消费者能源管理，最大限度减少电力断供期造成的影响，并且减少配电损失。对产品的设计者和制造者来说，新的产品市场将会由绿色和清洁能源科技占据，这些也是美国风险投资资金未来的动向。然而，对于建筑产品供应商来说，改进现有产品线可持续性能的市场压力也在逐渐加大，包括减少碳足迹、去除有害成分、不断提高收获产出、最大限度地减少生产所需材料的数量、提升整体生命周期能源效率。这些都会为绿色建筑爱好者们提供许许多多新的职业机会。

美国太平洋大学：休息区座位（LEED NC Silver）。公司：Gensler。照片：SHERMAN TAKATA

美国太平洋大学：Lair 酒吧，以舞台为拍摄角度（LEED NC Silver）。公司：Gensler。照片：SHERMAN TAKATA

绿色建筑专业人士获得成功所需的最重要的技能和属性是什么？

第一，也是最终要的，你需要精通绿色建筑中的某个特定领域的知识，这样才能在市场中找到属于自己的定位。

第二，你需要不断拓宽自己的知识面。

第三，你要成为一个极具效率的合作者／具有团队精神的人。

第四，你需要拥有广泛的人际关系网络。

第五，你要善于沟通。

第六，良好的幽默感在很多时候也会显得非常重要，尤其是当你需要面对各种晦涩难懂的建造要求，顽固倔强的工程师，以及不断改变主意的承包商们的时候。

最后，你需要记住，活到老学到老，这也是几乎所有领域的通则。

如果可以重来，您会选择进入其他领域么？

我想我还会坚持自己的选择。我进入这个领域是在大学的时候，当时我作为一个实习期的学生，正在寻找喜欢做的事情，然后逐渐发现人们日常生活方式对自然环境会造成很多不良影响，我希望能够修正它，但我也知道这将是一项长期且艰巨的任务。这一个奇妙的旅程，我非常高兴，尤其是当我说，"我是一个可持续建筑的传教士"，别人都会说"哇！这太酷了"而不是茫然地看着我。

 当你开始从事绿色建筑行业（或作为此领域志愿者）的时候，哪些领域是最让你惊叹的？

> 绿色建筑行业的发展速度让我感到惊叹，尤其是在我从事的领域。它从一个人们很少听过的可笑的概念变成一个能激起人们兴趣和并使大家愿意共同参与的理想。

——Stephanie Coble，RLA，ASLA，HagerSmith Design 景观设计师

> 这是一个新兴的领域，所以对所有的参与者来说大家所在的水平都是基本相同的。一个年轻的专业人士可以通过自己学习就能和行业中经验丰富的人一样掌握技术知识和绿色建筑方法，这在其他行业是不可能的。

——Mark Schrieber，LEED AP BD+C and Homes，The Spinnaker Group 项目经理

> 资金是绿色建筑的驱动者。这种想法可能会因区域而异，但在我们这里，这是一般的思维方式。绿色建筑并不是关于如何让一个人更加健康或是保护某种珍稀资源，而是让你在节省资金的情况下建立较好的社会形象。

——Lisa Lin，LEED AP BD+C，ICLEI，Local Governments for Sustainability

> 对于这个领域的问题来说没有绝对正确或绝对错误

的办法，有的只是各种各样的可能性。

——Stephanie Walker，The Flooring Gallery 室内设计师

> 让我惊讶的是现在层出不穷"漂绿"的行为，然而更让我感到不可思议的是那些进行"漂绿"的人许多是真的相信自己是绿色环保的，这些人有的是被人误导，有的是无知，当然有的两者都是。我很赞赏有些人虽然跌跌撞撞但还是不断学习，但有些就选择保持无知，因为这更容易，而这些选择看似容易道路的人通常要走上很久很久。

——Lindsey Engels，LEED AP BD+C，LPA, Inc. 项目协调员

> 当我刚开始职业生涯时，最让我惊讶的是对改变的阻力。似乎决策者们当面对绿色建筑时始终保持谨慎和小心翼翼的态度。然而，经过不断地努力，和美国绿色建筑北佛罗里达分会的支持，我们终于通过了绿色建筑条例并建成三个经过 LEED 认证的建筑。

——Brian C. Small，LEED AP BD+C，City of Jacksonville 城市规划师

> 当我刚进入绿建领域时，让我最惊讶的是，任何人只要他愿意减少对环境产生不良影响的行为，愿意为环境的可持续发展出一份力，那么就可以称为绿色建筑人士。而解决工作中的问题往往需要来自工程师、建筑师、科研者、政策制定者等等多方面的专业视角。

——Alessandra R. Carreon，PE，LEED AP O+M，Environ Holdings, Inc.

要做的事还有很多，我不会天真地认为这世界上大多数问题已经得到解决，不过至少我可以为它们出一份力。在参与到绿色建筑运动后，我才亲身感受到，可以用来造福环境的事还有许许多多。

——Ventrell Williams，美国建筑师学会准会员，LEED AP O+M，美洲银行

让我最惊讶的可能要数建筑行业中推动变革所带来的挑战了。我日常工作的很多内容也是与创新建筑材料和技术相关的，在绿色建筑之外，我们也面临同样性质的挑战——建筑行业对变革存在着很多抗拒。也就是说，看着新一代的建设者和设计者在可持续发展方面的推动势头和改变我觉得很不可思议。

——Will Senner，LEED AP BD+C，Skanska USA Building 高级项目经理

> 固执的工程师——这也许是最令人沮丧的了，不过有时能和与时俱进的工程师和能源咨询公司合作也会让我感到很有收获。如果你正在考虑进入工程领域，你需要打听打听你未来的雇主是否有着开放性的思维，可以让你在如果调节建筑上不断探索新的想法，我认为这一点十分重要。

——Michael Pulaski，PhD，LEED AP BD+C，Thorton Tomasetti / Fore Solutions 项目经理

> 绿色环保并不意味着需要额外的费用成本，相反在很多时候还可以帮助你节约成本！除了可以对环境有积极的影响，绿色建筑还可以对公司的最终效益和运营成本带来积极影响。这也是让我大开眼界的事。

——Miriam Saadati，LEED AP，Tangram Interiors

> 我让感到惊讶的是目前从可持续政策和设计者到终端用户和社会机构之间存在着很大的脱节或者说裂缝。如果能将政策和规划的探讨展现于社会大众，那么对于可持续设计和生命周期的接受和理解将会推向更深的层面。

——Katherine Darnstadt，AIA，LEED AP BD+C，CDT，NCARB，Latent Design 创始人兼首席建筑师

当诺亚方舟遇见绿色设计

SOUTHFACE ECO OFFICE
美国佐治亚州，亚特兰大
Lord，Aeck & Sargent

想象力的挑战

　　生态办公室项目是以创建多功能、高效的工作和教育空间为目的，它将成为现有 Southface Resource Center 的补充和小规模的可持续性、综合商业建筑的展示。作为 Southface Energy Institute 的联合创始人及执行董事，Dennis Creech 希望能使生态办公室成为绿色建筑的示范，所以他想到了"诺亚方舟"的理念——新的建筑对于每项

环境挑战至少提供两套设计方案或技术。该建筑设计从地域适合性的战略出发，有效处理了亚特兰大紧迫的环境挑战，包括显著的城市热岛效应，空气质量差，以及非常有限的饮用水资源与快速增长的人口之间的问题。该团队还将"最先进"作为产品和技术选择的基础，确保建筑能达到较好环保目标的同时能够展示一种可供任何有这项需求的人进行复制的设计战略。

战略与解决方案

水资源

　　雨水收集和高效的管道设计可以实现减少 84% 饮用水

南面视角的生态办公室（LEED NC Platinum）。公司：Lord，Aeck & Sargent。照片：COURTESY OF LORD，AECK & SARGENT

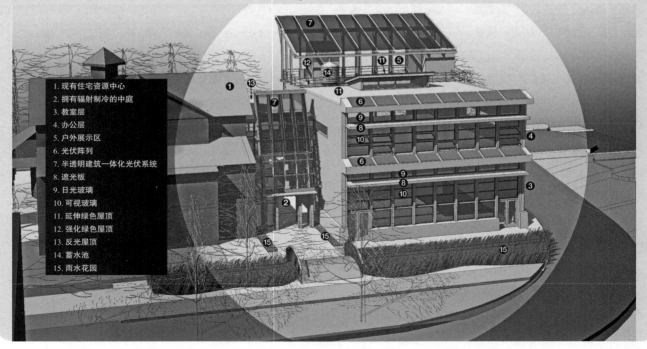

1. 现有住宅资源中心
2. 拥有辐射制冷的中庭
3. 教室层
4. 办公层
5. 户外展示区
6. 光伏阵列
7. 半透明建筑一体化光伏系统
8. 遮光板
9. 日光玻璃
10. 可视玻璃
11. 延伸绿色屋顶
12. 强化绿色屋顶
13. 反光屋顶
14. 蓄水池
15. 雨水花园

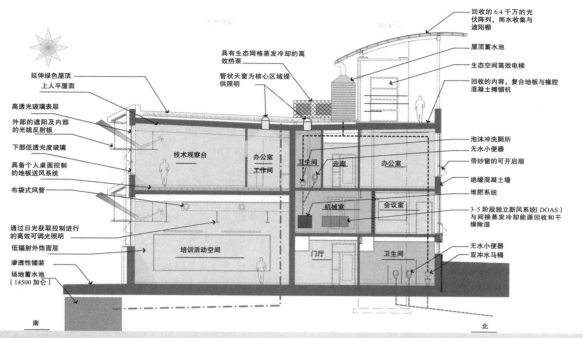

延伸绿色屋顶
上人平屋面

高透光玻璃表层

外部的遮阳及内部
的光线反射板

下部低透光度玻璃

具备个人桌面控制
的地板送风系统

布袋式风管

通过日光获取控制进行
的高效可调光照明

低辐射外饰面层

渗透性铺装

场地蓄水池
（14500 加仑）

具有生态网格蒸发冷却的高
效热泵

管状天窗为核心区域提
供照明

回收的 6.4 千万的光
伏阵列，雨水收集与
遮阳棚

屋顶蓄水池

生态空间高效电梯

回收的内容，复合地板与橡胶
混凝土摊铺机

泡沫冲洗厕所

无水小便器

带纱窗的可开启扇

绝缘混凝土墙

堆肥系统

3-5 阶段独立新风系统（DOAS）
与间接蒸发冷却能源回收和干
燥除湿

无水小便器

双冲水马桶

技术观察台

办公室
工作间

卫生间

走廊

办公室

机械室

会议室

培训活动空间

门厅

卫生间

南

北

生态办公室中的绿色设计剖面图（LEED NC Platinum）。公司：Lord, Aeck & Sargent。图片：COURTESY OF LORD, AECK & SARGENT

的使用。生态办公室提供了三套针对目前使用最多的传统的每次冲水用量 1.6 加仑厕所的节水方案。公共卫生间拥有可控制双冲水马桶，用户可以选择 1.6 加仑每次用以冲走固体污物或 0.8 加仑每次用以冲走液体污物，还有压力辅助的每次冲水量为 1.0 加仑的马桶。

结合起来，这些管道设施战略减少了 56% 的用水需求。Lord, Aeck & Sargent 之后有将注意力转移至以场地资源代替市政水资源系统来满足日常用水需求。如前所述，亚特兰大经市政饮用水供应有限但降雨非常丰富，其每年 50 英尺的降雨量大约相当于每年每平方 30 加仑的屋面径流。

为了满足建筑所需，这里开发了两个系统用于雨水收集：一个是 1750 加仑的屋顶蓄水池，当雨水流出光伏阵列顶盖时雨水被收集于此收用于日常冲洗厕所，这将大大降低饮用水的消耗。这里每年将收获约 43000 加仑水可用于生态办公室冲洗厕所，对比传动建筑可减少用水需求的 84%。屋顶水箱的剩余水会用于浇灌屋顶花园和冷却空调设备。

不需要持续灌溉的原生地景观同样可以节约市政用水。另外，还有一个 14500 加仑的地下蓄水池，由模块化雨槽盒构成，它可以收集整个建筑场地以及从绿色屋顶流下的雨水这些存量可用于在持续干旱时期的间歇性场地灌溉，当然它也可以在需要时补充屋顶水箱存量，这些都将进一步降低建筑用水需求。

能源

Lord, Aeck & Sargent 首先确定建筑的最大能源需求量，然后再确定关于如何减少用量的方案——比如，设计为最佳采光的建筑减少了能源消耗量大的顶上照明需求。一旦能源需求已降至最低，重点便转向绿化所需能源以满足剩余需求。

Lord，Aeck & Sargent 的照明专家用计算机模拟照明来进行优化窗户玻璃结构和遮光设备的设计，以为使用者提供统一的无眩光照明为目标。此外，生态办公室还包括可人工调节亮度的自动照明控制，当日光偏暗时可进行调节，另外传感器也会关闭无人使用空间的照明。

高效照明将进一步减少建筑的能源需求，更好的是，这些照明设计方案也会降低建筑的冷却负荷，因为电灯也会产生热量，为保持舒适室内温度则需要在制冷上耗费额外的能源。这些共同作用，使可操作能源得到节约，并使机械系统容量和相应地成本也得到降低。

隔热混凝土墙，加上隔热、低辐射玻璃窗，为建筑提供一个高性能保温层，从而进一步降低了空调的需求。反光屋顶和延伸绿色屋顶的结合被用来帮助解决城市热岛效应，同时，与传统的黑色屋顶相比，它还有反射热量降低建筑制冷负荷的好处（由此产生的负载需求也是传统建筑所需的一部分）。

为了进一步解决亚特兰大炎热潮湿的气候对室内舒适度的影响，他们还选择了独立新风系统（DOAS）。DOAS系统将显热（温度）和潜热（湿度）负荷分离，允许每个系统独立运行，为建筑使用者提供百分之百的外部空气。DOAS 系统包含一系列的三项技术：雾点蒸发冷却机对空气进行预处理，接着是热回收轮通过建筑的排气流进一步调节流入空气，然后是液体干燥除湿系统，彻底去除多余的湿度。

建筑的潜热负荷遇到高效的装有喷雾系统的气体交换热泵，进一步提高冷却效率。在办公室内部，一个突起的

生态办公室的绿色屋顶（LEED NC Platinum）。公司：Lord，Aeck & Sargent。照片：由 LORD，AECK & SARGENT 提供

地板置换通风系统可以通过桌面控制人为调控工作站局部的温度和空气流量。

一个并网的建筑一体化的光伏阵列用来提供发电，为建筑提供绿色能源，同时兼作屋顶遮阳顶盖和雨水收集面（所用光伏阵列来自 BP 加油站退役设备的重新回收利用）。

所有这些措施的结合使该建筑的能源消耗量较传统建筑预计减少 53 个百分点。

Southface Eco Office 为各地的建筑设立了一个很高但完全可以达到的标准。从一开始就设定明确的目标和各项设备的使用目的，运用一体化设计流程，拥有优秀的设计和建筑团队，利用目前"最先进的"技术，Southface 已经证明了它是一个可以在节约运营成本和减少环境负荷的同时提供健康的、具有区域适应性的，高性能的工作场所。生态办公室是一个世界级的建筑，也是全世界绿色建筑的先锋！

注　释

1. Michael North, translator, "The Hippocratic Oath," National Library of Medicine, National Institutes of Health, History of Medicine Division, 2002, www.nlm.nih.gov/hmd/greek/greek_oath.html, 访问日期 2011 年 10 月 2 日。

2. American Institute of Architects, AIA Continuing Education System: Health, Safety, Welfare, www.aia.org/education/ces/AIAB089080, 访问日期 2011 年 10 月 2 日。

3. The Natural Step, www.naturalstep.org/en/our-story，访问日期 2011 年 10 月 20 日。

4. Ibid.

5. The Natural Step, www.naturalstep.org/the-system-conditions，访问日期 2011 年 10 月 20 日。

6. U.S. Food and Drug Administration (U.S. FDA)，"About FDA," www.fda.gov/AboutFDA/WhatWeDo/default.htm, 访问日期 2011 年 10 月 2 日。

7. 引用资源未知，引用来源来自: http://answers.google.com/answers/threadview?id=139473.

8. 美国环境保护署，"相关法规和标准: 2005 能源政策法案，" www.wbdg.org/design/conserve_water.php, 访问日期 2011 年 10 月 2 日。

9. 森林管理委员会（FSC），"FSC by the Numbers," www.fscus.org/news/, from September 2011 Newsletter.

10. U.S. Green Building Council (USGBC)，2010，"Intro—What LEED Is," www.usgbc.org/DisplayPage.aspx?CMSPageID=1988，访问日期 2012 年 2 月 2 日。

11. 由美国绿色建筑委员会于 2012 年 2 月 3 日通过电子邮件提供。

12. United Nations Environment Programme，"GHG Indicator," www.unep.fr/energy/information/tools/ghg/，访问日期 2010 年 11 月 3 日。

13. 7group and Bill Reed, The Integrative Design Guide to Green Building: Redefining the Practice of Sustainability (Sustainable Design)，Hoboken, New Jersey: John Wiley & Sons, Inc.，2010，pages 1–9.

14. Ibid, page 35.

15. The Girl Scouts of Greater Atlanta, http://vimeo.com/10895684，访问日期 2011 年 10 月 20 日。

16. Senator Joe Lieberman，"Lieberman Urges Confirmation of Martha Johnson," http://lieberman.senate.gov/index.cfm/news-events/news/2010/2/lieberman-urges-confirmation-of-martha-johnson，访问日期 2011 年 10 月 2 日。

CHAPTER

3

第三章
绿色建筑教育

如果你想要一年的繁茂，种花；如果你想要十年的繁茂，植树；如果你想要百年的繁茂，育人。

——中国的一句古话

在许多行业，要成为一名专业人士往往意味着需要遵循预定的轨道。如果你想成为一名医生，你需要按照特定的步骤，从大学里课程的选择到就读医学院，再到完成实习期通过医学考试，这过程就像一条洲际公路，从名为"医科大学预科生"的匝道进入再从"执业医师"的出口驶出。而成为绿色建筑专业人士更像是要从大量的偏远乡村道路中选一条来走，它们的特点是没有一个是直接通往最终目的地的，但这里的每一条路都各有特别的引人入胜的风景和停靠点。虽然面对这样一条不太像是会通往成功的道路将会是个挑战，但拥有自己开拓道路的能力通常在旅途中会获得更丰厚的回报。

生态教育的重要性

教育是培养下一代绿色建筑人士的关键，毕竟，只有通过学习可持续发展的重要性人们才能为保护环境发掘更好的方法，包括建筑设计。就像 No Child Left Inside 组织说的，"国家的未来依赖于那些受过良好教育的民众来管理与我们、我们的家庭、社会和未来息息相关的环境。环境教育可以帮助我们将个体与经济繁荣、社会利益、环境健康和我们自身的福祉这些复杂的概念联系起来。最终，我们通过教育使民众获得的智慧，将是最引人注目、最成功的环境战略管理。"[1]

同时，获得一个好的"绿色"教育并不是关于一个班级、一位老师、一门课程、一个学位甚至一所学校，相反，它是一种社会框架内关于环境层面的批判性思维和解决问题方法的学习。也许，最重要的是，它是一个从儿童时期就开始的终身学习的过程。

位于华盛顿特区的神经科学学会内部主楼梯的数字化制造的特色墙面，它是基于诺贝尔奖获得者科学家 Santiago Ramón y Cajal 的草图完成（LEED CI Gold）。公司：Envision Design。照片：ERIC LAIGNEL

图片是位于华盛顿特区占地 24000 平方英尺的西班牙教育发展中心，它是将 20 世纪 40 年代 Hahn's Shoes 在 Petworth 的仓库改造而成。此项目以节水的低流量管线，通风装置和传感器帮助孩子们培养节约用水的观念。公司：Hickok Cole Architects。照片：B. DEVON PERKINS, AIA, LEED AP

一个构思严谨的过程

什么是生态教育呢？正如第二章中所讨论的，绿色建筑需要一套整体的方法设计和建设，只有通过综合团队的合作才能真正实现与环境、与周边和谐共处的可持续性建筑。

David Orr，一位著名的环境研究领域专家和 Paul Sears Distinguished Professor of Environmental Studies 与 Politics and Special Assistant to the President of Oberlin College，在其《Ecological Literacy》一书中写道，

> "生态设计需要有对连接模式的理解力，这就意味着要跳出我们所谓的'学科'才能在更大的背景下看事物。生态设计是人类意图与更广阔模式的自然世界的小心啮合，是通过对这些模式的深入研究来更好地实现人类的意图。生态设计能力需要以广泛的生态知识为基础——那些关于自然界是如何运作的知识。这意味着要教会学生们应该了解什么样的知识来拓宽自己的视野，创造一个在阳光下运行的文明社会；使用高效能源和材料；保护生物多样性、土壤和森林；以可持续方式开发地区和区域经济；恢复整个工业时代对地球造成的破坏。"[2]

换言之，要学习和保持一个整体观的绿色建筑理念，有必要采取跨学科的教育方式，不应只局限或着眼于一个领域。

美国环境保护署（EPA）提供了一个简洁的生态教育组成概括：

■ 对环境和环境挑战的意识和敏感性

■ 对环境和环境挑战的认识和理解

■ 对关注环境的态度和对改善或保持环境质量的动机

■ 识别和帮助解决环境挑战的技能

■ 参与可以解决环境挑战的活动 [3]

高等教育

由于成为绿色建筑人没有一条规定的道路，所以便为考虑进入可持续发展领域的人留下了大量的可选的教育路径。因此，当你在考虑接受高等教育时，这里有两种主要方式：你可以选择一个注重环境教育的大学——比如拥有广泛的多学科专业或对某一领域有较好的水平（比如建筑或室内设计）；你也可以从更广的着眼点来考量一所大学，选择各种各样的学科不需要特别考虑绿色建筑，等毕业后再慢慢磨炼自己生态知识方面的技能。这是一个关于选择和可选择项的问题，所以没有固定的正确答案。

你是否需要一个"环境方面的"学历

对这个问题的回答是双层的："不一定"和"视情况而定"。"不一定"是因为许多目前有很多这个领域的专业人士都是通过实践的锻炼来自学。20 年前，学生很难找到关于绿色建筑的学位，也很少有人能将能源效率和生态文化作为授课重点。

"视情况而定"是因为任何职业，越是专业越需要具体的理论知识教育。例如，你可以成为医学的全科医师，或是把你的关注点仅放在某个领域，比如神经外科或整形外科，因此，如果你对绿色建筑有特别专注和喜爱的领域，那么久可以考虑选择有针对性的课程来获取环境方面的学位。

下一节将会涵盖无数的可供那些希望进入绿色建筑领域的人们选择的项目，不管是大学中的绿色建筑学位，还是选择不太正式的教育程序。不管选择哪一条路，每个人都需要在这过程中不断学习，这是一个合格的绿色建筑"学生"必备的品质。

Paideia 学校的教室（LEED NC Gold）。公司 Perkins + Will。照片：DAN GRILLET

位于乔治亚州，劳伦斯维尔的 Georgia Gwinnett College 学术中心。建筑内部空间的光电池可以在通过自然采光获得足够光线时使高达三分之二的灯光照明关闭。公司：John Portman & Associates. 照片：MICHAEL PORTMAN

一个成功的绿色建筑学生应该具备哪些特点/技能呢？

> 对环境的思考：有能力提出清晰、精准的问题，可以使用抽象概念来解释信息，考虑不同的观点，得出合理的结论，测试并将其结果与相关标准和准则比对。

调查技巧：收集、评估、记录、应用的能力以及对设计和环境课程及设计过程中相关信息比较评估的能力。

整理系统的技能：了解自然和建筑的系统基础的理解力以及将其诉诸设计的能力。

应用研究：了解应用研究在决策功能、形式和系统中所充当的角色，和其对环境、人文条件和行为的影响。

合作：能够在工作中与他人合作以及在多学科团队中成功完成项目的能力。

人类行为：了解人类行为与自然环境和建筑环境设计之间的关系。

——Sheri Schumacher, LEED AP, School of Architecture, Auburn University

> 拥有创造力、才智、团队精神、精力充沛、开放性思维、坚持不懈以及条理性。

——R. Alfred（Alfie）Vick, ASLA, LEED AP,

University of Georgia 环境与设计学院 副教授

> 保持开放性思维，在追寻绿色建筑的过程中需要多从各个视角出发看问题，多听取各方面的声音。因为它不仅仅是一栋建筑。

保持学习。这是一个信息世界，在追寻中有很多需要不断学习的东西，所以请时刻保持对知识的渴求。

有社会意识。绿色建筑是成功的，因为人们愿意与其他人一起付出时间和专业知识来实现一个共同的目标，也因为这些人不单单只是建筑的所有者或是使用者。

——M. Shane Totten，AIA，IIDA，LEED AP BD+C，professor of interior design at Savannah College of Art + Design/CEO of OffGrid Studio

由于绿色建筑的研究领域多有重叠，其整体化方法的重要性难以尽述，好的绿色建筑学生应对所有相关学科都有所涉猎。选择一个你有特殊才能、感兴趣并有长期目标的领域作为专注点，然后考虑是否需要获取正式的生态学位，或者也可以毕业后再培养自己可持续性方面的能力。

建筑还是绿色建筑学位？

对那些知道自己想成为绿色建筑中一员的大学生来说，这里有两条途径可供考虑：建筑领域的学位，或专注于某个环境领域的学位。

以上两种都包含有可持续发展方面的课程。建筑学位方向很可能还包含绿色建筑的理念；环境学位方向也会有建筑、设计和其他建筑专业课程。当然，也存在很多融合两者的方案，比如双学位、研究生和其他一些程序。

关于如何取舍有各种各样的观点，并没有正确答案，所以学生们只需考虑最适合自己的选择方可。

> 你会给一个想要进入绿色建筑领域的大学新生怎样推荐：获得一个专业的环境学位还是涉及一些环境课程的很多学位都是可以选择的（文科、商科、工程等）？有哪些具体课程将有助于今后的发展？

> 根据我的个人经验，获取某个领域的学历——具有更多专业性或是着重于可持续发展方面，将是一个明智选择。我觉得成为一个将工作重点放在可持续设计理念和实施方面的工程师或是建筑师要比作为可持续发展方面的通才更加可靠。无论怎样，选择一些商学课程和覆盖可持续发展法规／概念／法律方面的课程将会是个不错的选择。

——Susie Spivey-Tilson，LEED AP BD+C，tvsdesign **可持续发展设计总监**

> 我会建议学生们可以广泛选择学科专业，这样他们可以接触到各种各样的话题。专业化的学习可以在本科或研究生稍晚些进行。更广泛的学科可以为学生们提供多方面的背景知识，以便将来更好地理解绿色建筑。

可以考虑选择那些将实践项目和当前世界面临问题相结合的课程。另外，多了解某一地区的政策、措施和当地正面临枯竭的自然资源对获取世界上其他地区的相关情况也会有所帮助。通过教育和政策课程，我了解到宣传和社会教育，都是推进绿色建筑的重要组成部分。

——Meghan Fay Zahniser，LEED AP，STARS program manager，Association for the Advancement of Sustainability in Higher Education（AASHE）

> 虽然人们会觉得环境方面的学位能为学生在绿色建筑领域发展提供一些具体的知识，但我仍然建议在更广泛的领域选择学科专业（工程、建筑、室内设计等等），并选择一些与环境相关的课程。绿色建筑仍是建筑行业的一部分，这是其他专业课程无法代替的。你可以试想将绿色建筑专业替换成律师或者医生——在本科阶段获取综合性的基础知识，然后可以通过选择辅修科目或是考取研究生再对自己感兴趣的专业领域进行学习。

在课程方面：对于室内空间规划、建筑设计和细节、能源运用和照明、建筑信息模型（BIM）这些课程是大学期间学到的知识基础知识的一部分。在大型绿色建筑项目中需要有专业顾问加入到项目团队中，而对于小型室内商业项目来说团队通常只包含设计人员。在这种情况下，建筑团队需要对项目有足够的了解才能进行，如果没有施工文件，那么项目团队中还需要承包商的加入。

——Megan Ellen Little，CID，IIDA，LEED AP ID+C，Perkins + Will **室内项目设计师**

University of the Pacific：The Lair（pub）（LEED NC Silver）。公司：Gensler。
照片：SHERMAN TAKATA

学位选择 1：建筑专业

在对选项 1 的讨论之前，我们先将美国高等教育系统的内容进行排序整理：

本科 / 学士学位（最常见的有文科学位 -BA，或理科学位 -BS，大多数标准大学都是四年制）

硕士学位（最常见的有文科硕士 -MA，或理科硕士 -MS，这两个学位需要至少三年时间）

博士 -PhD，通常需要进行某个或多个领域的附加课程和研究以及在"综合性"考查中胜出，然后撰写博士学位的专题论文，完成这些通常需要四年或更久时间。

在所有不同水平的大学中，从本科再到博士，关于可持续或环境方面的课程都在逐渐增加。哈佛大学设计研究生院，建筑技术副教授 Christoph Reinhart 指出，学校关于提供主攻可持续设计课程的决定也是由学生们的兴趣和这个领域的发展变化引导的。"在过去的几年里，社会和大众对这方面表现出越来越多的兴趣，这就要求我们在这个领域所提供的知识也要不断深入，以前或许一类就够了"他说，"现在就希望学生们能学到尽可能多的技能和知识"。[4]

本科 / 学士学位

接下来的部分将会概述并评估每个建筑的作用，以及说明"绿色"是如何在这门特殊学科的教育中扮演自己角色的。当设计和建造一座建筑的时候，每一个团队成员在为建筑创建最佳绿色性能方面都扮演着不同但都同等重要的角色。通常参与商业绿色建筑项目的核心团队成员包括（但不限于）：建筑师、室内设计师、景观建筑师、各种工程师和承包商。如果从城市或社区规划的角度，城市规划师也在这其中发挥着作用。在一些高校，可持续课程已被各学科融入到本专业的课程中，例如，Georgia Institute of Technology 为其所有学院提供了超过 260 门可持续发展课程，目标是每个学生都至少修习其中一门。[5] 在其他学校，你可能需要在课程分类中稍作挖掘才能找到好的绿色课程，或者在你所选的研究领域也可以通过与教授们的探讨寻找最佳生态课程。另外你得知道的是，对于每一个领域来说传统的学位都是可以添加额外课程，和第二学位或称双学位。

具体建筑程序

以下是一个典型的建筑相关专业和程序清单，其中关于环境方面的教育可以被融进各个学科。虽然这些都与建筑相关，但还是分为了两大类。首先，是有关建筑设计和施工程序的。然后，是一些当建筑投入运营时所需的，在非设计和建筑程序下——如租赁或维修建筑。

设计与建造类

- 建筑学
- 建筑科学（建造学）
- 土木工程学
- 工程学（机械／电器／管道）

- 室内设计学
- 景观建筑学
- 结构工程学
- 城市规划学

非设计建筑类

- 不动产学
- 设施管理学

这里探讨的所有类型人员均可由具有本科、硕士，或是博士学历的人胜任。另外，在每个具体的建筑程序中下列信息都可能会被用到：

- 该专业是用来做什么的？
- 相关的环境课程
- 相关资源（相见附录）

设计和施工类

建筑

　　设计和监督建筑的建造是建筑师的任务。除了传统的建筑设计，绿色建筑设计结合了选址、建筑朝向、用以优化能源 / 水效率的建筑材料的选择，和选择降低生命周期影响的材料。一个可持续建筑师也将促进团队其他成员共同达成绿色目标，因此绿色建筑师也应具备技术和策略的一般性知识，用以解决土建、景观、机械、管道及其他建筑方面的问题实现最优环境方案。那些希望走这条道路的人都应该寻找相关科目并在课程目录的描述中寻找强调这些方面的内容：城市设计、可持续建筑设计、资源（能源 / 水）效率、发掘健康、有生产力和质量的建筑环境。

建筑科学和施工管理

　　建筑科学和施工管理学科学位未来将是走承包商方向，这些人他们会建造一所建筑，管理整个施工过程，包括建筑现场工地。承包商将设计作为关于如何购买材料、估算成本、安装系统和建造建筑的指南来使用。这个角色对于绿色建筑的实现是至关重要的。可以考虑的课程包括：围护结构、环境系统和科学、可持续现场作业和环保材料。

通用工程

　　工程包含非常多的领域——结构、土木、机械、电器或管道专业——所有这些都涉及"系统思维"。工程的实用技术覆盖建筑、系统和流程的设计。以下所有学科都是关注建筑或场地不同部分的绿色建筑专业。

新西兰团队成员正在 West Potomac 公园组装他们的 First Lighthouse。照　片：CAROL ANNA/U.S. DEPARTMENT OF ENERGY SOLAR DECATHLON

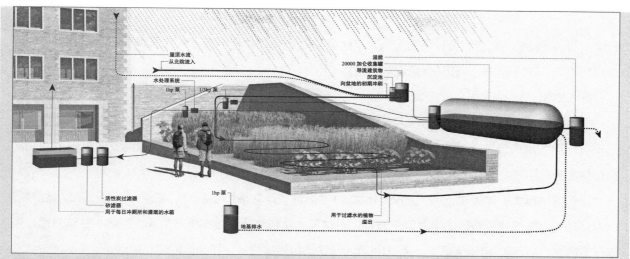

耶鲁大学森林与环境科学院 Kroon Hall（LEED NC Platinum）。公司 Hopkins Architects and Centerbrook. 照片：© OLIN

土木工程

关注场地条件、基础设施（道路、和获取水的途径）、潜在危害、涉及水的建筑和施工（如桥梁、道路和水坝）是土木工程需要掌握的专业知识。例如，通过绿色建筑，他们可以协调如何清理受污染的棕地，并对基于场地水流量和品质的雨水管理提出适合的方案——太多的水会超出当地排污系统的负荷，导致污水流入河流、湖泊和增加土壤侵蚀。土木工程师将所有这些问题纳入到他们对建筑的评估中。可以考虑的课程包括：工业生态学、环境影响评估、有害物质工程、水文地理学、污染减少。

MEP 工程

工程中三个密切相关的领域通常被称为 MEP 工程。这个术语包括机械、电气和管道工程，所有这些都集中于主要建筑系统中。大学毕业后，这些学科的人常常在同一家公司工作，但会被分配到项目的不同区域，因为他们每个专业都有具体的侧重点。

下面的部分将会对每一种专业给出更加具体的说明：

机械工程师

机械工程师主要负责建筑物能源的供应和分配，能源很大程度上用于制热和制冷系统。建筑消耗的能源约占美国能源的近 50%，所以这一领域就环境影响而言扮演着非常重要的角色。通过这门学科和一些课程的选择将会使可持续设计得到强调，包括可再生能源（太阳能和风能）、能源系统分析和设计、生命周期科学、碳管理过程，和环保意识的制造。

电气工程

电气工程师所承担的角色是研究电力，各种电路接线的实际应用和电信设计等，有时，可能还要包括建筑物和它周边场地的电力照明。照明是另一个较大的能源消耗点，在大多数商业建筑中占到高达35% 的能源使用量。

照明这项巨大的能源输出照亮的同时也加热了建筑，这又增加了制冷的需求——另一项能源消耗。运用可持续方法寻找更有效的电力解决方案，对建筑本身和整体环境都将产生很大影响，在这方面可供选择的课程包括：电力电子与控制、能源系统、高性能可持续设计，和高效的生态照明。

管道工程

管道工程师负责设计水系统的连接和居住者使用的室内水管道设置，包括水槽、水龙头和淋雨喷头等。随着全球水资源的减少和人口的增加，这一领域变得越来越重要。这一领域可考虑的课程应该围绕水资源效率主题和雨水技术，以及太阳能热水加热。

室内设计

雕琢建筑内部空间是室内设计师的职责，在这里是人们生活、工作、玩闹。当人们进入一座建筑，看到的从照明的选用到座椅的挑选再到地板的选材等等这些都受室内设计师选择的影响。所以，室内设计师在保证室内空气质量和评估材料和家具方面发挥了巨大的作用，他们要考虑比如产品是由什么制成，是否会排放有害气体，它的使用寿命以及在其他项目中再利用的可能性。室内设计师也常常在租户的基础建筑选择中扮演重要角色，比如帮助寻找靠近公共交通和社区连接的地点。对于

2101 L Street NW（ LEED CI Platinum ）。公司：RTKL。照片：©RTKL.COM/ANNE CHAN

这个领域，可供选择的课程应该是强调生态、可持续设计、材料产品和使用，以及节能照明。

景观建筑师

使一栋建筑和其周围自然环境完美巧妙连接是经过建筑师的责任。对于这一领域的绿色专家来说，这通常意味着不需要额外灌溉的当地原生树木和各种植物。可持续的景观建筑师会将地球友好因素加入考虑范围。他们会种植可以遮阴的树木使屋顶或人行道保持凉爽，或者他们会使用多孔或浅色外墙硬质景观材料比如走道或是种植材料，这也会帮助减少热量的获得和水的径流。景观建筑师也会关注水与建筑、绿化和周围河道间的相互作用。这一领域的课程强调可持续性包括景观生态学、环境分析、节水型园艺、绿色屋顶，以及场地规划 / 保护。

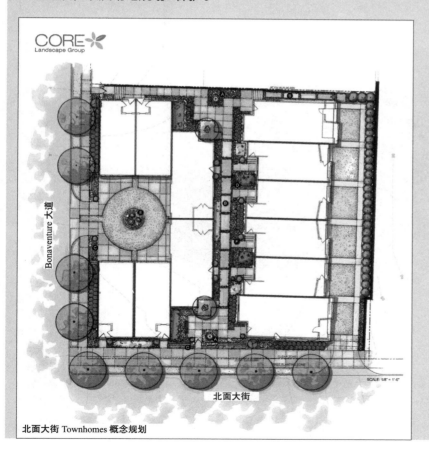

场地规划说明。公司与图像来源：CORE LANDSCAPE GROUP, INC.

城市规划

　　城市规划师伟所有类型的社区（农村、郊区和城市）和土地的使用创制短期或长期的规划。他们对城市和社区的组织和建筑提供广阔的视角，并将基础设施（道路、水、能源、交通运输）与商业和住宅区结合考虑，以使最大限度地发挥所有部分之间的相互联系。绿色城市规划师可能还要在建筑和土地使用的生态影响方面做更深一步的考虑，比如帮助保护湿地、倡导保护森林，还有解决当地污染问题。可以考虑的课程有：可持续城市发展和区域规划、社区规划，以及关于可持续发展、精明增长理论和景观建筑的综合性课程。

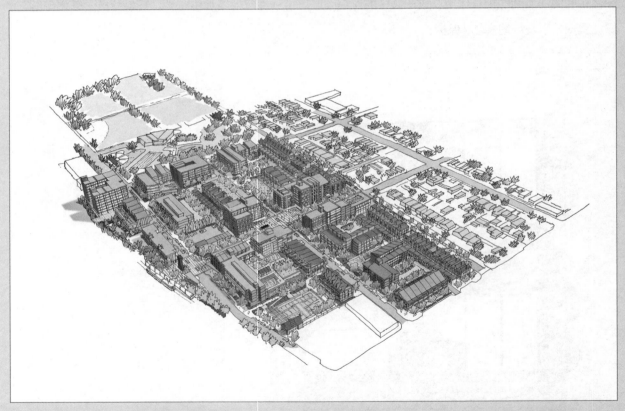

Denver Housing Authority South Lincoln 项目的远景，强调了经济发展和公共健康与建筑环境之间的关系。South Lincoln Redevelopment Master Plan, Denver, Colorado。（总体规划以 LEED ND，NC 以及每个部分至少在绿色社区评级中获得银级为目标。）公司和图像来源：MITHUN

非设计与建筑类

房地产

房地产领域更为广泛，它包括了很多职业：

- 房地产开发商（购买土地／建筑的人）
- 地产经纪（负责促进业主和租户之间联系与互动，包括租赁）
- 房地产物业管理（或许与租户一起，负责管理房地产）

进入房地产领域有几条教育途径。一些热门的学科有：房地产、商业、经济、金融或营销。可以考虑的课程有可持续房地产和租赁管理、环境法，以及可持续和绿色租赁。

设施管理者

商业建筑的操作、维护和保养，从医院到酒店到会议中心，都是设施管理者的责任。根据国际设施管理协会（IFMA），它是"一种职业，包括多门学科在内，用来确保结合了人、地点、过程和技术在内的建筑环境地功能。"[6]当建筑完成后，他们负责其中所有的建筑系统，从火灾报警系统到安全访问再到废弃物管理和停车场。绿色课程包括能源管理和绿色维护。

> **设备管理者或说终端使用者是如何区别于其他设计和建筑专业人士的（建筑师、承包商等）？**

> 他们处理很多现实问题，并坚持始终如一的使建筑运行保持在最好的状态，无论天气或建筑里发生了什么。建筑师们负责"梦想"（我们希望有这样的建筑，希望这样能减少能源的消耗）。但是，他们不知道确切会消耗多少，直到建筑投入运行。

——Barry Giles，LEED AP O+M，BuildingWise LLC

首席执行官

> 设施管理者是非常特殊的角色，因为我们维护、监控和监督所创建的建筑环境的日常运行。建筑师和设计师们在完成一个项目后，就会转向下一项工作。

——Sheila M. Sheridan，IFMA Fellow，CFM，LEED AP O+M，Sheridan Associates 总裁

硕士学位

许多人希望获取硕士学位来使他们在职场竞争中脱颖而出，增进知识水平，当然也可能会带来更丰厚的报酬。而另一些人希望通过考取硕士来改变职业方向。比如，或许你已经获取了建筑学学士学位，但你希望自己能成为一名可持续发展顾问：那么考取一个可持续商学硕士学位将会非常有帮助。硕士学位可以将你带向新的专业领域，并开启新的职业生涯。

Footprint Talent，总部位于亚特兰大的招聘公司，和 WAP Sustainability，一个可持续发展咨询公司，进行了一项名为"CSO（首席可持续发展官）现状：一个不断发展的形象"的调查，为此他们对 254 位 CEO、人力资源主管、首席运营官和 COS 做了调查，来确定什么样的机构需要一名可持续发展官。这项调查宣称"MBA 是可持续发展官的黄金标准，工程、科学和通信则排在第二"，报告还指出一些地区将硕士作为未来的重点关注对象，比如建筑和城市规划、城市规划、城市规划和商业可持续发展、建筑工程等。[7]

> ### （MBA）工商管理硕士
>
> Bainbridge Graduate Institute
>
> www.bgi.edu/
>
> Presidio Graduate School
>
> www.presidioedu.org/
>
> University of California Berkeley
>
> http：//berkeley.edu/
>
> 注：此列表不包含全部，仅作为简单参考。

博士学位（PhD）

philosophy 采自希腊语，意思是"爱智慧"，博士也是一样：它是对一个主题领域的深入研究，让学生真正实现对智慧和对现实世界某个课题或是想法的衍生的探索。作为研究生教育的更高一个等级，博士学位需要勤奋和对学术的不断探索。对于这个学位的要求各学科之间会有较大差别，但所有学科领域保持一致的是关于时间、年、课程和每个具体部门和大学对研究的规定。一般情况下，博士学位包括关于科研的学位论文或毕业论文，通常由一个小组的同行和学术顾问/教授进行评估。如果一个学生希望将来进入大学授课，或是希望追求进一步的研究，又或想在绿色建筑领域获取更多环境方面的知识，那么获得博士学位是很有帮助的。

为什么需要PhD？

> 它会造成某些实质性的转变——并且进一步探索企业思维模式的转变，从"毫无思路"到生态创新者——Amodeo 决定考取 Benedictine 大学"组织发展和变化"的 PhD（一个人们关注的管理学子项）。在她的研究过程中，他发现一家位于美国佐治亚州 LaGrange 的地毯公司，名为 InterfaceFLOR，其创始人 Ray Anderson，有一个叫做"啊哈！"的企业时间。他对此的突然领悟是在 1994 年读完 Paul Hawken 的一书 *Ecology of Commerce*，然后他改变了将公司原本的课程设置变为关于绿色环保的。Amodeo 决定以这家公司变化过程的研究作为自己的毕业论文，并将她的发现以书面和纪录片的形式展现出来。

通过对那些亲眼看见了 Anderson 公司变化的老员工的访谈，她发现员工们对目标有了感知还有了更深公司责任感，这些都是在公司变得更具可持续性之后发生的。Amodeo 发现这家机构有一个关于可持续发展正式的信条，是个到 2020 年达到零污染的七步走计划，而且即使在经济低迷期他们依然坚持着自己的绿色课程计划。她对企业如何以及为什么能够改变其方式变成社会中的环保积极分子做了深入调查，带着这些调查结果和她从毕业论文中学到的东西，Amodeo 创办了一家名为 idgroup 的咨询公司，以帮助其他公司做类似的可持续性改变。

——Mona Amodeo，PhD，idgroup Consulting & Creative 总裁及创始人

奢侈的圣代

LINDSAY BAKER, MS ARCH, LEED AP
加利福尼亚大学伯克利分校 建筑环境中心 建筑学系博士生与研究生导师

能否说一说您的"绿色之路"——从非营利组织到博士？这其中有那些具有里程碑意义的事件呢？

我的"绿色之路"其实是从高中开始的，当时是参加一个美联社环境研究课程，在那里了解到了建筑中能源效率的基本概念，这让我十分着迷。然后很幸运地在高中毕业后我来到了 Southface Energy Institute。Southface 是当地非营利组织的楷模，而且已对亚特兰大及美国东南部的地区问题做了大量工作，同时也包括在全国开展的大规模活动。

我在那里度过了整个大学的夏季实习期。我在 Chattanooga 市规划局工作，这是一个非常先进的城市，然而我发现自己可能并不适合于政府机构。我也曾在一家建筑师事务所工作，然后发现自己对于成为建筑师似乎还缺乏一些耐心（和创新）。

但我很高兴我能在开始就先把这些都尝试了一遍，因为如果一旦你毕业后就被圈在一项工作上也就无法跳出来从其他角度发掘哪个职业更适合自己。所以，在大学毕业后，我对建筑行业和其逐渐增加的可持续运动有了很好的了解。我申请了美国绿色建筑委员会的工作，与 LEED 部门一起工作，终于发现这个职位原来如此地适合我。在像美国绿色委员会这样的地方工作简直太棒了，你能接触到很多绿色建筑行业中非常优秀的人，有政策制定者、建筑师、能源模型师、研究人员、非营利组织倡导者，产品制造商——这些人你都可以在会议中见到。

还有一件需要说明的事，因为我觉得这对那些希望进入绿色建筑领域的人来说有些关系，那就是合作对这个领域来说是至关重要的。如果你喜欢独自工作，那么这个领域可能会不适合你！一体化设计需要团队高水平的合作和策划，在这里所有专业人员都要学会把各种专业术语变成大家都能理解的概念，而在这其中妥协也是非常常见的，老实说，有时我认为自己在这项工作中最大的优势就是耐心和帮助别人沟通的能力，没有这些，我的技术知识也会基本派不上用场。

但尽管如此，我最后还是离开了美国绿色建筑委员会继续攻读研究生学位，因为我还是希望能在建筑性能领域精进自己的专业和技术知识。我认为年轻一代需要升级这些行业中的能力：能源模型师、试运营代理、能源审计、暖通工程师、建筑师、废水处理系统设计师、城市规划师、控件设计师以及建筑学家。这些领域都很需要年轻人，而且在未来十年中这些领域的工作机会也会有稳健的增长。

位于华盛顿特区的美国绿色建筑委员会总部厨房区，于 2009 年完工（LEED CI Platinum）。公司：Envision Design, PLLC。照片：ERIC LAIGNEL

为什么选择您目前就读的大学和攻读它的博士课程？

全国各地都有一些很棒的博士点，你可以根据口碑评价查找，以及查看它们各自所长。特别是考虑到越来越多的学校每年都在开展新的可持续设计课程。当我返回学校时，我明白我希望把重点放在入住后使用评估，并以此为方法更好的了解我们在高性能设计中的成功和失败点。加州大学伯克利分校在这类研究上有存在已久的传统，所以它对我来说非常适合，另外，伯克利还有跨学科的大环境研究，这在我们的领域也非常重要。尽管生命周期分析不是我的专攻点，但我喜欢所有人都在努力奋斗的校园，我们可以保持联系。

对于那些希望找到志同道合的人一起工作，我也会建议他们考虑硕士学位。

在我读博期间还受到很多来自美国绿色建筑委员会人员的支持，真的非常开心。当我走进伯克利校园，Rick Fedrizzi 碰巧在这里开会，当我告诉他我选在这里攻读博士学位的时候，他很惊叹的说"哇，博士啊！"他说这话的语气就好像在说"哇，让我们尽情挥霍一把，买个圣代代替牛角包吧"。我不确定这算不算是取得硕士学位和博士学位之前不同的隐喻，但我认为这反映了一个现实，那就是博士在这个行业相对少见一些。

获得博士学位通常是一个承诺，无论是终身致力于科学研究还是进入大学执教，这都是我们这个领域目前所需要的。建筑学院里非常需要教授建筑学的人，因为对于建筑师的标准随着这个领域的发展需要掌握的知识也在不断增加。然而，我希望考取博士还有一个原因——我希望能将科学的方法带到对建筑性能的测量中，帮助绿色建筑行业制定评估成功与否的实践标准。然后我计划回到原专业领域，致力于改善实践方法以及政策、法规方面的工作。

您博士论文的一部分讨论了居住者行为及其对建筑性能的影响，为什么会选择这个主题呢？在居住者行为领域所做的调查有哪些，你对这一领域的未来有怎样的预测？

这是一个较新的领域，真的，它的出现也是为了更好地实现设计目标，因为我们已经意识到如果不考虑由居住者控制的能源使用因素很难实现我们的节能目标。我对这个领域感到很兴奋，因为它已被广泛接纳，虽然我们已经拥有了从根本上上减少建筑能源消耗的技术，但问题却出在这些技术的具体实施上。在我们节能计划中大部分问题出在建筑使用者的购买和参与环节。这将是一个巨大的挑战来尝试和解决世界行为的改变，但是设计是件很伟大的事，如果我们希望保持这个星球的完整至少要对我们的行为模式做出一点点的改变。我希望在未来，人与建筑能够和谐、积极地互动，并实现能源和幸福的优化。

学位选择 2：环境专业

或许你已经下定决心选择一个更加"绿色"或以环境为重心的学位，因为你觉得它可能比建筑方面的学位更适合自己。这时你会发现，环境中包含的领域也相当丰富。

具体的环境课程

以下是典型的以环境教育为核心的建筑相关专业和课程列表：

环境设计	环境工程
设计与环境分析	人类生态学
环境建筑	自然资源管理
环境 / 生态设计	可持续设计 / 发展

关于具体的环境课程有没有哪些好的

这门课程的研究需要对那些模糊的解释怀有高度包容的心。有些人会告诉你这个领域没有诺贝尔奖，因为它不属于一个真正的领域，但可持续发展确实是一个领域，它将决定人类能否继续繁衍，所以希望你在大学里能找到使它成为一门学科的方法。而且越来越多的大学都开始关注可持续发展，阿桑那州州立大学还在该领域提供了博士点。我在 Bainbridge Graduate Institute 执教时，它提供有可持续发展的 MBA。我还帮助位于纽约的 Bard College 创立了新的可持续管理 MBA。

这些都是不错的选择，但我们还需要在网络飞速发展的今天提供网络教育，我们中的一群人正在尝试改革我们在可持续教育上的方式。今天的学生负担着成千上万美元的教育债务却要接受来自 20 世纪世界观的教育。为解决这个问题，我们启动了 Madrone 项目，它为学生提供短期、辅助性的、制作精美的可持续发展视频小课程。在最佳情况下，你可以通过学习这些微课程来获取学位——我们也在与多个对此有兴趣的大学进行交谈——但即使没有这些，你也可以从你的列表中选择下载一些世界领导人关于可持续发展的讲话，给自己一个世界级的教育。我们的目标是在大家都负担得起的方式下进行可持续发展教育的全球传播。

——L. Hunter Lovins，Natural Capitalism Solutions 总裁兼创始人

网络资源中的绿色学位

绿色建筑领域领先的综合性教育网站列表：

www.enviroeducation.com/

www.builditgreen.org/degree-programs-semester-classes/

www.ulsf.org/resources_campus_sites.htm

http：//intelicus.com/green-mba/

https：//stars.aashe.org/institutions/

三种方法

以下三所大学都有完善的环境学位，所以这里将他们作为例子说明可供选择的绿色学位的类型。这并不是一个完整的清单，全国还有许多其他的优秀学位可供选择。

环境研究本科学位——

Oberlin College，Oberlin，OH

http：//new.oberlin.edu/arts-and-sciences/departments/environment/

环境研究（ES）计划再 Oberlin 是一个跨学科的专业（虽然它也可以做为一个辅修科目），它注重人与自然和环境间的相互作用。该计划在自然科学、人文科学和社会科学方面拥有坚实的基础，可以帮助学生获得知识与理念，来解决更大社会中的可持续发展议题。

可持续设计本科辅修课程——

University of California at Berkeley，Berkeley，CA

http：//laep.ced.berkeley.edu/programs/undergraduate/minors/sustainabledesign

这门本科选修课程由建筑系和景观建筑与环境规划系联合提供，并面向所有专业学生。它的重点是探索可持续设计的决策是如何形成的，从小范围（住宅、建筑）到大规模的土地使用和城市规划。虽然课程侧重于建筑和景观建筑，但这门课程是跨学科的，囊括了从电气工程到地质学再到社会学各种不同学科的知识。

建筑性能和诊断学硕士、博士——

Carnegie Mellon University，Pittsburgh，PA

www.cmu.edu/architecture/academics/graduate/master.html

建筑性能和诊断学硕士是一个两年制的计划，为那些希望走在提高建筑技术和性能前沿的建筑人士打造。该学位需要以一个运用新学到的模型、研究及分析技术的实践项目作为毕业设计。大多数考入这个学位的都是在建筑领域有过相关培训或专业工作的人，有建筑师、项目经理、或是工程师。

位于华盛顿特区的 Recording Industry Association of America 电梯大堂。公司：Envision Design。照片：ERIC LAIGNEL

多学科学位

如果你看过以上两条关于一般建筑行业或是特殊环境领域学位的路线都觉得并不是自己寻找的方向，那么还可以考虑多学科或跨学科学位这个选项，它是将多个学位进行结合融汇的特殊学位。多学科学位有来自各个领域老师教授的综合性的课程安排。

比如 Ball State University in Muncie，IN 就有一个跨系的教育计划，在环境可持续发展实践方面提供了一系列的专业辅修课程。这使学生们可以在完成自身专业的同时还能获得以下领域的环境类辅修课程：环境因素下的商业、医疗保健中的环境因素、环境政策、可持续土地系统、技术与环境。这就使大学间更广范围的可持续研究和处理跨学科的可持续发展综合性问题成为课程。

选择大学

你已经确定你希望成为一名绿色建筑人士，无论是建筑师、工程师、城市规划师，或其他有价值的职业。现在你已经有了学位方向，那么是时候挑选一所大学了。如何选择应从最适合"三重底线"（经济／环境／社会）的角度来看，而不是像通常以声誉和地理位置作为出发点，因为选择一所绿色研究院需要看很多细节。关于如何选择好的绿色学校，这里有些例子可以用于权衡，比如你可以考虑一所大学的环境承诺，绿色课程和学位的数量，以及成为生态志愿者的机会。为帮助你进行选择，这里有一些不错的资源可以通过学校的生态友好理念来帮助你对其进行评估，以下资料代表着行业内最具权威的评级、评价以及报道。

可以考虑用以下这些资源进行评估，如学校是否是附录中列出的一个或几个协会成员，或者那里是否有关于该校的评价。

大学：绿色项评级

这里有四个最好的关于检验大学"绿色性"内部资源可供参考：

- 学院可持续发展报告卡
- 普林斯顿评鉴
- Sierra Club Cool Schools 计划
- STARS 计划

所有评级都是关于机构绿色属性的一项指标，下列关键领域也需要考虑：

行政管理	气候变化与能源
食品与回收	绿色建筑
学生的参与度	交通运输

其中两个相似度很高的评价是可持续发展报告卡和普林斯顿评鉴，因为他们都是根据学生调查为大约 300 个机构做过评估。除了上面列出的重点领域，学校可持续发展报告卡还对对基金透明度、投资重点、股东参与进行评估，普林斯评鉴还考察学校是否有可持续发展执行官。

Sierra Club's Cool School 有些不同，它是从学校收取反馈而不是学生。The STARS 是一个自愿性的持续提供自我报告的工具。考察每一所有意向学校的评级，并确定哪些属性是优先选择的。一旦将选择范围缩小，便可以用每种评级对各学院进行横向比较。

学院可持续发展报告卡

www.greenreportcard.org

据称是北美洲 300 所最大捐赠基金中唯一的独立评价资源，学院可持续发展报告卡将 300 所高校的环境标准评估已一种方便使用的方式表现出来。

针对 311 所绿色学院的普林斯顿评鉴指南

www.princetonreview.com/green.aspx

这项指南适于美国绿色建筑委员会联合开发，并于 2010 年 4 月首次发布，它强调了很多方面，从校园可持续发展水平到绿色领域的专业，并且会每年基于学生调查的反馈，形成一份年度报告，目前主要集中在约 300 所高校。

"在很多人看来，这里会有很多与环境和可持续发展有关的工作机会"，Robert Franek 说——普林斯顿评鉴的高级副总裁和出版商。"对于那些对这个快速发展的板块感兴趣的人，'指南'强调了学校在下一代绿色专业人士的培养方面的努力。"[8]

Sierra Club Cool Schools

www.sierraclub.org/sierra/201009/coolschools/

The Cool Schools 名单是基于能源效率、学术、食品、交通和废弃物管理等八项资格分类进行的年度顶尖绿色大学前 20 排名。

STARS——可持续发展跟踪、评价和评级体系

https：//stars.aashe.org/

由高等教育可持续发展协会（AASHE）开发，作为学院和高校衡量自身可持续发展水平的一种途径，STARS® 为学生们查看校园的绿色水平提供了一种简便方法。机构向 STARS 提交报告，提供其校园不同区域的可持续性水平数据，然后 STARS 根据其作为绿色校园的领导力水平对每所高校进行评级，评级分四等：铜、银、金、白金。目前，已有超过 1000 家机构参与了 STARS 计划。

为方便参考，每所参与该计划学校的数据都可以在线访问，并对其具体符合可持续发展方针之处做详细了解。例如，在这里你可以发现一所学校是否已将可持续发展纳入其课程，又是如何纳入的。这里还有关于绿色课程、本科和研究生计划的详细说明，还有教师团队参与的环境研究，甚至还有课外俱乐部及很多培养生态意识的项目。除了课程，学院还对这些方面的绿色水平提供报告：运作（能源效率、废弃物管理、甚至餐饮服务），规划（能力、人力资源、多样性），以及创新。这是一个很棒的资源，自 2010 年项目启动以来，有越来越多的大学选择参与其中并公开他们的报告。

高校绿色图书资源

除了评级，还有很多书籍也是以绿色高校为主题。这些书所做的评估标准类似于之前写到的评级，但书籍往往能够更加深入，并为择校提供一个全方位的总览。

Ecological Design and Building Schools：Green Guide to Educational Opportunities in the United States and Canada，作者 Sandra Leibowitz Earley

www.newvillagepress.net/book/?GCOI=97660100671680

Making a Difference College Guide

www.green-colleges.com

大学：校园与绿色承诺

在之前给出的评级与图书资源中对于学校的考虑有一个共同讨论点，就是学校对环境公益所做的承诺。在可持续发展道路的沿线有很多的停靠站，也许你所考虑的学校并被在任何评级的名单中，也未在书籍中提及。那么还有其他标准可供参考么？有的学校做出环保承诺，有的会发起校园活动，有的则什么都没有，所以或许你可以在这些学校中扮演领导者的角色，作为发起人带领别人走上这条道路。

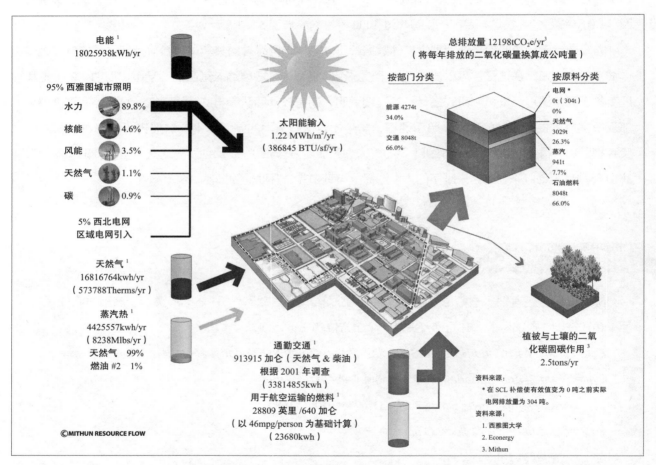

西雅图大学关于能源、水生态系统和人类健康的可持续发展总体规划目标和战略是以创造可持续发展校园模式为目的。华盛顿州，西雅图，西雅图大学。公司及图片：MITHUN

绿色承诺

通常从上至下的领导会使整个团队注意力集中在领导者的目标和预期。在这一点上，大约有 50 个州的 700 所教育机构，代表着大学生总量三分之一的人数，致力于"美国学院和大学校长的气候承诺"。[9]

美国学院和大学校长的气候承诺

www.presidentsclimatecommitment.org/

美国学院和大学校长气候承诺是一项计划，在该计划中高等院校将承诺以一系列环境目标来中和温室气体的排放、加速高校对于帮助改变气候影响的研究和教育力量。该组织提供一个理念和支撑框架，其中学校需要承诺立即采取行动减少校园温室的气体排放，将开设绿色课程并提供此方向学位，创建计划以实现气候中和，而最重要的是，他们需要公开这些努力。有了这些，预计约有 66% 的参与院校将会在 2050 年或之前达到气候中和目标。[10]

国家科学与环境委员会 www.ncseonline.org/program/Council-of-Environmental-Deans-%2526-Directors

绿色校园

如果你对成为一个绿色建筑者感兴趣，你或许需要的是在四周布满绿色建筑的灵感中学习，而这就意味着学习不光只发生在课堂，还发生在教室和校园。关于绿色校园这里有两个关键的指导，如果学校已经开始或考虑进行这方面事宜，那么这些指导将会对此提供一些帮助。

校园绿色建筑者

www.campusgreenbuilder.org/

USGBC 绿色校园活动

www.usgbc.org/DisplayPage.aspx?CMSPageID=1904

保持独特 🅔🅟

MARC COSTA，LEED AP BD+C，CGBP

Long Beach City College 环境技术项目

是什么让您选择绿色建筑作为职业（或志愿者）？

从 2006 年开始我已在建筑业的供应方面工作了四年时间了，也听到了一些关于绿色建筑的声音。

之后我叔叔送了我一本《LEED v2 参考指南》，然后直截了当地跟我说，如果我还要在这个行业打拼却没有 LEED AP 认证的话，那么我就真的是个傻瓜。开始我并不热衷看这本书，也觉得它并没给我带来什么帮助。但当我将 LEED 评级系统的目的、流程和影响与经济效益原则联系起来的时候，一切就不一样了，可持续运动在很多层面都发生着意义。回顾对在圣地亚哥的加利福尼亚大学管理学（大量经济学、公共政策、战略、博弈论等等）的研究，这些花在课堂上的时间使我在现实世界赢来了回报。

不久后，一个朋友的朋友让我在一家领先的绿色建筑公司接触高级估算师作为非正式的面试。那时我学到了两件事：1）我对建筑和绿色建筑一无所知；2）我一定成为独特的、超出大家期待的人。现在看来我这赌注好像下对了。

能分享一个与绿色建筑有关的故事吗？

嗯，当我第一次发出惊叹是在参加一个针对住宅承包商的可持续发展培训课中。当时，除了我已经知道的那些，

我并没有接触其他过多绿色建筑方法或评级系统。在此之前我们的绿色建筑在加利福尼亚虽然已取得了长足的进步，但当越来越多的非营利组织加入到我们行业中时，很多组织将总部设在加利福尼亚北部，在那里我接触到非常多的类似组织着实让我大开眼界，由于当时南加利福尼亚并没有这类组织，而且他们不同的市场部门还有着不同的可持续发展方法。这个绿色建筑的影响力，显然要比人们意识到的要多得多。

你的专业和志愿者经历是如何使你收益并丰富你的职业和个人生活的？

我的第一个绿色实习期与 USGBC 委员会有关，从那里我也开始了自己的第一份绿色工作。在专业方面，我认为加入 USGBC 让我在很多项目上获得成功。当我们需要为新项目建立新的合作时，或是从现有项目的发展中不断获得新的想法时，那个进入脑海中的人选常常都是通过 USGBC 认识的。当时在 LBCC 的经济和劳动力发展部门下的环境技术项目工作，我们负责宣传清洁能源劳动力训练项目——这是全国最大的绿色工作培训项目。我们也为 LEED 提供绿色相关培训，同样也主持一些 USGBC 的校园教育工作，让参与者有机会建立工作关系，或有更多机会找到满意工作。

USGBC 绿色校园活动工具

USGBC 绿色校园活动的资源和工具可供免费下载：

绿色校园路线图

www.centerforgreenschools.org/campus-roadmap.aspx

LEED 实践：指导大学生如何参与

www.centerforgreenschools.org

绿色竞赛

比赛是一个可以让你短期沉浸在绿色建筑实践中的大型讨论会，也是一个可以与志同道合之人一起合作的机会。通过比赛可以提高知名度，还能够接触环境组织，并可能获得奖项。从中学到大学都会有很多竞赛，其中一个最广为人知的全国大学生竞赛就是太阳能十项全能。

目前，在美国面临的很多最严重的环境问题中，能源消耗是重中之重。住宅家庭能源使用占据美国每年使用量的约 21%。太阳能十项全能竞赛便是美国能源部门为了解决这一日益严峻的国家问题而做出的许多努力中的一部分。从 2002 年开始，从 2005-2011 年每隔一年十项全能就会邀请来自全国 20 多所院校的学生团队来设计、建筑、运行太阳能供电的可持续住宅，住宅要求高效节能、价格合理，还要兼具美观。[12] 之后这些房子便会向公众开放，届时成千上万的人们都会聚集于此，这将使更多的人了解绿色建筑，也能为绿色建筑和学生团队们的才华带来更多的知名度。在这里学生们可以学到跨学科的合作，获得可持续建筑的第一手实践经验，并在对其完成设计进行的评估中获得非常宝贵的实战经验。

绿色学生组织

从比赛到合作，学生们聚在一起不断地推进着绿色建筑计划。毕竟，当你在思考基础力量带来的改变时，在所有大学中最强大的团体无疑就是学生。当学生们聚集着商讨环保行动时，结果必然会是令人印象深刻的。举个例子，康涅狄格学院一个由学生领导的名为可再生能源的俱乐部在大学中举行义卖，并加入 Connecticut Energy Cooperative 分发请愿书。由于他们的努力，该组织成功说服了学院管理员通过可再生资源购买约 17% 学校电力——这一举措将减少每年约 230 万磅的二氧化碳排放量。[13] 对于如何倡导变革的想法，可以咨询非营利组织 Second Nature 的免费在线资源，*Students' Guide to Collaboration on Campus* 也在这方面提供了坚实的思想以及一些技巧和鼓励。[14]

马里兰大学入口处，该设计在美国能源部太阳能十项全能 2011 年度竞赛中排名第一，位于华盛顿特区。

"液体干燥剂瀑布"采用氯化锂进行除湿，美国能源部太阳能十项全能 2011 年度总冠军，马里兰大学 WaterShed house，位于华盛顿特区。

图片：STEFANO PALTERA/ 美国能源部太阳能十项全能

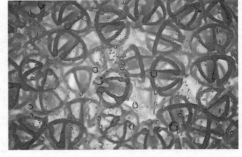

除此之外，其他的资源也非常丰富，在 2011 年有将近 50 个美国绿色建筑委员会学生分会。除了访问会议和一些有相同兴趣的学生网站，机构还提供在线工具包可以在你所在的校园内建立绿色建筑学生团体，并帮助你的校园获得 LEED 认证。例如，在圣彼得堡大学，有一个学校内部的可持续发展办公室（Sustainable SPC）包括四个活跃的可持续发展俱乐部和一个 USGBC 的新兴绿色建筑者章程。[15]

这些志愿者俱乐部致力于支持地球日、校园清洁、拯救海岸计划以及一些有关可持续发展的电影和系列讲座。可持续发展办公室也同样为学院的生态课程、学生活动，以及节能 / 碳减排提供支持。

你可以与任何一所高校的招生办公室联系询问那里是否有类似的组织。但不要让这些组织成为你最终选择一所高校的决定因素——因为第一个组织也可以由你来创建！

> **USGBC 绿色校园活动工具**
>
> 一旦确定下来学校，就该考虑如何支付学费了。奖学金和助学金可以为学生们所需的学习课程提供支持。以下网站将提供各种奖学金、助学金及资助金机会。
>
> **奖学金**
>
> **普通**
>
> www.enviroeducation.com/financial-aid/   www.epa.gov/ogd/grants/information.htm
>
> www.sustainablemba.org/
>
> **助学金**
>
> www.epa.gov/enviroed/students.html   www.centerforgreenschools.org/fellowship.aspx
>
> **奖学金**
>
> www.enviroeducation.com/articles/scholarships/
>
> www.collegescholarships.org/scholarships/engineering/environmental.htm

大学毕业后的教育选择

也许你在阅读完上一节针对高等教育的内容后发现获得绿色建筑方面的某个学位并不适合自己，又或者你已经大学毕业，现在正在决定进入绿色建筑领域是否真的适合自己——但你没有大量时间，也没有这方面的想法去进修一个学位。不要害怕，学习的机会比比皆是。

事实上，近来没有环境学位的可持续专业人士越来越多的出现在这个领域。本书作者和本书中很多接受采访的人都是在本科毕业后才加入绿色建筑领域。如果你觉得这条路也不错，这里会介绍很多有助你成为绿色建筑人士的教育选择。

培训计划

培训在这里的定义是获取技术技能，特别是提高一个人的能力。教育通常集中在特定主题的历史、哲学、原则上——换句话说，它是对某个科目的学术探索。然而，培训侧重于完成某项工作过程中的特定技能——也就是说，它是一项实践工具。通常集中在获取更多的知识或是转变职业道路。当考虑通过培训项目获取额外的知识时，时间和成本也要考虑在内，大多数情况下，学位教育比培训项目会花费更多的时间。

时间与结果

选择兼职和全职培训都存在风险，它们会耗费从一小时到几周的时间。在培训结束后，应该会得到一个可以添加到简历中的证书或证明。

方式与讨论会

当考虑哪些培训比较适合时，你将要判断是在线培训或是现场培训更加适合你的情况和学习习惯。无论选择哪种方式，都需要看这些培训在绿色建筑领域的知名度如何。本章所列出的培训资源都是比较有名的，而且同时提供在线和现场两种参与方式可供选择。通常，课程范围从入门到中级到高级，另外大多数资源将提供针对具体策略和技术的专业训练，如节能照明设计或节水型园艺设计。

用一个很有名的培训项目举例——Everblue。他们的培训课程碳计算与减少管理就侧重于引导公司如何最好的运用相关法规和政策实现碳管理，以及在各行业中如何运用资源和相关激励政策。他们会教授学生进行温室气体计算以及如何使其减少的技术，除此之外这门课还会提供这方面非常扎实的知识基础。[16]

如何评估培训计划

当评估一个培训计划时你需要了解这些问题：

- 在这项培训计划 / 指导 / 实习中，具体的学习目标是什么？
- 在学习过程中，有没有一个可以中途进行测试并根据结果双方进行调整的环节？
- 作为参考，有没有人已经完成过这个计划，这个人能够联系到吗？
- 培训中取得的这方面成果实战经验可以在简历上列出吗？在完成后是否有证书或作为学业完成的证明？这个项目是否由信誉机构进行过认证？比如北美能源从业者认证委员会（NABCEP）就是一个认证机构，致力于提升行业标准和太阳能产业中的消费者信心。[17]

绿色培训资源

EPA Institute

http：//epainstitute.com/index.html

EPA 认证 / 环境培训 / 环境合规 / 绿色建筑认证

http：//environmentaltrainingonlineepa.org/index.

html

Everblue

www.everblue.edu/

Green Building Initiative Training

www.thegbi.org/training/

Green Ideas Environmental Education

http：//greenideaseducation.com/about_gie.html

Green Building Services（GBS）

www.greenbuildingservices.com/

RedVector

http：//greenbuilding.redvector.com/

Leonardo Academy

www.leonardoacademy.org/

美国绿色建筑委员会，E-Learning

www.usgbc.org/DisplayPage.aspx?CMSPageID=2332

实践培训计划

了解绿色建筑中哪条路最适合的简单方法就是"前往第一线"。除了那些有各种课程和学术严谨的正式培训项目，还有一些其他教育项目，这些通常更注重具体技能的培养。例如，Boots on the Roof 就提供了大量关于具体绿色建筑建造的培训项目，比如太阳能光伏发电。这是为电气承包商、建筑师、工程师和普通从业人员打造，课程涵盖光伏理论基础和应用、系统设计和评估，以及为期六天的典型住宅和商业建筑顶部系统安装的实践培训。[18]

另一个优秀的资源是 Yestermorrow Design/Build School，它每年提供 150 门课程和学习车间，由顶级建筑师、设计师和可持续发展领域的建造者们联合授课。位于佛蒙特州沃伦的这所学校提供从绿色建筑与设计认证三周强化课程（涵盖从活动房屋到生物燃料再到旧城改造等多项内容）到为期一天的学术研讨会，主题从可食用森林花园到隔热混凝土形式再到太阳能设计。[19]

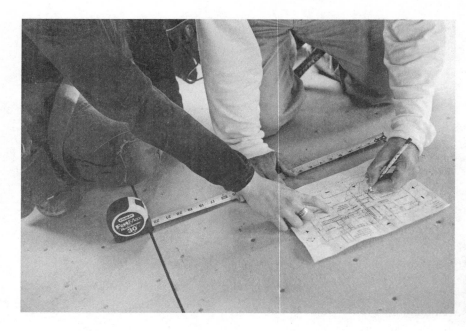

学生们正在一起为 Yestermorrow Design/Build School 的一项室内装修项目忙碌，地点佛蒙特州 Waitsfield，时间 2009 年。照片：BARRIE FISCHER

继续教育

　　与培训不同，继续教育通常是一项成人教育，多为短期课程，旨在使专业人士跟上行业步伐。即使是已经有所成就的绿色建筑专业人士，也可以在这里找到很多实用的新技术和战略。所以为使自己能够一直站在信息前沿，将继续教育课程纳入你的职业生涯应该会是个不错的主意。除了丰富个人知识，一些认证也需要继续教育来维护证书的有效状态。这里举两个继续教育方面的优秀资源作为例子，波士顿建筑学院拥有一支名为可持续设计研究院的优秀可持续设计项目，可提供各种类型的课程 [20]，还有就是 BuildingGreen 创办的绿色建筑在线课程，它包括从 LEED 认证到什么样的窗户更加节能等一系列主题的课程。[21]

从教育者的视角

　　下面的访谈来自各个学科的教育者，他们教授过包括建筑、室内设计、景观建筑和建筑学在内的各种课程，且每个人都既有学术知识又有专业经验，他们会为如何进行好的环境教育提供框架，无论这些教育是否发生在传统的大学课堂上。

文化的价值

SHERI SCHUMACHER，LEED AP

Auburn University 建筑学院

有没有哪个人或是哪件经历对您的职业生涯产生过重大影响？

在我的职业生涯中，全球范围的土著居民和他们的文化经验对我产生了重大影响。通过那些社会、文化、历史的镜头，对其他文化的研究对我产生了很多重要的影响，这些影响有关设计和一种环保的，承担社会、道德责任的建筑环境思维模式。

这本书主要是面向那些潜在的绿色建筑职业追求者。你的课程有没有契合这一主题的地方呢？

Auburn University 的建筑学院将可持续性、环境和生态问题纳入现有工作室和讲座课程，并提供专业的学位课程而不是单独的某一门课。这种整合是通过将 LEED、住宅建筑挑战、仿生学研讨会、其他环境标准纳入工作室项目要求和课程内容。当然我们的系列讲座、设计工作室评论，以及工作室项目合作者都有绿色建筑专业人士的参与。

建筑教育不再像之前都是各个分开的部分，它正在朝着系统整合一体化发生着重大转变。例如，可以自行根据条件变成半透明或是透明的墙，它们的出现减少了窗户的使用。这种一体化系统方法激励着思想的不断进步，和对新工具、新流程，以及新的认证和绿色建筑测量技术的需求。

图片：Auburn University Sustainability Initiative Office，学生设计建造的项目。
照片：SHERI SCHUMACHER

建筑学院同样也为学生们在课程中提供一些"手艺"，根据他们的兴趣，在那些没有出现在高校课程中的学科和学生之间架起一座桥梁。

您为使学生将来更好地进入"绿色"领域所做的准备有哪些？

- 鼓励可持续性和恢复性研究在工作室项目中的应用。

- 提供研究、协作、和参与建筑实践的机会，鼓励多学科合作和可持续建筑

- 将新的奖学金、研究和实践课程融合，使学生能够更好地实现在学科上的进一步发展。

设计与现实世界的交集

LINDA SORRENTO, FASID, IIDA, LEED AP BD+C
Sorrento Consulting，LLC 可持续发展实践负责人

教学与实践有何区别？

事实上，他们是相同的，不能独立存在。尤其是考虑到现今绿色行业的快速发展，政策和技术的飞快变革，需要不断的测试和培训。

绿色建筑领域非常广阔，包含很多具体的专业，你会对这个领域的新人在缩小范围的选择上有怎样的建议呢？

对专业的探索，不断进行的自我评价。问自己，我在团队中能够表现出色吗？会在大型公司还是小型公司工作呢？喜欢表现还是更愿意做幕后工作？

哪种专业最适合我的性格——企业、零售、医疗保健、学校、酒店？

您为使学生将来更好地进入"绿色"领域所做的准备有哪些？你会给在绿色建筑专业有一定追求的人怎样的建议呢？

从追求和憧憬开始然后认真阅读，不断地阅读；和专家商讨；利用时间做些实践性强的志愿者工作。

教师们说的选择一门适用于绿色建筑的具体教育计划是什么？

不要孤立——要整合！法学院、自由艺术、哲学、社会科学——环境运动是跨学科的——这些有助于带来对绿色建筑原则理解、对话、融合；然后，最终，这些将融入你每天的日常生活。

实践经验

BRIAN DUNBAR, LEED AP BD+C
科罗拉多州大学，可持续建筑计划 建筑管理学教授，建筑环境研究所执行董事

您是如何决定在哪里执教的呢？

我所在的机构，是将价值应用到研究和服务中，以帮助我们州和国家的公民。我们的研究所能够为绿色建筑项目提供咨询，教师可以在项目工作中获得研究或服务分数，同时在课堂上可以收获宝贵的经验。

您拥有怎样的学历？

建筑学学士与建筑硕士。

这本书主要是面向那些潜在的绿色建筑职业追求者。你的课程有没有契合这一主题的地方呢？

自 1999 以来，我们已经在美属维尔京群岛 Maho Bay 教授可持续设计和建筑的综合性课程，包括室内设计、景观建筑、工程师、施工管理及其他学科。在 2001 年我创建了可持续发展建筑的研究生项目，它拥有三门以可持续建筑为主题的课程，所有这些都强调了一体化设计的重要性。此外，我们还将绿色建筑融入到一些建筑管理和室内设计的本科课程中。

绿色建筑领域非常广阔，包含很多具体的专业，你会对这个领域的新人在缩小范围的选择上有怎样的建议呢？

一个新进的年轻专业人士应当参与一些可持续设计的专家研讨会，游览各地绿色建筑，参与那些各个学科都能聚在一起工作或学习的专业协会活动。在这些跨学科活动中作为年轻的参与者，要学会观察，并关注所有学科，多提问题，然后逐渐确定自己的兴趣范围。

您为使学生将来更好地进入"绿色"领域所做的准备有哪些？

学生必须首先了解可持续发展的概念，以及和其相关的综合子项。其次，学生还要接触一些绿色建筑方面的知识、流程、相关学科，以及未来的发展前景。

教师们说的选择一门适用于绿色建筑的具体教育计划是什么？

学生们应当分析这些计划是否包含了可持续发展的重点，沟通技巧、人文学科和科学知识。我不赞成学生选择绿色建筑的"培训"计划，这些计划的内容通常过于狭窄，一般只会集中在工作技能的训练。

关于保护的顿悟

R. ALFRED（ALFIE）VICK, ASLA, LEED AP BD+C
乔治亚大学 环境与设计学院副教授

您是如何决定在哪里执教的呢？

我决定参加景观设计研究生院是在芝加哥的时候，那时一个秋天的下午，我和妈妈走在一条通往恢复草原自然保护区公园的林荫道上。我妈妈是一位生物学教授，她把那里各种草原植物和嘶嘶作响的昆虫都一一向我解说。我们穿过一条河上的小桥，我突然明白了这里的一切都是精心设计的——把曾经的麦田恢复成草原，小河已经稳定，然后在沿岸种植柳树，道路也是经过精心设计和布置的。同时我想到了许多老的玉米麦田，有的甚至是在我童年，我看着这些修剪整齐的草坪和不断延伸的河流，那时我就明白，我想成为在建筑环境中保护、恢复和创造自然区域的人。我研究了各高校研究生院，不断探索并确定自己的兴趣和长处所在，最终在参观完佐治亚大学后决定留在这里。

有没有哪个人或是哪件经历对您的职业生涯产生过重大影响？

首先，是我的父母，除了之前回忆中提到的故事，我与父母经常一起在户外探索，这些过程对我产生了很大的影响。我的父亲是位景观建筑师，虽然我花了很长时间来决定我是否适合这个职业。当我还是个孩子的时候，我第一次去他的工作室，并参观了那些他所建的项目，这些对我影响颇深。读研究生时，在 Darrel Morrison, FASLA 一堂名为东南部植物群落的课程中，我更加坚定了信念，因为我看到自然景观展现出巨大的功能，这个行业有很多保护、恢复这些景观功能的机会，并使它们重新出现在建筑环境中。我在 1996 年或 1997 年参加了一个会议，会上有 Paul Hawken, Amory Lovins, 和 Ray Anderson 等人的发言。这时我意识到，我的很多理想和价值是要通过与这些敢于设想的人一起使想法成真来实现的。作为一个年轻的专业人士，在亚特兰大我很幸运遇到了 Southface Energy Institute, 我开始做志愿者，尽可能参加他们组织的每一个活动。那里有许多其他像我这样的年轻专业人士，我很开心能够和他们一起分享很多想法。我还记得看到 LEED1.0 的初稿时，我就觉得它将为设计专业提供难以置信的资源。

这本书主要是面向那些潜在的绿色建筑职业追求者。你的课程有没有契合这一主题的地方呢？

我教过一门名为可持续设计的问题与实践的课程，它是关于绿色建筑的。课程涵盖了绿色建筑的历史与背景概念，新建筑评级系统 LEED 的技术内容，和绿色建筑的全方位介绍，包括：区域背景与社区设计、住宅建筑、可持续发展场地、运营与维护、经济问题、绿色建筑的未来。

我也将绿色建筑的概念和方法融入到每一堂课中。在我看来，可持续发展不是一个单另的主题——而是会对设计和建筑甚至每一门课程都起到至关重要的作用。

您对这一主题的未来有怎样的预测呢？

我预测：

- 我们对可持续发展的理解和掌握将不断深入，这些新内容也将付诸实践。
- 所有学生和教师将把实现高效设计的重心更多的向可持续发展方面倾斜，同诸如成本、可施工性、美学、功能性等问题一起成为设计的核心。
- ☑ 重点会从可持续发展转向可再生设计。
- 在整个城市和地区绿色建筑的规模会得到扩大。

绿色建筑领域非常广阔，包含很多具体的专业，你会对这个领域的新人在缩小范围的选择上有怎样的建议呢？

尽可能地参与到当地绿色建筑或环境组织中去，在那里你可以找到很多志同道合的伙伴，也会有很多志愿者或实习项目的机会。也可以去当地高校或一些会议中听取免费讲座。多与人交谈，当然也可以访问那些你感兴趣的公司。最重要的是，尝试确定你最有热情的领域，并找出如何在这其中建立职业。

您为使学生将来更好地进入"绿色"领域所做的准备有哪些？

在某一学科或领域非常精通，并且与他相关学科的知识也非常丰富。我认为最好的准备就是将学术培养、社会参与和专业经验良好的结合。

图片：Kiowa County Schools：体育馆。学校北侧是高中和体育馆。体育馆拥有锯齿形天窗的屋顶，坐落于教室和行政区的北侧，避免阻挡这两个区域的采光和通风。（LEED NC Platinum）。公司：BNIM. 照片：©ASSASSI

连接点

M. SHANE TOTTEN, AIA, IIDA, LEED AP BD+C

Savannah College of Art + Design 室内设计教授

Offgrid Studio CEO

你每天的角色和责任是什么？

我既是一个大学教师同时也是一名执业建筑师。我教授室内设计课程时，会专注于设计、建筑系统、可持续发展和理论。在我的个人执业经历中，我负责住宅和小型商业设计，我会把可持续发展融入设计和流程中。

您拥有怎样的学历？

我拥有环境设计和建筑的学士学位，以及建筑的硕士学位。我也在公共管理和城市规范领域辅修了研究生课程。

您对这一主题的未来有怎样的预测呢？

我预测绿色建筑将会更多的融入课程，就像无障碍设计在 ADA 法案通过后的这 20 年一样。纳入可持续发展将会成为"只是一件我们正在做的事"而不是一个特别的话题。

我认为对话将扩大到社会正义的领域，以及如何建造环境可以对人类更加公平。

您为使学生将来更好地进入"绿色"领域所做的准备有哪些？

学习基本知识、掌握关键要素。这些技术的变化几乎和承载其内容的出版物一样快。但如果你学习了可持续设计和绿色建筑的原则和基本要素，那么对于吸收和使用那些不断涌现的行业相关技术时就会感觉相对容易一些。

您会给那些在绿色建筑方面怀有憧憬和抱负的人哪些建议呢？

积极主动地追寻你的事业，不要被动地等待着别人给你分配一些阅读任务或案例研究。也不要等待，要主动接触那些专业人士，和他们讨论你感兴趣的话题或是访问你有兴趣的公司和项目。你越多地对自己的教育和从业优势负责，那么就会更容易向那些潜在的雇主或招生辅导员展现自己的才华和知识。

价值观 + 职业

LINDSAY BAKER, MS ARCH, LEED AP
加利福尼亚大学伯克利分校 建筑环境中心，建筑系博士生
和研究生导师

您的本科学历是哪个专业的，获得自哪所高校？

在俄亥俄州的 Oberlin College 我完成了环境研究的学士学位。我去往 Oberlin 是因为 Adam Joseph Lewis 环境研究中心，它在我来到 Oberlin 的 2000 年刚刚完成。David Orr 是一位了不起的环保主义者，也是最让人兴奋的教育工作者，因为他可以从一个环保主义者的角度，谈他所见到的建筑行业。他认为建筑业将会在一个必要的向着可持续发展方向转变的世界中发挥出领导者的潜力。我已经成为了一名敬业的环保主义者，但我还想为建筑行业做一些积极有效、充满爱和创造力的贡献。所以当我在 Oberlin，我研究了生态设计和建筑历史，和志趣相投的组织一起工作，参与城市规划和一些更为正式的建筑研究，并试着努力吸收任何与可持续设计相关的东西。Oberlin 是一个很棒的地方，在社会、政治、经济，和科学问题在可持续发展中所发挥的作用方面拥有非常广的视角。

你为学生提供的教学和指导集中在绿色建筑——那么你觉得针对这一主题有哪些独特的东西？

教授学生绿色建筑方面的知识是非常有意义的。我所教的大部分都是已建筑学学位为目标，所以对他们中的许多人来说，可持续发展史一个核心的个人价值，而我的教学可以帮助他们把自己的价值观与职业相连接，我认真这是非常令人愉快的经历。同时，并不是每个人都能忍受建筑节能方面的定量性质，可持续性测量不总是完全准确，但与设计不同的是，它要求在很多地方实现量化指标。对于建筑专业的学生来说，这是既令人兴奋又有些惶恐的。然而，我还是会试图向他们强调，可持续设计中数学所占的分量会比建筑学少一些。但基本的太阳能原理和热传递是通用的技能，是我们所做事情的核心，所以我强烈鼓励他们在绿色建筑领域熟练掌握这些技能。

您会给那些在绿色建筑方面怀有憧憬和抱负的人哪些建议呢？有哪些好的资源呢？

我肯定会建议对这个领域进行广泛的探索，学习属于不同类型的各种工作，并尝试参与一些实习生项目。我也很推荐他们在所列举的这些地区，参与一些 LEED 和绿色建筑相关的学习项目。参加像 Greenbuild 这类的会议也能帮助你了解目前行业面临的新问题，同时这也是个能帮助你找寻工作的好方法。我还告诉我的学生要与建筑行业的同学和同事保持联系，这么说可能会显得有些蠢，但是建立这些关系很重要——如果你希望在未来几年成为行业中的佼佼者，那么重要的就是要了解你的同行。

在资源方面，我鼓励学生学习一些可以为我们这个领域带来帮助的基本技能和知识，比如阅读 Environmental Building News 就对了解目前我们所面临的问题非常有帮助，而且阅读通常是获得知识的最明智的方式。另外，对于建筑师来说，学习一些基本的软件程序如 Ecotect 和 EQuest，这些可以帮助你接触到一些以后可能会被要求做的工作。此外，我还鼓励所有学生都能获得一些项目建设的实践经验，这些经验可以通过 Habitat for Humanity 或其他组织的志愿者服务获得，也可以使它们对建筑的各个部件有一个基础的感性的理解。这真的非常有帮助。

然后，谈到找工作，我会发给学生一个网站列表，里面有这个行业的各项岗位和工作。就我个人看法，没有哪个网站可以找到你所想申请的全部工作岗位。

能给我们讲讲你最喜欢的关于绿色建筑的故事吗？

我在伯克利这里教关于绿色建筑的课程，这是一个建筑学本科生和研究生的课程。我所做的练习之一就是将每个人分组，并要求他们描述他们脑海中最具可持续性的建筑概念。当我第一次想到这个练习时，我想象他们可能会说出像加利福尼亚科学院这样的绿色建筑。令人惊讶的是，120 多名学生，几乎所有人超越了我的想象，而最棒的回答是——冰屋。这可能看起来很有趣，但他们都指出了冰屋的简约优雅和可再生性，可以作为一项地区和气候的响应设计方案。还有一些的想法，保护回收再利用和社区中心的高度城市化土地修复，和其他非常有远见的规划。

这些都在提醒着我，我们的思维不必受评价体系或是我们今天建立这些方式的限制，这些学生们已经准备好承

冰屋内部。参加野外生存训练的人员要学习如何建造一座冰屋，挖雪坑，搭帐篷，这在紧急情况下将会成为在户外的庇护场所。然而，冰屋在南极洲却并不常见。
照片：KELLY SPEELMAN, NATIONAL SCIENCE FOUNDATION

担可持续发展挑战的重任。我们要做的就是帮助这些年轻人在他们踏入工作时依然能够保持广阔而又有远见的思想。

注　释

1. "No Child Left Inside,"www.cbf.org/Page.aspx?pid=947，访问日期2011-10-2.

2. David Orr,"Environmental Literacy：Education as If the Earth Mattered,"the Twelfth Annual E. F. Schumacher Lectures, Great Barrington, MA, October 1992；Great Barrington, MA：E. F. Schumacher Society and David Orr, 1993.

3. 美国环境保护局，环境教育（EE），Basic Information about EE, www.epa.gov/enviroed/，访问日期2011-10-2.

4. Jillian Burman,"College students are flocking to sustainability degrees, careers,"*USA Today*, 2009-8-3, www.usatoday.com/news/education/2009–08–02-sustainability-degrees_N.htm，访问日期2011-10-3.

5. Georgia Institute of Technology, Office of Environmental Stewardship,"Degrees with Sustainability Focus,"www.stewardship.gatech.edu/educationsustainability.php，访问日期2011-10-3.

6. 国际设施管理协会，"What is Facility Management? Definition of Facility Management,"http：//ifma.org/resources/what-is-fm/default.htm，访问日期2011-10-13.

7. Eryn Emerich of Footprint Talent and William Paddock of WAP Sustainability,"The State of The CSO（Chief Sustainability Officer）：An Evolving Profile,"Footprint LLC（blog），http：//footprinttalent.wordpress.com/，访问日期2011-10-3.

8. Robert Franek,普林斯顿评论新闻稿，"普林斯顿评论和美国绿色建筑委员会联合发布的《Guide to 286 Green Colleges》", 2010-4-20，http：//ir.princetonreview.com/releasedetail.cfm?ReleaseID=461285，访问日期2011-10-3.

9. American College & University Presidents' Climate Commitment,"Overview of the ACUPCC,"http：//www2.presidentsclimatecommitment.org/html/documents/ACUPCC_Overview_v1.0.pdf，访问日期2011-10-3.

10. 美国学院与大学校长气候委员会，2009年度报告：*Climate Leadership for America: Education and Innovation for Prosperity.*

11. 美国能源信息管理局，美国能源使用情况说明，"Share of Energy Consumed by Major Sectors of the Economy, 2010,"www.eia.gov/energyexplained/index.cfm?page=us_energy_use，访问日期2011-10-3.

12. 美国能源部太阳能十项全能，"关于太阳能十项全能"www.solardecathlon.gov/about.html，访问日期2011-10-3.

13. Connecticut College,"CC joins energy Co-op, first college in nation to make commitment,"2001-5-18, http：//aspen.conncoll.edu/camelweb/index.cfm?fuseaction=news&id=485，访问日期2011-10-3.

14. Second Nature：Education for Sustainability,"Students' Guide to Collaboration on Campus,"2001, www.secondnature.org/pdf/snwritings/factsheets/StudentCollab.pdf，访问日期2011-10-3.

15. St. Petersburg College, Office for Sustainability, http：//sustainablespc.wordpress.com/category/stpetersburg-college/，访问日期2011-10-3.

16. Everblue Program, Carbon Accounting & Reduction Manager, www.everblue.edu/carbon-reductionmanager，访问日期2011-10-3.

17. North American Board of Certified Energy Practitioners, www.nabcep.org/，访问日期2011-10-3.

18. Boots on the Roof, www.bootsontheroof.com/，访问日期2011-10-3.

19. Yestermorrow Design/Build School, www.yestermorrow.org/，访问日期2011-10-3.

20. Boston Architectural College, The Sustainable Design Institute, www.the-bac.edu/educationprograms/the-sustainable-design-institute，访问日期2011-10-3.

21. BuildingGreen, Inc., www.buildinggreen.com/live/，访问日期2011-10-3.

第四章
绿色体验

> 设计师是一个新兴的艺术家、发明家、机械师、客观经济学家和进化战略家。
>
> ——R. Buckminster Fuller（美国工程师、系统理论家、作家、设计师、发明家和未来学家。几何穹顶和术语"地球太空船"的全面推广者）

　　大量的绿色建筑从种类到规模都各不相同，从佐治亚州 Palmetto 娇小的 Blue Eyed Daisy 面包店（约 1000 平方英尺）到接近 200 万平方英尺的金融巨头 EnCo's Energy Complex。从单一家庭住宅到零售商店再到公司办公室和机场，每一个地方都具有不同功能，为不同人群提供服务。但他们在某些地方也是相同的，比如拥有同样广泛的各式设计、建造和维护团队，进行这些结构的创建和运行。无论作为一个建筑师或是工程师，承包商或是设施经理，所有建筑领域的专业人士都有自己要负责的部分。但在所有这些专业人士中，会有一个对健康而又具生产力空间的承诺贯穿其中，我们称之为绿色事业。正是这种对于可持续发展未来的奉献精神，使这一职业走进绿色建筑领域。

先入为主

　　绿色建筑专业人士已不再被视为一个专业的细分市场，可持续发展正在成为行业常见做法的一部分。然而，可持续发展技术的早期采纳者在 20 世纪 90 年代初却被视为多余的或赶时髦的怀疑论者，在过去的几年中，一个关于节能必要性和维持绿色生态的普遍共识已得到极大的发展。如今，那些追求地球友好工作的人被认

Energy Complex, Bangkok, Thailand: Alternative Transportation Facility. Special facilities have been provided within the campus to encourage alternative modes of travel, in order to reduce emissions associated with transportation (LEED CS Platinum). Firm: Architect 49. Owner: Energy Complex Co., Ltd. PHOTO: 2011, ENERGY COMPLEX

为是早期的大多数——换句话说，他们是聪明到可以在目前最新的创新和新兴技术获得广泛认可和成功之前便采用的人，并先于其他人进入可持续发展市场。作为一个早期使用者的好处包括合规性监管和市场竞争优势。换句话说，可持续性设计和建造都在迅速成为标准规范的一部分，那些踏上绿色浪潮的人很快就会发现自己在引领者潮流，而那些不关注环保的同行们将会在之后的几年中被迫跟随他们的脚步。

　　事实上，那些拥有绿色环保理念的人在今天将会比其他的求职者拥有更强大的优势，也会因自愿建立符合将成为国家和联邦监管制度的规范而获益匪浅。最近《纽约时报》的文章也讨论了行业转型者如何看到绿色职业中的经济收益及机会。"Ivan Kerbel，耶鲁管理学院（研究生水平的商学院）职业发展主任，指出如减少浪费和碳足迹这样的环境问题在各公司中已变得越来越重要，这点商学院学生也有相当的认识。甚至雄心勃勃的 MBA 候选人都将可持续发展这样的问题融入他们的教育计划中，他说。"[1]

　　这样的例子在标准和规范迅速成为必需品的今天比比皆是，——那么早起采用者如何在绿色建筑领域受益呢。有这样一个例子，美国残疾人法案（ADA）于 1990 年通过[2]，那么在 1990 年之前，那些将无障碍设计纳入考虑范围的建筑师、设计师和那些建设者们都被视为一流的杰出工作者。之后 ADA 便成为法律，要求所有新建或翻修的建筑都要考虑到残疾人士的需求。它对很多建筑构造都带来影响，从洗手间布局到门框的宽度。正如 ADA 一样，许多环境参考标准、规范和评级系统都在逐渐成为设计和建造这的常规做法。这种类型的市场渗透优势是以提供环保健康的建筑、社区为出发点和目标，而这些最终将会改变世界。因此，任何领域的专业人士（尤其是建筑领域）都会将绿色建筑纳入其学习内容——而那些致力于可持续发展的人们在求职中也将更具竞争力。

如何获得绿色经验

当你完成为成为绿色建筑专业人士而进行的学业及教育培训后——无论是从拥有环境学位还是毕业后又进行了一系列的培训和课程，又或者只是简单地拥有一种强烈的欲望和个人使命感而走入这个行业——对他们来说开启通往成熟的绿色建筑专业人士之路的非常重要的第一步是：通过志愿者项目、指导，或实习获取亲身实践的能力。一旦通过学习或是实践培训获得了经验，那么将会得到认可或鉴定合格的证明或证书。

学校和生活有哪些不同？在学校里，你会先得到经验再进行测试；而在生活中，你会先进行测试然后再得到经验或教训。

——Tom Bodett（美国作家兼电台主持人）

亲身体验

多多获取亲身实践的体验是绿色建筑领域学习实用技能的好办法，获取的形式有很多，从正式培训计划（通常提供阶段技能测试，结束后可能会提供结业证明）到参与该领域著名人士的指导方案，再或者是进入公司或跟随个人进行实习。阶段技能测试可以被视为类似学校对个人水平的测试，在完成所有个人考试、期末考试、出勤以及其他标准的基础上获得结业证书。当获得实践经历后，便可以考虑下一步的安排，从志愿者到更具结构安排行的工作指导，再到更正式的实习。为了确定什么样的实践计划最符合你的需求，进行一些信息面试（对职位和行业的信息调查）是非常必要的,这样做的目的是获取第一手的知识,并建立人际网络。这些可以为行业可能发生的变化以及新机会的出现提供预测。信息面试的目的不只是一份工作，尽管它最终会将你引入其中。

信息面试

如何找到一位合适的信息面试候选人？你可以尝试下列方法：

- 利用现有的人际网，询问他们是否知道有谁在绿色建筑领域工作。

- 联系校友会或其他专业组织。

- 瞄准你梦寐以求的工作，联系目前正在这个领域工作的人。

在信息面试之前：

- 了解其个人及工作内容，也可以通过在线方式，也可以通过其介绍联系人了解。

- 查阅当地的商业和工业出版物。

- 在面试中可以提及一下你的发现这样他们会知道你事先做了充分的准备（再加一点，人们习惯听那些关于自身的）。

- 尽可能使用绿色领域术语：这对于了解行业标准的条款很有用。另外这里还有两个学习如何交谈的资源也相当不错：

  http：//green-building-dictionary.com/

  www.epa.gov/greenbuilding/

要在面试中表现出对绿色事业的热情与承诺。也要提到你是如何将环保措施融入进你目前或之前角色中的。简要谈一谈你是如何将生态行动作为日常生活中的一部分的，可以从减少气候变化、能源和水的有效利用，以及资源效率等方面入手。

在采访中，你可以问这些问题：

- 您能描述一下您的典型的工作日吗？

- 您认为这一领域的增长潜力在哪里？

- 如果我想在这个领域找到工作，现在有哪些事可以做？

评价及后续

在面试前可以基于你的目标和对绿色建筑的理想制定一些标准，列出对你来说重要的东西，并将其与你的标准相比较。

最后，记得写一封感谢信，作为对占用其时间的感谢和礼数。

志愿者服务——参与其中吧！

　　成为一名志愿者，可能是当你对职业道路和目标还不太确定时最适合的选择。例如，如果你正在尝试在建筑和室内装修之间作出决定。这时候作为学生或专业人士充当志愿者参与到当地建筑专业协会或是室内设计协会将会是个不错的主意（两者均列在附录的资源中）。志愿者服务将可以帮助你寻找志同道合的朋友，并建立长期或短期的关系网，而且它还有个好处就是时间非常灵活，方便你进行日程安排。最后，志愿者服务将是你绿色信誉的起点。

　　相反，如果你已经决定了某个方向，参与指导和实习便是适合的选择。与志愿者服务一样，在这里所花费的时间可能也是无偿的，但它却有助于你获取建筑经验，这些经验往往更具系统性和结构化。

在奥克兰大家一起正在重建房屋。照片：KAROLINA PORMANCZUK

> **你在各种专业协会获取的志愿者经历对你的绿色事业有哪些影响？**

　　> 我要说的是我所取得的成功，都应归功于在 ASID 和 USGBC 的志愿者经历。我相信热情和承诺对个人的成功以及商业中的人际网络和关系起到了至关重要的作用，而且，这些都是无法从其他渠道获取的。

　　Penny Bonda，FASID，LEED AP ID+C，Ecoimpact Consulting 合伙人

志愿者资源

美国绿色建筑委员会（USGBC）——地方分会
www.usgbc.org/DisplayPage.aspx?CMSPageID=1741
Greenbuild 国际会议和博览会

www.greenbuildexpo.org/Volunteer/Volunteer.aspx
人居环境——绿地建设
www.habitat.org/youthprograms/greenbuild/

指导

　　这是指在某个领域有经验的人将知识和经验教训传授给那些刚入行新人们的指导过程。它可以是正式的也可以是非正式的。其中一个比较典型的例子就是在某人的典型工作日中"如影随形"——换句话说就是跟着观察他或她的工作过程。最终，这种形式的指导可能变为实习。

　　指导提供了一个经验丰富的绿色建筑专业支持，将通往该领域的引路绳抛向刚入门的人们。导师可以从内部视角出发给出该职业的优缺点。有了导师的帮助可以使新手远离那些初学者常犯的错误，并提前跨入实践阶段。

指导资源

绿色建筑研究所：青年环境联盟（Youth ECo）	国家科学与环境委员会：EnvironMentors
www.greenbuildinginstitute.org/youtheco.html	www.ncseonline.org/program/environmentors

在指导过程中你学到了哪些？

　　> 我之前参与过"多样性指导计划"，它是一个比较新的计划，通过它我也渐渐学到了一些经验，其中之一就是在匹配导师和学员方面要注意时效和预期效果。

　　被指导者显然是希望找寻人生方向和建立一些工作上的人际网，另外获取一些学术知识和实践经验。

　　——Carlton Brown，COO，Full Spectrum of New York

实习期

　　比指导更正式的是实习，实习获取的是与"上班"相似的经验。通常情况下，短期实习时间一般少于六个月，可能会发展成正式员工也可能不会。实习期类似于学徒制。实习生有的是无偿的，有的支付一定工资，或只支付某一部分劳动的工资。但是，在实习期所获取的知识确是十分有价值的。比如在室内设计领域参与实习可以关注绿色建筑，可以做一些产品或家具的研究，关注回收再利用、有害气体排放水平，以及其毒性。

实习资源

在 sustainablebusiness.com 的网站内有一条名为"Dream Green Jobs"可以找到提供实习的机会。除此之外，还有大量网站也提供绿色建筑的实习机会：

www.ncseonline.org/program/Campus-to-Careers

www.sustainablebusiness.com/

www.greencollarblog.org/green-internships/

www.thesca.org/

想获得与绿色建筑有关的实习机会还有另一个选择，那就是搜寻当地的绿色建筑专业人士以他们的人际网——换句话说，就是主动询问他们是否对实习生感兴趣。

你认为拥有在绿色建筑领域的实习经验重要吗？以下是来自教育工作者的回答：

> 通过各种机构获取的实习经历对于实践经验的掌握是至关重要的，它可以很好地把你之前在课本中学到的知识应用在实际工作中。实习或花一天时间跟随一名专业人士，观察他的工作内容和重心，可以为你提供短时间内了解某个职业的机会，也能帮助你在职业的选择中缩小范围。

——Sheri Schumacher，LEED AP，Auburn University 建筑学院

> 我认为实习是教育经历中非常重要的一部分，完美的实习可能很难得到，所以要认清现实，明白自己到底要从实习中获取什么，我想说，最重要的是经验的获取。它可以帮助你找到你一直寻找的职业道路，或把你的兴趣点引向不同的方向。你可以学习经营一个企业，或成为某个当地政府部门的认证流程专家，在这段经历中总会学到有一些有价值的东西，所以保持开放性思维不存偏见非常重要。

——R. Alfred Vick，ASLA，LEED AP BD+C，佐治亚大学环境与设计学院副教授

> 我想说即使实习机会不是你的第一或第二选择，也尽量不要放弃参与的机会。大多数时候，你都可以在实习中探索你的热情，如果不参与其中你永远不知道这些机会会带来什么。

——M. Shane Totten，AIA，IIDA，LEED AP BD+C，Offgrid Studio 首席执行官，Savannah College of Art + Design 室内设计教授

你参与过实习吗？如果有的话你认识实习在绿色建筑领域来说是否重要？来自专业人士的回答：

> 我第一次实习是在 Smart Home Project，当时我在这杜克大学读书。实习主要是作为业主代表参与 Smart Home 的设计——它是一个具有先进技术和可持续性的生活实验宿舍，现在住在里面的是杜克大学十名学生。这项实习是一个很棒经历，我有机会零距离的接触到了可持续性概念和其设计过程。

——Will Senner，LEED AP BD+C，Skanska USA Building 高级项目经理

> 我有过一段中长期的实习经历，在一家领先的建筑设计和城市规划公司。能够站在可持续发展的前沿，参与设计碳中性城市和能源积极型建筑，这些都是难以置信的宝贵经验。它有助于对可持续发展的未来建立框架，并推动了我对于进一步了解和掌握可持续发展热情，这些都为我的职业生涯和目前的公司带来了很多益处。

——Katherine Darnstadt，AIA，LEED AP BD+C，CDT，NCARB，Latent Design 首席设计师兼创始人

> 我没有关于此的实习经历，但是我周围充斥着绿色建筑的专业人士。因此，我被选择担任美国绿色建筑联盟北佛罗里达分会 Emerging Green Builders 的主席。通过保持参与和鼓励其他人参与，绿色建筑运动的势头已经建立起来，将来还会朝着更高的目标发展下去。

——Brian C. Small，LEED AP BD+C，City of Jacksonville 城市规划师

> 是的，我现在就正在进行一项实习，在 City of Houston 进行关于 Green Office Challenge 项目，与 ICLEI 全体员工和 City 的可持续发展总监 Laura Spanjian 一起。这是一个非常宝贵的经验，大约花费了一年时间。它可以在更大范围帮助人们更快乐更健康的工作，这是很棒的感觉。这里有正在推动建筑所有者开展回收计划的租户，也有倡导租户参与回收计划的建筑所有者。我们中间真正的冠军是那些不断努力的人。我们要花如此多的时间在工作上，那么应该要求工作环境有助于我们的健康而不是使它更糟。

——Heather Smith，City of Houston on the Green Office Challenge，Bush Cares Project 项下的退伍军人发展计划副总裁

> 在"9·11"袭击之间我曾在五角大楼的修复计划 Wedge 1 中实习，这段经历非常有价值。我也曾在旧金山的一家名叫 Charles Pankow Builders 的公司实习，同样也是很有价值的，它也使我对施工详图和对建设中的协调工作有了更多领悟。我也逐渐看到这一行业中人们的生活状态：日工作十小时，每天都要起得很早，而且周末通常也要加班。这对一些人来说很不错，但我并不是很喜欢这样的工作和生活方式。

——Michael Pulaski，PhD，LEED AP BD+C，Thorton Tomasetti / Fore Solutions

> 是的，当时是在迈阿密大学的迈阿密可持续发展城市办公室实习，与 Lauderhill 市的市长办公室一起，这使我不光收获了很好的实践经历而且对政府层面发生的事情也有了良好的洞察力。这些实习的经历也教会我在交流绿色建筑理念时如何能更有效地沟通。

——Mark Schrieber，LEED AP BD+C and Homes，The Spinnaker Group 项目经理

美国唱片行业协会接待区，华盛顿特区。公司：Envision Design。照片：ERIC LAIGNEL

认　证

第三方认证的合格鉴定或证书是绿色建设者职业生涯的重要一步。对于所有建筑专业人士来说，包括建筑师、承包商、工程师和室内设计师，在他们的领域得到认证或是获取注册资格是对他们提供的可持续知识的认可，他们的签章则是对技能的肯定。通常情况下，认证过程包括对主要内容知识的正式的标准化测试，并有可能涉及前面提到的继续教育标准。

关于绿色建筑的认证机构主要有两个，两者都会根据知识和技能等因素提供不同级别的认证。绿色建筑动议（GBI）提供两个层级的认证：评估师和专家。绿色建筑认证协会（GBCI），提供六个可选的认证，从最基本的（LEED 绿色助理）到中级的（LEED BD+C）再到经验丰富的专家认证（LEED 资深专家）。认证要考虑的细节是项目经验、测试方式、继续教育，以及其他所需的要素。

绿色建筑认证提供者

绿色建筑动议 Green Building Initiative（GBI）

www.thegbi.org/green-globes/personnel-certifications/

绿色建筑认证协会 Green Building Certification Institute（GBCI）

www.gbci.org/main-nav/professional-credentials/credentials.aspx

> 您认为绿色建筑认证或是绿色建筑证书对专业人士来说重要吗？如果重要，为什么？

> 是的，我认为 LEED 认证以类似的一些如住宅建筑挑战对新进的绿色建筑专业人士来说非常重要，因为他们为各个专业在学科范围建立方针、工具、资源、标准，以及认证，而这些都是以保障未来为目标的。

——Sheri Schumacher，LEED AP，Auburn University 建筑学院

> 如果你是真的希望进入这个行业，那么取得证书是很重要的，因为在这个行业，尤其是当你还是新人的时候，经常会在能力和知识方面遭受质疑。GBCI LEED 认证可以表明目前掌握的绿色建筑技术和实践方面的知识水平，它也提供各个等级的认证和专业证书。

——Linda Sorrento，FASID，IIDA，LEED AP BD+C，Sorrento Consulting，LLC 可持续实践负责人

> 当没有绿色建筑的项目经历时，我发觉那些努力研究绿色建筑核心理念和 LEED 系统，并获得如 LEED 绿色助理认证的学生通常更容易被专业公司或其他从事绿色建筑的机构录取。

——Brian Dunbar，LEED AP BD+C，科罗拉多州大学可持续建筑计划，建筑管理教授

> 我确实这样认为，而且我鼓励我的学生们尽量在毕业前获取 LEED 绿色助理的认证。我也努力促成我们大学建筑办公室和可持续发展办公室与 LEED 的实习项目，为同学们提供获取 LEED AP 考试资格的项目经验。这些都是目前公认最严格的对一个人在绿色建筑方面专业知识及相关的认证。有很多人抱怨新公布的认证维持程序，但我认证这是对保持 LEED AP 认证价值所做的积极举措。

——R. Alfred Vick，ASLA，LEED AP BD+C，佐治亚大学 环境与设计学院副教授

> 随着越来越多的政府辖区将绿色建筑方面的要求纳入他们的法规和条例，我相信认证项目的市场关联度将会升至新的高度。不同的是，如果法规再次将评级系统要求的最佳性能规定为建筑要求的最低性能门槛，那么我相信这样的认证将会使市场关联度向着有利于从业人员的方向推进。

——M. Shane Totten，AIA，IIDA，LEED AP BD+C，Offgrid Studio 首席执行官 / Savannah College of Art + Design 室内设计教授

可持续设施经理专业

最近的建筑管理者和运营商的专业协会国际设施管理协会（IFMA）创建了一个可持续设施专业（SFP）的认证作为该领域的绿色通道。认证项目的相关信息可访问以下网址：

www.ifmafoundation.org/scholarships/degree.cfm.

www.ifmacredentials.org/sfp

寻找绿色职业

作为针对所有特定目标的搜索，精心制定的计划，包括适当的资源和工具，通常都会带来好的结果。在这种情况下，我们的目标是在绿色建筑领域中找到一个满意和丰富的工作。

计划

虽然对于找工作的计划应根据每个人的需求制定，但对于成功的求职还是有几个共同因素需要注意。你需要考虑以下问题：

- 根据目前的财务预算，你过渡到新工作的时间框架是怎样的？
- 关于求职的投资预算是多少？
- 你的特点和性格属于哪种类型——爱看书、精通计算机，或是善于建立人际网络？

其次，找到适当的资源和工具来实施你制定的计划，另外，要牢记自己的优势。不要忘记任何计划都应该具有适应性，如果一条路行不通，要及时调整方向，考虑更多可能。

资源

资源可以采取多种形式，从书本到网络资源再到人。本节汇编了当前最完整的绿色工作资源。

在线资源

最受欢迎的两种在线资源是求职平台、帖子和社交媒体网站，因为他们是"实时"的并且不断更新。这些在线资源对比印刷媒体（书记、报纸、文章）有利有弊。利在于这些信息都是最新的，而且免费。

国际室内设计协会典型办公室及工作站，位于伊利诺伊州的芝加哥（LEED CI Gold）。公司：Envision Design。照片：ERIC LAIGNEL

但也有一些潜在的不利因素——在线资源数量众多，很多的可靠性都不能保证。下面的部分将对如何挑选做一个概述，以使在线搜索的效率和效果最大化。

求职平台

这是寻找潜在雇主的机会，求职者可以提供简历。但是这些平台数量很多，而他们经常会出现大量重叠的信息。许多求职平台都声称自己是最大、成立最久、最好的——所以还需要一些复杂的方法来进一步决定使用哪一个，这里有几个关键的方法：

在线组织法：

1. 用 RSS Feeds 创建一个谷歌阅读器账户

   对那些不太懂技术的人来说，这是一个以网络为基础的集合（类似于搜索引擎），它可以根据你的标准和关键词给出相应的资源。RSS 代表"真正简单的企业联合"，就像 CliffsNotes 的相关信息，可以为你节省时间，并帮你免去逐条看完各个网站信息的麻烦，其快捷、方便用户的模式也为寻找工作提供了简洁的方法。

2. 使用求职平台集合

   求职平台集合可以使用关键字例如"绿色工作"或者，再加入一些细节，如"绿色建筑师"或"绿色工程师"，通过更具体的搜索也可以得到更加细致的结果。另外，也可以在目标岗位和期待薪资方面设立标准。

3. 安装一个排名工具栏

   排名工具栏是一个对互联网浏览量的监测服务，能够显示和分析各项访问频率指标。这可能非常重要，你可以通过它找到访问量最大最受关注的绿色求职平台。

社交媒体网站

这些是专业在线网站。其中最流行的一个媒体网站是 Linkedln，使用这类网站的好处是在那里你可以找到很多有名的绿色建筑专业人士，且该网站允许对这些人提出邀请。这个网站有一个特殊的群体叫作 Green Jobs 和 Career Network Group，你可以申请会员资格，如果批准成为其成员，那么将有机会获得新的职位信息和相关联系人。

行业协会 / 会议 / 出版物

行业协会经常会发布一些潜在的职位。这些通常会出现在可持续协会或某个学科领域。一些工作只在这个地方发布招聘类信息和广告，所以可以看看他们的地址和全国会议。行业协会也可能有相关的时事通信或其他出版物。他们的网站也可能有提供其他工作信息的板块。

绿色求职平台资源

GreenBiz

　　http：//jobs.greenbiz.com/

Green Dream Jobs – From SustainableBusiness.com

　　www.sustainablebusiness.com/index.cfm/go/

　　greendreamjobs.main/?CFID=4650251&CFTOK

　　EN=65919098

Green Jobs

　　www.greenjobs.com/

Green Jobs Network

　　www.greenjobs.net/

Green Job Spider：Green job search engine with

thousands of jobs

　　www.greenjobspider.com/

Grist

　　http：//jobs.grist.org/

Idealist

　　www.idealist.org/info/Careers

Justmeans

　　www.justmeans.com/alljobs

Net Impact

　　http：//netimpact.org/do-good-work/job-board

Sustainable Business

　　www.sustainablebusiness.com

SustainLane

　　www.sustainlane.com/green-jobs

Tree Hugger

　　http：//jobs.treehugger.com/

U.S. Green Building Council – Career Center

　　http：//careercenter.usgbc.org/home/index.

　　cfm?site_id=2643

求职平台集合

Indeed

　　www.indeed.com/

Simply Hired

　　www.simplyhired.com/

排名工具栏

The Alexa Ranking Toolbar

　　www.alexa.com/toolbar

Compete

　　www.compete.com

绿色教练

如果你不确定什么样的绿色建筑工作最适合你，你可以考虑聘请一位绿色教练，向他咨询如何寻找合适职业。这类似于私人教练，绿色教练可以帮助你缩小职业选择的领域。也许你知道如何变得更加健康，但你不确定哪些锻炼和饮食习惯是有利的，尤其是当你面对无数种选择的时候，一位教练能帮你省去很多麻烦。绿色教练是你的激励者和战略合作伙伴，他们的目标就是通过评估你的职业技能帮助你走向正确的职业生涯。这些专业教练可以通过你的性格特点及期望的绿色职位等帮助你缩小求职范围。例如，一个绿色教练可以通过谈话帮助你确定最适合的绿色工作领域和职位。也许教练会根据你的目标和技能将工程师确定你为最适合你的方向。接下来，他们会帮助你进一步将这个领域缩小成一个个具体的职业，如能源分析专业的机械工程师。最后，绿色教练会帮你开发一个"地图"和工具，帮助你最终实现目标。

绿色职业中心：与绿色职业教练

CAROL MCCLELLAND，PhD
Green Career Central 创始人兼执行董事
《*Green Careers For Dummies*》一书作者

什么样的求职者需要绿色教练？

> 主要分为两大类：那些需要马上就职的人和那些通常有很多经验，需要向绿色职业转型的人。

请详细介绍一下绿色辅导的三个阶段。

> 我们把这种方法称为"准备 - 设置 - 出发"。很多求职者总想直接开始搜索并投递简历，当他们这样做时，他们跳过了两个必要阶段。首先，我们帮助人们明确特定的绿色行业和职位，并列出最适合求职者的职业。接下来，我们会根据具体求职者的具体情况设计一个行动计划，并帮助他们根据教育情况、经验以及在该领域的信誉为新职业做些准备工作。最后，我们会对整个求职过程提供支持。也会在这三个阶段提供教练选择和相关资源。

有些时候我们会觉得所有的绿色工作都是高技术和科技含量的，这是真的吗？

> 在一个行业的早期，重点在于发明，所以通常需要精通科学和其他技术的专家。然而，当战略和技术逐渐稳定后，有一些成员是所有公司都需要的，包括一些领域的专业人士比如金融、人力资源、运营以及行政管理。

作为一名绿色教练，你对绿色职业的长期性及短期性未来有什么看法？

> 在短期内，基于就业增长的统计，绿色工作的经济增长速度将会快于传统经济。

然而不幸的是，增长并没有满足许多早期的预测。这其中有许多原因，包括一般的经济状况。绿色职业也分为很多种，但不同的地域、行业状态、专业知识和其他求职者的具体因素等都会缩小可选择的范围。但从长期来看前景还是很好的，因为一些新兴产业部门都受到影响，越来越多的公司将环保和可持续性元素纳入公司的业务内容。世界上石油供应已达到顶峰，需要其他的能源解决方案，所以长期决策至少要将能源、环境和金融三个关键的因素考虑进去。所有这些发展都指向长期的绿色职业机会。

绿色经济中的行业和板块地图，由 Carol McClelland 博士开 发，GreenCareerCentral.com。图 片：2011 TRANSITION DYNAMICS ENTERPRISES, INC.

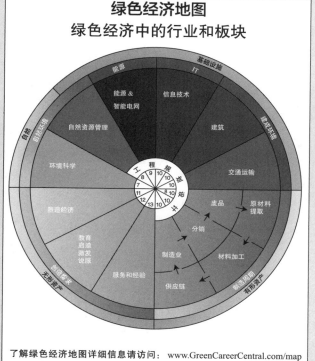

绿色经济地图
绿色经济中的行业和板块

了解绿色经济地图详细信息请访问：www.GreenCareerCentral.com/map
©2009-11 Transitin Dynamics Enterprises. Inc. 已获得使用许可

绿色招聘员

绿色招聘员有非常人性化的在线资源，他们是绿色求职中的重要联系人。他们将专业知识带入每一步流程。考虑与绿色招聘员一起工作类似于雇佣一个私人的工作介绍者。在早期阶段，绿色招聘员可以为那些优秀的求职者提供职位空缺清单。接下来，他们可以帮助指导面试，最好的绿色招聘员可以指导你如何面试并对潜在的新职位有所了解。最后，如果面试成功获取工作，他们会在薪资、福利及其他细节方面帮你与用人单位进行交涉。绿色招聘员是一项个性化的定制资源。许多招聘职位会专门向招聘人员列出空缺职位，以确保有合适的人可以匹配。寻找最佳的绿色招聘员需要研究确保这些人是在你所需的职业领域，在决定前可以至少面试三位招聘员。关于确定最佳招聘员这里有一些你可以用到的问题，包括：

- 他们的绿色招聘流程是什么？

- 你们会如何评测过程中每一阶段的成功？

- 你与招聘员是否建立起较好的个人关系？

- 招聘员可以共享你的推进联系人名单吗？

绿色招聘主管目录

The Green Executive Recruiter Directory

> http：//greeneconomypost.com/store/green-executive-recruiter-directory

Green Jobs Network

> www.greenjobs.net/green-recruiters/

足迹天才：面试与绿色招聘

ERYN EMERICH

Footprint：Sustainable Talent 常务董事 + 可持续发展官

你是如何成为绿色领域的招聘员的？你是如何在这条道路上不断增进自己环保知识的？

> 老实说，我真的有点爱上它了！我在亚特兰大另一个国家猎头公司工作时，恰好有机会与我们的客户（包括如 Interface 这类的公司）一起在可持续发展这个领域合作，并做了大量工作。然后，我开始了自己的公司，专门从事可持续发展专业人士的安置和服务大型企业以及非政府组织及高等教育机构。之后，我的培训在关于如何推进绿色 / 可持续 / 环保事业的来龙去脉上遇到了考

验，但我很快学到了（或好或坏）对于环境恢复而言没有一个真正完美的模板。

我一直很乐于吸收这方面的知识，直到今天，我还是会从手边的期刊、博客、书籍上阅读一切与此有关的内容。我也为 EnvironmentalLeader.com 撰写专栏，它给我了一个很好的机会将所有读到的内容与实时市场观察结合，形成一种信念系统和对此的思想领导地位。

绿色招聘员的独特之处是什么？

> "绿色"招聘员——很可能是一个有问题的术语因为它太概括——对于环保市场应该用更加独特的专业视角来看待：谁在招聘，这其中的哪类机构有机会在未来有较

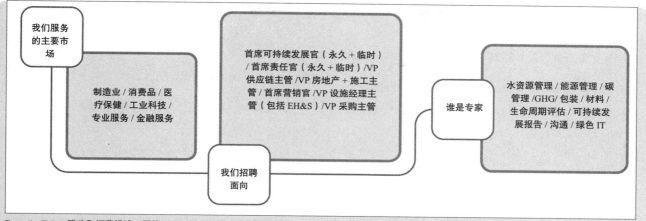

Footprint Talent 猎头和招募描述。图片：COPYRIGHT 2011 FOOTPRINT TALENT/MICHAEL PALERMO

好的发展。然而,关于何种能称为绿色招聘员仍有一些争议：他们的业务本身？他们招聘的求职者？他们招聘的组织？以上三个全部满足（理想状态）？这可能会让人觉得相当混乱,但对于求职者来说在寻找绿色招聘员时对这些细节的注意是尤为重要的。

我如何知道哪一位绿色招聘员适合自己？

> 不需要喋喋不休的说教,但必须阐明的是：无论招聘员是否"绿色"或关注其他专业功能或空间。那些知名招聘企业还会从从事可持续发展事业的公司寻觅首席可持续发展执行官,可持续发展副总裁,等等这些职位。它通常不会指向其他方向（即,我们不会向求职者推荐那些被机构聘请的公司）。这就是说,我会对那些被认为是专注于绿色领域或子领域的招聘员做彻底的了解。这可能看起来有些吹毛求疵,但一些公司的招聘只面向非营利组织。有些人做企业可持续发展招聘,但其主要精力并不集中在招聘这一块儿（你会认为它们都是集中在一起的）,还有一些公司将可持续发展实践与"企业的社会责任"分开,等等这些。

对于那些与你联系或主动上门的招聘员,有什么好的问题需要问吗？

> 你与客户达成的协议性质是怎样的,你们合作的基础是一对一专门服务,还是团队服务,保留还是半保留？

在过去的 1-3 年里你所扮演的角色是怎样的？（在了解他们的工作履历中）你的角色属于哪个级别（初级、中级、高级 / 行政管理）？

您的区域重心是哪里——地方 / 国家 / 国际？

当我们处于面试过程中时,贵公司能够提供怎样的沟通频率？

如果我们没有积极进行——你们还会与我联系,或是保持开放性联系？

（注：这往往是求职者和招聘员间的争论点,因为求职者对于招聘员的联系频率总会有些过高的期待。所以如果招聘员没有主动与求职者联系,就会使接触量变得非常少。）

在寻找绿色工作方面你会推荐哪些工具或资源？

>LinkedIn.com，Indeed.com，EnvironmentalLeader. com，和其他类似的电子杂志；当地的 USGBC 分会，以及当地的 Green Chamber 分会。

对于那些没有绿色相关工作经验的人在获取经验方面你有哪些建议？

> 你必须获得可持续 / 绿色 / 环境方面的经历作为你简历中的关键词。我通常都会建议应聘者参加或建立其公司内部的绿色团队或绿色委员会。"在工作中学习"并获取实质性的经验是一种非常好的方法。我见过很多求职者都在其公司内部扮演着可持续发展经理或主管的角色——而这些经历会在将来使他们在其他企业和机构中也能扮演类似的角色。

此外，如果没有诸如参与内部志愿者的机会，也可以去那些你作为董事会成员的机构寻找志愿者机会，总之，

你需要主动主持其中的"绿色行动"。

你对绿色工作的未来有何预测？

> 我两年前就在说，但现在我们必须动作敏捷一些，因为这个领域的绿色工作变化快的令人难以置信，举个例子：现在我们招聘的职位有 CSO 以及与其相关的水次能、能源、碳管理等团队成员，我相信在接下来的 3 ~ 5 年将会周而复始，可持续性功能也可能会向传统功能（市场营销、IT、金融）上移植。这意味着我们已经完成了我们的工作：当可持续发展不再被看作是机构的另一个仓库，而是综合进了机构的核心运作。

对于那些期待进入绿色建筑领域的人你有哪些建议呢？

> 你需要 LEED 认证——这是目前在这一领域我们唯一真实可信的认证。但这并不意味着你知道了所有问题的答案或是可以胜任 CSO 一职，它只是你面试和进入这一领域的敲门砖。

工具

面试之前或当中，最重要的求职工具莫过于你工作经历及个性的书面表达文件。

绿色求职信和简历

撰写简历时，请牢记以下准则：

- 列出所有的绿色相关经历，即使它可能只是学术课程或者周末研讨会。
- 简历应包括你个人的绿色承诺，并举例说明你对于可持续发展的热情所在。
- 提供一些指标——它可能会以经验或是其他某种形式传递给你潜在的雇主。
- 多使用术语。交叉参考招聘信息，如果它需要富有"绿色"进取心的人，描述自己的时候要使用相同的话语。这显示了对细节和他们要求的关注。

- 如果要求发送一份打印的纸质简历，那么你需要在一些细节上下功夫了。考虑如何表现你简历中提到的承诺——比如，你可以使用无氯再生纸，或是使用大豆油基油墨和环保标识等等。

人际网络

即使你拥有最好的资源和工具，获取绿色（或任何）职位的关键还在于你的人际网。数据显示，超过75%的工作都是通过这种方法获得的。[3]人际网就是和他人建立各种关系，就像所有好的关系一样，倾听和给予是其重要的组成部分。即使人际网并不能直接提供或是转介工作，但是它的副产品却可能是一个很棒的联系人清单。建立成功的人际网有几个技巧：

- 评估你现有的关系网络，并确定谁是目前你正考虑工作的最适合人选。也要考虑那些平时有较多联系的人，即使不完全符合你计划的工作路径，从他们那里至少能获得很多中肯的建议。

- 人际网的建立通常来自于非正式场合。最常见以及最不昂贵的方法之一就是"喝杯咖啡"。其他选择包括参加午餐聚会或招聘会及教育活动等。见面时，首先考虑一下你能为这个人做些什么，比如提供资源或是联系人，接下来，要想想这个人能为你做什么。需要牢记的是，这些人花费宝贵的时间帮助你，为你提供联系人、反馈信息、资源等等，所以请一定记得对他们的帮助表达感谢。

- 你如何对待人际网的碰面会决定人们对你如何对待工作面试或其他领导的看法。因此，在与他人联系中也需要采用专业的态度，如果之前承诺过提供资源或其他信息请及时发送，最后还有一封感谢信也是必不可少的。记住，很多时候细节决定成败，所以你的感谢信应该要环保一些，可以考虑使用无氯再生纸，或是可持续林业纸加上大豆油基油墨。对于你联系过的人，联系时间，以及后续都要进行记录。这些进度显示会有助于你安排后续的会面或是致电。记录还可以对谈话的细节做些备注，包括个人绿色或个人爱好的相关细节，以及他们提出的各项建议。

- 如何建立和谁建立人际网这很重要，但场所也同样值得重视。可以在体育比赛场所进行有计划的社交活动，届时可以邀请几个人或是更少，一对一交流也是不错的选择。任何一种选择有利有弊。通常来说，较大型的社交活动会带来数量更多的接触，但这也需要你能在人群中建立有效沟通，或跟其中的某些人有更深入的交谈。

这里有一些可以考虑进行有计划社交的场所：

绿色招聘会

结构式的活动，比如绿色工作招聘会中就汇集了很多寻求绿色职业的求职者。那里会有各种各样的公司设置展位，应聘者可以前去任何他们感兴趣的展位进行咨询。比起大型的正式面试，这是同时给予双方"考察对方"的机会。

绿色教育以及社交活动

绿色教育和社交活动通常都是由几个单位的举办或参与，其中很受欢迎的一个资源是专业协会。这些活动通常都是免费或是低成本的，目的是为让成员和非成员都能获取绿色教育信息；而参与研讨会获取的继续教育证书通常需要每年对证书有效性进行维护。通常这些有计划性社交活动也都会伴随有教育环节。

绿色会议

在地方乃至全国，绿色会议都是传统上来说较好的社交和教育场合。它可以使你有机会与当地领导人进行交谈，并了解当前的生态教育。通常，这些会议的教育环节都分布有建立有效社交的机会，有时也会有制造商产品展示、人才招聘会，或绿色建筑的实地参观。

综合——绿色工作资源

Green Jobs Network

　　www.greenjobs.net/green-recruiters/

U. S. Bureau of Labor Statistics – Green Jobs Initiative

　　www.bls.gov/green/home.htm#question_10

招聘会及会议

Green Collar Blog – Green Job Fair and Event Listing

　　www.greencollarblog.org/green-job-fairs.html

Green Jobs Network – Green Job Fairs and Environmental Career Events

　　www.greenjobs.net/green-job-fairs/

USGBC Greenbuild Conference & Expo——Green Job Fair（Annual）

　　www.greenbuildexpo.org/education/Green-Jobs-Summit/Green-Job-Fair.aspx

社交活动

LinkedIn –– Green Jobs and Career Network Group

　　www.linkedin.com

Green Drinks

　　www.greendrinks.org

USGBC Chapters' Educational and Social Events

　　http：//www.usgbc.org/Events/Events Conference Calendar.aspx?PageID=1853&CMSPageID=1722

确定最适合的地方

一旦你决定要进入就业市场，那么就需要准备简历，以及所选专业的必备知识，下一步就是决定去哪里工作了。要把想去的公司或企业的方方面面都考虑到，比如你喜欢在小点的地方工作还是大一点的？你喜欢团队合作还是独立工作？你关于如何更好地完成工作？你喜欢外部激励和竞争还是靠自我激励和在工作中寻找成就感？

除了这些基本的，也要考虑公司是否有绿色承诺。在公司内部依然坚持可持续发展的道路是非常勇气可嘉的行为。作为该领域的新人，或许你所进入的公司拥有现成的绿色基础设施用于支持生态设计和施工，这不仅有助于你提升自身技能，也可以使你有机会向该领域的先锋工作者学习。在未来的某一时刻，如果你发现自己有多年经验，并作为某人公开的绿色导师，或许是时候在缺乏可持续基础设施的公司开展一场绿色革命了。

那么，如何确定哪些公司能够成为最符合你的理想的工作场所呢？以下是一些重要的考量方面，将对你评估各项选择提供很好的帮助：

- 阅读公司网站上的责任宣言并通过年度报告和网站内容判断公司的价值观倾向。一些值得注意的关键点有：通过管理层认可的拥有明确环境目标的声明；一些追踪指标包括报告方式的透明度；在社会及环境方面拥有成熟稳健的目标。此外，还可以多多关注一些成功的绿色建筑公司如 Perkins + Will，并以它们为基准和模板。[4]

- 通常情况下，声明会提到公司对于其足迹的承诺，包括它们的供应链以及社会团体。

- 评估公司中致力于绿色领域的高级管理层职位数量，公司的重点和理念往往是自上而下的，所以负责人从一开始就设定好的绿色议程是非常有帮助的。

- 公司的使命是否具体体现在其人、地点，或产品中？换句话说，员工是否有机会接受到可持续性工作培训工作会或是研讨会？他们的重点是否是在与客户贸易往来中的绿色转化（他们的客户是哪些人）？办公场所是否环保并有利健康？如果它是一家制造公司，那么他们生产的产品和方式是否环保，是否使用可持续工艺和科技，他们的过往作品类型怎样（是否与哪些公司合作完成）？

- 公司有企业社会责任报告（CSR）吗？是否有第三方审核以确保其评级具有客观性。这类似于公司的年度报告，但它侧重于公司的社会和环境责任的承诺。

一旦你将所有这些因素都考虑进去，并做好准备进入求职市场，并已经有了心仪的公司，那么下一步就是如何就业。

Great River Energy 总部，明尼苏达州，梅普尔格罗夫（LEED NC Platinum）。公司：Perkins + Will。照片：© LUCIE MARUSIN

康涅狄格大道 1225。RTKL（LEED CS Platinum）。
公司：RTKL。照片：©PAUL WARCHOL

绿色建筑师

美国劳工局职业展望手册 2010-2011 年版为那些考虑进入建筑专业的人提供了统计信息，并预测建筑行业的工作从 2008 ～ 2018 年将增长 16 个百分点。[5] 关于绿色建筑有一个地方需要特别提到：

"对拥有'绿色'设计知识建筑师的需求很大。绿色设计，也被称为可持续设计，强调资源如能源和水资源的有效利用，减少废弃物和污染，保护环境，和环境友好设计、说明和材料。不断上涨的能源成本和对环境的日益关注使越来越多的新建筑朝着绿色建筑的方向发展。"

小行动管家

GINA BOCRA, AIA, LEED AP BD+C, ID+C
ENNEAD ARCHITECTS LLP 可持续发展总监助理

你是如何成为一名优秀的绿色建筑师的？

> 我早年受父母影响，他们都是户外运动爱好者，所以我童年的许多时光都是在大自然中度过的——在树林中探险、在池塘边钓鱼、在后花园种花等等。所以我逐渐有了早期的环境管理意识。之后，我有幸进入波尔州立大学（BSU）建筑学院学习，在那里许多教授都致力于被动式太阳能设计与环境。这两个方面的结合使我开始我这方面的职业生涯。

你是如何在这条路上逐渐增进自己的环境知识的？

> 当我在建筑学院读到第三年的时候，当地州举办了 EPA/AIA 联合峰会，我的兴趣也是从那里开始的，当时的主持人给我留下了深刻的印象，使我感觉到了身为建筑师的责任感。后来又在完成弗吉尼亚大学（UVA）硕士学位后，我有幸在 Burt Hill 工作，并与其前 CEO Harry Gordon 关系很好。Harry 当时就在由 BSU 主办的"建筑拯救地球"峰会中担任主持，我的热情就是在那里被播了种。我在 Burt Hill 的职业生涯中，除了有不断的鼓励，还有就是就是非常幸运的能和一些参加当年峰会的人一起工作——Bob Berkebile，Greg Franta，Pliny Fisk，等等。而且，我加入 Burt Hill 短短几年后，便幸运地参加了早期的 USGBC，致力于与各个委员会一起进行 LEED 及其他的研究开发，这些经历都不断丰富着我的知识库。

对于那些期待进入绿色建筑领域的人你有哪些建议呢？

> 我的建议就是采用尽可能广泛的方法，也可以考虑多学科教育。虽然重要的是发展专业知识，但掌握一种综合和多学科的方式在几乎所有可持续设计项目中也是必要且重要的。学习生态学和环境科学。我们今后的工作会与水文循环、氮循环、碳循环、化学、物理等学科有所交集——所以你不妨先为自己打下良好的基础。

能否给出一些在项目中收获的比较重要的经验？

> 与其谈论项目，我更愿意分享一些在可持续设计中获取的经验。首先，你必须要学会另一种语言。一个人可能会被纯粹的环境利益所鼓舞，因为这样做是对的。但大多数情况下，这并不是客户或建筑所有者所考虑的唯一一因

素。所以你需要能够谈论经济效益并考虑到未来的全部成本和战略的效益，你还需要能够谈论战略的运作以及性能效益，并向客户解释这些将会如何影响日常功能。测量性能必须定量和定性。有时你不得不放弃那些看似完美的想法。许多小的行动将我们带到现在的地方，而它们仍然在不断前进指引着我们想要去的地方。

相信自然

HEATHER M. MARQUARD, AIA, LEED AP BD+C, O+M, ID+C
The Paul Davis Partnership, LLP 建筑师

你是如何成为一名优秀的绿色建筑师的？

> 我成为绿色建筑师的道路就像大自然滋养万物一样。从小我就对建筑学非常着迷。当一些女孩们对着新款芭比流着口水的时候，我正在画着别人芭比的房屋平面图。抚养我的是一位强大，聪明，且颇具判断力的女性。她从小就知道做任何事都要有一个目的，否则就是浪费。由于一些道德和经济上的原因，我们从很早起就成为重复利用或回收利用者。当我开始工作后，使用对地球造成影响较小的环保产品是个几乎不需要思考的事情。直到后来我才意识到在这个领域是不能一直保持现状的。

对于聘请绿色建筑师，你觉得哪三个方面至关重要？

> 为了能深入挖掘并有效帮助客户，他们不仅需要经验或关于绿色设计和各种相关系统的知识，还需要有和他人合作的能力以及清晰简洁的表达能力。我曾遇到过的一些有着深厚历史和文化知识的可持续专家，他们不只是"获取"某些概念或体系，而是从本质上理解它是如何适用，为什么过去会发生，并根据目前状态推测出未来可能的走向。而所有这些的最重要一点就是：真正做到倾听自己的感知，并且不要急于下结论。

能否给出一些在项目中收获的比较重要的经验？

> 在我早期职业生涯中，有过一个项目是在一大块土地上建一座综合办公楼。各种顾问、用户群体都参与了"常规"设计。在我早期职业生涯中，有过一个项目，是在一大块土地上建一座综合办公楼。各种顾问、用户群体都参与了"常规"设计。

然后客户公司的总裁宣布这是一个绿色项目，之后他们公司的人有的感到兴奋，有的表示担忧，还有些人则是积极地推动它。先说一下项目中不好的地方：试图解决项目中的繁琐手续，并使目标集中在获奖上，这在我们当时来看不仅仅是一个庞大的项目，还是一个可以节约资金（能源、水）并使其员工更加快乐更加健康的绿色项目。许多天过去了，我们只是在努力把工作做完，却将可持续性的问题抛诸脑后，有时努力进行的绿色尝试总是举步维艰。

这个项目也有一些丑恶的地方：比如一些参加设计和建造过程的人的态度。我在其中的感触就是最后每个人都要一直值得骄傲的项目，就连最好战的人都常常会有些奇妙的想法。当然我也知道试图打破某些人带来的先入为主的观念是一个项目好的开始。要问好的一面，那应该是这个项目已经完成了，并且它激励着更多的人和更多的项目走上了超出我想象的绿色之路。而且每个接触到项目的人都带来了惊人的影响！可持续发展有它自己的动力——我们需要的就是想象这个过程并不断尝试。

谦虚地沟通

JIM NICOLOW，AIA，LEED BD+C
Lord, Aeck & Sargent Architects 可持续发展总监

你是如何成为一名优秀的绿色建筑师的？

> 许多建筑师都是在小的时候便立志要走上这条路，并对建筑充满热情。我进入这个领域的过程并不像别人那样直接，当我刚进入大学时，我觉得自己会成为一名科学家，并专注于科学和数学这类的学科。在上完或者说享受完一节绘画课后，有人说建筑是一个融合科学和艺术的领域，所以我开始进修了建筑课程。我也在大学期间发展了较强的环境伦理，但最初是将环保主义是作为个人生活和职业生活的一部分来看待的。然后我参加了 Bob Berkebile 的一个讲座，是关于他所建的一座建筑倒塌之后对于自己作为建筑师所留下遗产的质疑和思考。

Bob 的一番话使我认识到我可以将自己的环境伦理观与建筑专业的实践结合起来。毕业后，我搬到亚特兰大，并幸运的在一家早期在绿色设计方面享有盛誉的公司任职。随着人们对绿色设计的需求不断增加，他们很快就开始寻找绿色设计问题的"负责人"，最终我被选中了。这一角色在我在公司的 14 年中还在不断发展，我现在担任公司的首席可持续发展总监，负责五个工作室和三个办公室的项目绿色化。

对于聘请绿色建筑师，你觉得哪三个方面至关重要？

> 谦逊是很重要的，那种陈词滥调却又非常自大的建筑师并不适合一体化设计流程，因为通过这些设计流程我们要创造真正高性能的绿色建筑，这是一个通过团队努力共同实现最优结果的协作的一体化的过程。

良好的沟通技巧也是必须的。我从来都不知道在这个领域里需要多少次谈话、写作，以及演讲才能成功。最后，对绿色建筑的热情也是非常重要的。顾名思义，你需要尝试做一些与传统实践不同的事情。改变往往是困难的，所以你必须全身心地投入。

你对绿色建筑的未来有怎样的预测？

> 我认为需要从观念和思维模式上对绿色建筑做一些改变，用更新和更高科技的思维取代传统对建筑的思考方式。建筑物传统上是利用自然界中可使用的资源和循环，比如我们利用窗户进行采光和通风，利用当地的天然材料，收集雨水，等等。我们需要先学习，然后再来谈论有关可再生能源和净零设计的问题。

我们目前有现存的数百平方英尺的低效建筑（以及街区和城市），我们必须找到解决方案。

对于那些期待进入绿色建筑领域的人你有哪些建议呢？

> 注重技术技能的培养。目前有很多的分析工具使设计人员在追求低能耗建筑的同时能够进行基于科学证据的设计决策，但只有少数人掌握这些技能。目前市场上也对这类设计人员的需求非常高。

能否给出一些在项目中收获的比较重要的经验？

> 关注绿色建筑应从大局出发。首先多关注免费或低成本的东西：正确的方向，良好的外层，高效的程序。项目通常都会不可避免的发生变化，但如果你从一开始就抓住了问题的核心，那么就努力坚持自己的看法。

Thornton Place 是位于一条适合步行的街道，街区以环境和新"水质"公园为重点，它可以清洁附近的雨水排水，然后使干净的水源流入松顿溪。Thornton Place 华盛顿州，西雅图（LEED ND Registered）。公司和照片：MITHUN

你们被称为"绿色建筑师"，那么你们是如何获得这项称呼的呢？对于那些追随你们脚步的人，会有哪些建议呢？

> 我的通往"可持续设计师"之路是在 HOK，事实上这并不是我曾计划或是考虑的专业。作为一个早期的 LEED 专业认证，我只是从事对其内容的教学，但这项考试之后变得越来越受欢迎。学习最好的方法莫过于教授。

我对那些希望成为可持续设计师或建筑师朋友的建议就是坚持练习，坚持努力，不要放弃。将可持续设计视为目标而非一段旅程是非常危险的。你需要做的就是不断努力做得更好，比前一天学到更多，在一天结束时，你便会觉得收获颇丰。

——John Cantrell, LEED AP BD+C, HOK 可持续发展设计经理

> 在我进入建筑研究生院的论文中我就提到希望将来有一天能建立一所将重点放在融合建筑与其场地环境的公司。大约 15 年后，在陆续完成一些小型或大型的项目后，我又开始探寻在研究生课程计划中加入城市设计"无束缚"场所的念头。这有助于使我的设计过程集中在对系统的思考——很多小的决策往往关系着大的整体。绿色比选择一个快速更新的材料或是单独的选址要更加广泛，它是建立一个易恢复有弹性的物理环境——可持续发展、繁荣，以及更加深远的意义——鼓舞着我们向着更好生活的方向努力。

——Tonja Adair, AIA, NOMA, LEED AP, Splice Design 负责人

> 追求吸引和激励的你的事物，并相信自己的天赋与热情。在学生时代，我学到了广泛接受不同观点和在更广范围接受每一次挑战的重要性。了解自己的价值观，这样你就可以融入热情与理解。当你可以同时做到灵活善变、精通技术、政治敏锐那么对工作和处理问题将大有益处。作为一个专业人士，我努力鼓励并尊重团队中的每一位成员，并使一切看上去有趣一些。我深深感谢像 Gail Lindsey 和 Greg Franta 这样的可持续发展先驱，他们每一天都在提醒着我可持续发展是关于连接富足、快乐和爱的核心，这些东西可能是良好绿色建筑专业的最本质特点。

——James Weiner, AIA, LEED Fellow, Collaborative Project Consulting 总裁

> 我的建议是对所有机会都保持开放性的态度，努力尝试新鲜事物。不要回避任何能引起你兴趣或让你觉得骄傲的事。当机会来敲门时，确保你愿意打开大门，探索新的想法，即使它们被认为是行业趋势，因为凡是被描述为一种趋势的东西很容易演变成一个运动，然后有一天成为塑造我们设计建筑环境方式的标准和规范。

——Melissa M. Solberg, LEED AP BD+C, The Mantis Group 负责人

绿色建筑资源

美国建筑师学会（AIA）：可持续发展资源

www.aia.org/practicing/groups/kc/AIAS077433

海军联邦信贷联合（LEED NC Gold）。公司：ASD，Inc. 建筑公司的摄影：GREENHUT CONSTRUCTION COMPANY

绿色承包商或施工经理

现今绿色化最重要的就是承包商。代表总承包商最大和最古老的专业协会，美国总承包商协会（AGC），在其网站上列出了五大领域的专业培训，并注明了帮助承包商在专业上与时俱进的推荐知识领域。这五大领域之一就是绿色建筑，他们也同时提供绿色建筑教育计划。[6] 此外，根据美国劳工局职业展望手册2010-2011版，上升的能源成本将会驱使着翻修和新建建筑对节能需求的增加。[7]

关键的承诺

GRANT J. STEPHENS III, LEED AP
DFS Construction Corporation 负责人

你是如何成为一名优秀的绿色承包商的?

> 自从高中那年我去往圣迭哥海滩后就总是对环境有着浓厚的兴趣。在我取得建筑设计学位后，又攻读了施工管理的硕士学位，建造行为会产生的影响和在设计中使用的方法这些意识渐渐在脑中回响。具体来说就是要运往垃圾填埋场的建筑垃圾量数据。用这些数据，我将出口项目集中在排版/减少浪费的可重构结构和延长结构的生命周期。同时，我参加了每个我能参加的环境法课程，因为当时没有细分的绿色课程。

当我作为一名全职工作人员进入这个行业时，我有幸有机会参与 LEED 的一个商业室内试点项目的设计。Envision Design 的 Ken Wilson 是我从那个时期起直到今天的导师，他最早介绍我入行并引导我的机遇意识，以及对 USGBC 的介绍。

对于聘请绿色承包商，你觉得哪三个方面至关重要？

> 首先，有类似项目类型的经验。其次，能够意识到当前的趋势和客户通过绿色建筑过程能够获取的机会，包括财务和环境两个方面。最后，我认为公司承诺也是一个非常重要的部分。公司需要花时间培训他们的分包商和所有岗位的员工，高层也需要建立一种能够快速应对不断变化的行业前景的职场环境。通常，承包商都会拥有 LEED 或"绿色"专家认证，这是一个巨大的资源，但往往因为远离日常项目运作，无法对其进行监控，作出及时的反应并根据项目过程中出现的不同情况进行调整。

能否给出一些在项目中收获的比较重要的经验？

> 许多终端用户在其职业生涯中充其量只建造过少数几个项目。所以有必要把他们定位到项目的过程中去，他们决策的影响，以及最终如何使用他们的新空间。在开放式办公室的规划中这显示在新的照明水平和扬声器电话，制定回收区，通过绿色清洁材料进行绿色产品的维护和保养，集成控制系统，暖通空调的维护，以及分支管道设施的方位。

未来投资

SARA O' MARA, LEED AP BD+C

Choate Construction Company（Green Advantage 认证）

LEED/ 环境服务主管

你是如何成为一名优秀的绿色承包商的？

> 我开始走上这条路是在 2002 年，当时 LEED 和 USGBC 刚刚开始在东南亚的建筑业中被大众所熟知。我所在的建筑公司对新举措一直抱持开放的态度，所以当我听说 LEED 和 USGBC 后，公司允许我组建一些有利于公司的方案，就是那时我开始走上绿色建筑之路。Charlotte,NC，开始创建 USGBC 地方分会，而我成为了这个早期分会指导委员会的一员。不久后我通过 LEED 考试，我所在的公司获取了一个投标项目，与建筑所有者的交谈中，我们决定将这个建为 LEED 认证项目，Audubon Society 也将在这栋大厦中办公。我们向建筑所有者普及 LEED 评级系统的优势，他和他员工和利益，以及投资回报都能在这其中实现，他认同了我们的建议，并觉得 LEED 将非常适合这个项目，而最终该建筑也确实成为了梅克伦堡县第一个

在 West Potomac Park 里，起重机、飞机、施工车辆，以及太阳能十项全能
房屋点缀的景观。摄影：CAROL ANNA / 美国能源部太阳能十项全能

获得 LEED 认证的项目。

对于聘请绿色承包商，你觉得哪三个方面至关重要？

　＞LEED 经验：责任制

　知识：充分理解由 USGBC 推广的 LEED 评级系统的
程序和需要。

　一个真正的承诺：致力于可持续发展和对社会的影响，
不仅仅停留在追求达到 LEED 认证的水平。

对于那些期待将绿色承包商作为职业的人你有哪些建议呢？

　＞对新技术要保持开放性的态度，并不停追求如何能做
的更好。好奇心和想象力是这个行业中开放最佳实践的关键。

能否给出一些在项目中收获的比较重要的经验？

　＞如果 LEED 能确定在项目的早期设计阶段，那么绝
对会使项目更具成本效益。如果可能的话，尝试确定建筑
所有者对于认证的要求，好的建筑系统不仅能提升能源效
率还会带来真实的投资回报率。

　另一个教训——尽可能让员工也参与到过程中来，甚
至可以参与对建筑设计的评论。这将为健康的工作环境、
员工的奉献精神，以及公司和员工的工作都带来益处。

你们是如何成为一名绿色承包商的？对于那些追随你们脚步的人，会有哪些建议呢？

>2000 年，当时我在 Holder Construction Company 工作，我被介绍到了美国绿色建筑委员会和 LEED 认证。持有者是 LEED 计划的倡导者，我有幸参加了几个关于 LEED 和可持续施工的培训课程。当我有机会参与 Interface Carpets 的 LEED 商业室内项目时我的兴趣被点燃了。这个项目是商业室内试点计划的一部分，并最后取得了白金认证。

我也积极参加环保组织，特别是我们当地的美国绿色建筑委员会分会（Northern Gulf Coast USGBC Chapter）。我试图与那些在设计和施工上理念相同的专业人士合作，并保持与职业生涯中遇到的导师和专业人士的关系——因为他们是我的宝贵资源。

我会建议年轻的专业人士参与其公司的环保行动，如果公司内还未开展这样的活动，那么可以由他们自己创建。我也会建议所有年轻人在他们的职业生涯中最好能拥有一位好的导师，他是一个值得你尊敬和信任的人，并且会帮助你在职业选择中做出明智的决策。更具体的建议，就是获得环境认证或是在大学毕业前获取某些认证是很好的加分项。我也会强烈推荐在大学期间与一些推进可持续发展建设的公司进行实习或是合作。

——Kim Aderholdt, LEED AP BD+C, Greenhut Construction Company 前期建设服务 / 业务发展总监

> 对于那些对绿色建筑行业有兴趣的人，我的建议是尝试从一开始就把专业领域的经验和课题学习结合起来。可以合理利用在办公室或是施工场地中的时间获取一个学位。如果你是一个寻找转行机遇的专业人士，可以多参加专业课程培训，获得一些相应的认证和证书，选择应聘的公司最好具有可持续发展经营理念。不要停下学习的部分，抓住尽可能多的机会参加培训课程、会议，以及与志趣相投的专业人士沟通并建立人际网。

——Carl Seville, LEED for Homes and Green Rater, Seville Consulting, LLC, 总裁,《Green Building: Principles and Practices in Residential Construction》一书的联合作者

> 在我看来，获取真实的生活经验是所有职业中最关键的。我觉得自己在最近的项目以及在日常的绿色生活中都建立了很好的洞察力。这些都使我认识到，如果我们想在行业中更广地采用绿色施工，那么真正需要的是通过一个数量级来简化流程。

——Paul Shahriari, LEED AP, SmartBIM 首席技术官

> 每一个公司的运作都是围绕着公司目标和任务的个人想法和理念的集合。大多数公司的变化都是缓慢的，都需要通过精确计算确保改变是值得并能够提高公司的产品或服务。环境政策往往是市场 / 消费者驱动或创建的，以满足监管合规性。我的建议是，最好在商业需求中扩展你的热情，推动变革，并以达成商业目标为目的的方式沟通和传递战略。

——Beth Studley, LEED AP BD+C, Holder Construction 副总裁

> 我的亲身经历是从好的承包商到"绿色承包商"的演变过程。这个过程开始于当我意识到由于我对改变施工方法的抵触导致自己正在失去工作，以及客户的信心时，由于我之前并没有受过有关绿色建筑的方法的培训和教育，因此总是避免使用他们。但是一旦开始觉得这些技术是有

用的，并且其他人也成功的运用了他们，我便下决心要接受这方面的培训。通过了解结构和周围环境之间的内在关系给我了信心，绿色建筑可以通过提供减少对环境影响的持久和健康的结构，真正做到提高项目价值。

使自己接受新技术的教育培训，并接受一个事实：很多创新都正在我们周围发生；了解新的施工方式，这样才能对它在项目中的成功应用充满信心。我相信可持续建筑方法将在未来有更广阔的市场，所以在这一领域应努力走在前端，不断学习，开辟新的道路。

——Jeff Cannon，LEED AP，green|spaces 主管

> 在你拿起 LEED 参考指南开始阅读一起，可以尽可能先读一些 Thomas Friedman, Janine Benyus, Paul Hawken, David Orr, Ann Taylor, Bill Mollison, John Todd, 以及其他类似作者的文章，使自己增进见识，并拥有广泛

的洞察力。一体化设计是伟大的，它能够使建筑产生多于他们消耗所需的能源。最后，回馈并不断前进，因为我走在那些慷慨地奉献自己的时间和才华之人的足迹上，所以我也愿意帮助后来者沿着这条路走下去。

——Robert J. Kobet，AIA，LEED AP BD+C，The Kobet Collaborative 总裁

> 对于所有希望提供绿色建筑服务的承包商来说，你们需要准备好以一个全新的视角来对待建筑。绿色现在是一种更好的选择，它带来的不仅仅是为取得认证而必须的合规清单列表，它是对你的整个内部管理团队、零售商，以及供货商的承诺和培训。

——Matt Hoots，SawHorse，Inc. 总裁，Hoots Group，Inc. 首席执行官

绿色承包商资源

美国总承包商协会（AGC）：www.agc.org/

AGC 回收利用工具箱：www.agc.org/cs/recycling_toolkit

全美装饰业联合会（NARI）：www.nari.org

绿色土木工程师

土木工程也是迅速崛起的绿色行业。联邦统计显示从 2008-2018 年以可持续发展为重心的土木工程师的预测增长率约有 20%。土木工程师还有其他一些绿色方向，包括对环境危险场地的补救整治、水资源管理，以及雨洪管理。[10]

麻省理工学院的 Ray and Maria Stata Center。公司：Frank Gehry。摄影：©OLIN

基础建设新视野

STEVE BENZ, PE, LEED AP BD+C

OLIN, Philadelphia 合伙人，绿色基础建设主管

你是如何成为一名优秀的绿色基础建设 / 土木工程师专家的？你会向其他人推荐这条这样道路或是资源吗？如果不会，你有怎样其他的建议？

> 我作为一名土木工程师已经有 32 年了。在我前一半的职业生涯中，我参与的是改变土地本身的交通运输和场地开发项目，这些会给环境带来一些需要修复的伤疤。在那个时候（20 世纪 80 年代初期），与我工作有关的环境法规逐渐进入行业主流。许多工程师——包括我自己——都会创建符合环境监管法规的方案，我们这样坚持因为它确实能发挥作用。我专业偏向水资源和雨洪管理，当我对这些问题了解的越深入我越觉得我们作为从业者或许还并没有将整体的画面看全。虽然我们能够使自己的项目设计使用客户和监管机构能够接受的技术和方案，但我希望不断扩大我们的知识，能够更深入地探讨这个问题。

我研究的主要部分是土地和水界面、生态，以及环境。我很清楚作为对土地进行开发的土木工程师，还有很多需要学习的地方。

当我学到的越多，就越了解目前的实践现状是持续不了多久的。我有一种感悟——大自然已经知道了如何处理陆地与水相交的"正确"方式，我们工程师需要做的就是理解如何利用大自然的体系设计我们的场地，但我们显然对于如何处理实际问题还有些不知所措。

在 21 世纪初，关于绿色设计的兴趣被激发，我成为全国第一批通过 LEED 认证的土木工程师，成功联系并加入了美国绿色建筑委员会可持续场地技术咨询小组（TAG），我在那里度过了七年时光（在 2010 年作为 TAG 主席退休），我们帮助发展和定义了可持续场地的开发。

我相信，一个进入可持续场地工程领域的人具备很多优势。首先，土木工程师在场地可持续发展中的作用是明确的，对土木工程领导力的需求是最主要的。其次，可持续设计服务市场也在日趋成熟。

能否给出一些在项目中收获的比较重要的经验？

＞1999 年我有幸成为麻省理工学院 Stata 中心项目的土木工程师，该建筑是由 Frank Gehry 设计，场地是由我的合伙人 Laurie Olin 设计的。这是一个令人惊叹的过程，我们在设计和施工阶段使用的流程按照今天的标准可以算是"一体化设计"流程。通过了解客户、城市和设计者的兴趣，我能够帮助平衡他们项目中的多个目标。最后，我们的设计是广泛的，包含许多能够解决一系列挑战的元素。该市有关于冲击性较大的雨洪条例，客户对这个项目演示的环境管理非常感兴趣。此外，该场地设计包括水景的视觉表达。通过平衡这些目标，我们创造了一个在提升校园社交空间质量同时能够清洁径流水的高性能景观，并且该系统能够回收场地 90% 的径流水资源。

对于聘请绿色土木工程师，你觉得哪些方面比较重要？

＞未来的绿色土木工程师应该有坚实的技术背景，再加上对环境融合多学科的兴趣，有能力提供创新和高质量的项目，为终端使用者和社会提供正面效益。求职者还应多寻找教育机会，随着在专业领域的成长还应不断培养自己在可持续设计和土木工程方面的兴趣和专业知识。

——*Eric A. Kelley, PE, CHMM, LEED Green Associate, Environmental Partners Group, Inc. 高级工程师*

对于那些期待将绿色土木工程师作为职业的人你有哪些建议呢？

> 有些对可持续设计可土木工程感兴趣的人，受益于在传统的土木工程（水、污水、雨水、岩土工程、交通运输等）中有坚实的基础，但他们也应该利用一些机会补充这些方面的相关知识：施工管理、法律、绿色设计认证体系，以及各种在建筑暗中的机械、电器、建筑和仪表系统等。

——Eric A. Kelley, PE, CHMM, LEED Green Associate, Environmental Partners Group, Inc. 高级工程师

> 最简单的方面可能不是最好的方法，许多土木工程的解决方案需要对所提方案对环境影响进行仔细分析，因为不会有一个解决方案在任何情况下都适用。创造性的工程解决方案通常需要更多的思考，虽然实际施工中可能成本相同或更少。

——David Freedman, PE, LEED AP BD+C, Freedman Engineering Group 负责人

绿色土木工程资源

美国土木工程协会：www.asce.org/

康涅狄格大道 1225 号（LEED CS Platinum）。公司：RTKL。照片：©PAUL WARCHOL

绿色机电工程师

美国劳工局为那些考虑工程专业的人提供了统计数据和信息。分析小组的所有工程领域包括航空航天工程、民用、机械、工业、环境工程师。一般来说，工程专业作为一个整体似乎与其他行业的增长不分上下，并被评为拥有"良好"前景的专业。随着建设需求的变化，某些类型的工程师将有更大的职业成长期；比如土木工程师，目前由于对路面基础建设的增加土木工程师作为一个整体预计将有高于平均水平的增长率，环境工程师在其自身领域也会有非常值得期待的未来。[8]

技术艺术家

MALCOLM LEWIS, PE, LEED FELLOW
CTG Energetics 首席执行官

你是如何成为一名优秀的绿色土木工程师和绿色建筑顾问的？

> 我做机电工程和能源分析已经有很多年了，所以当我在 90 年代初第一次听到关于绿色建筑的概念时我感到十分好奇。我在 1994 年做了一些绿色项目后就被彻底着迷了！我关注的重点一直是挑战极限，而且也会帮助其他专业人士学习如何去做。但有些悲哀的是，大多数工程师在绿色建筑方面走得比较慢，但这也恰恰使我建立起自己绿色化方面的知名度。

你会向其他人推荐这条这样道路或是资源吗？或者你有怎样其他的建议？

> 今天可供学习的绿色建筑资源多种多样。我会鼓励

人们去探寻目前尚未解决的问题和未来可能的趋势——净零能源 / 水 / 污水，零碳建筑，再生建筑和社区，等等。然后，通过先进的技术一步步地解决这些问题，这是非常刺激的挑战，充满乐趣的同时也会有所收获。

你认为能源领域的未来在哪里，前沿战略和技术是什么？

> 能源领域是我国经济中最具活力和变化最快的部分之一，他对经济增长和环境效益都有巨大的潜力。在供应方面（能源产生）和需求方面（能源利用）都蕴藏着巨大的机遇。

在供应方面，我个人的信念是，有效利用自然能源（入射的太阳能、气候变化、生物量等）有可能满足大多数建筑的能源要求。然而，这将需要彻底重塑能源供应系统，从而真正做到融合许多分布能源的来源，而且它还需要考虑能源系统的社区规模，而不是一个个建筑物的规模。当然，

联合循环发电系统也将从根本上提高能源的转换效率。

在需求方面，主要是楼宇及社区的能源使用仍有减少的可能。照明、暖通空调、电器、控制都将在保持性能或是提供更好性能的基础上继续在节能的方向不断探索。智能建筑围护结构（光学变色玻璃、通过采光发电玻璃、动力遮阳设备）将被开发。除了技术，还有就是增加知识和如何操作和维护建筑以使其能更好地达到性能标准，而指导使用者在建筑操作发生变化时如何应对将由培训和互动系统推动。

能否给出一些在项目中收获的比较重要的经验？

> 这些经验包括：

■ 简单的设计解决方案优于高度负责的以技术为基础的解决方案。

■ 从一开始就让所有利益相关者参与对项目的成功至关重要。

■ 跨学科讨论几乎总是能产生出其不意的效果，不仅能节省资金、提供性能，而且能够为新参与的人介绍目前的成果。

大多数非专业人员都不知道在采光、新鲜空气、好的音效、温度控制、无污染方面室内环境拥有更多更好的可能性，可一旦他们通过一个绿色建筑或社区体验过之后，就会立刻感觉这些要比从前的环境好得多。

乐观主义者能够接纳更多

JOHN MCFARLAND, PE, CCP, LEED AP BD+C
Working Buildings 负责人兼运营总监

你是如何成为一名优秀的绿色工程师 / 试运营代理的？

> 我大学主修的是机械工程，后来我将重点放在能源系统、热力学、传热等。大学毕业后，我在一家设计建造机械承包公司担任设计工程师。我一直希望能使设计变得更有效率（以同样的目标为基准使用更少的能源），以及利用可再生能源。在设计建造机械承包公司期间，我试运营的概念吸引。从一起工作的钣金机械师、水管工到管道工我都跟着学习，他们教我如何安装系统，并告诉我一些他们经常会遇到的问题以及调试方法，因此我对自己很有信心。

在这条道路上你是如何不断扩充自己环境方面知识的呢？

> 我会利用阅读的时间获取知识，比如在我职业生涯的前十年，ASHRAE 杂志的每一篇文章我都会仔细翻看（美国采暖、制冷和空调工程师协会出版）。

我也读过一些相关的书籍，比如由 Vice President Al Gore 著的《The Ecology of Commerce》和 Paul Hawken 所著的《Earth in the Balance》。在 2001 年我参加了一个由 Gail Lindsey 教授的 LEED 培训学习班，这些使我开始了 LEED/ 可持续发展咨询。我的大部分经验来自于职业中，在困难中学习，尝试着哪种方法可行哪种不可行，后来我也开始教授一些 LEED 课程，主要针对的是工程师，我在其中也学到很多。

对于聘请绿色工程师 / 试运营代理，你觉得哪三个方面至关重要？

1. 首先必须有团队精神。我需要看到他们有一种渴望看到别人成功并帮助别人成功的内在潜质。这对我来说是试运营的本质。

2. 其次，需要精通技术、扎实地掌握工程的基本原理。因为解决绝大多数问题的方法在于了解过程的基本原理。

3. 最后，还要善于沟通，包括书面与口头，并且能够很好地与所有涉及建筑物设计和施工的人打交道。有时你必须与财务总监沟通，有时是与技术人员，他们都对项目的成功至关重要。

你对绿色能源领域的未来又怎样的预测？

> 我是一个非常乐观的人，我认为我们必定会摆脱对化石燃料的依赖，并实现有效利用周围的免费能源。当然，现在我们需要关注的还是能源效率。不过一旦我们可以从可再生资源中生产出所有需要的能源，对能源高效的要求也就不会那么强烈了。

加利福尼亚州，纽瓦克，Ohlone College Newark Center 健康科学 + 技术地热图（LEED CS Platinum）。公司：Perkins + Will, Inc. 图片：COURTESY OF PERKINS + WILL, INC.

GEOTHERMAL FIELD

GEOTHERMAL SUPPLY/RETURN PIPING

GEOTHERMAL VAULT

这可能是一个激进的声明，但我认为我们应该接受这种可能性——我们既能够拥有可再生能源的基础建设，也能拥有舒适、健康和便利的建成环境，我不认为我们必须要牺牲其中之一。

对于那些期待将绿色工程师 / 试运营代理作为职业的人你有哪些建议呢？

> 多听，比如可以听听钣金机械师关于如何解决问题的想法，听听工程师解释他们为什么安装这样的方式设计。通过听你能学到很多以前不知道也想不到的东西。

如果有的人在选择工程师和试运营代理之间犹豫，能否解释下它们各自的特点？

> 对我来说，工程就是设计解决方案。试运营是为了确保这些方案能够达到预期的目标。工程师是在一块白板上开始建设，试运营则是帮助指导解决方案。工程师们可能被要求设计一些以前从未设计过的东西。试运营部门则是负责确定某些东西为什么不工作、消除噪声、找出问题的根本原因。

对那些希望进入绿色工程专业的人，有哪些建议呢？

> 建议 1：不断学习。当沉浸在绿色世界超过 8 年（最高的能源效率经验是 20 年），我很高兴现在每天还能够学到很多绿色世界中有价值的新鲜事物。我每天至少花一个小时研究那些我不太了解的新事物。

建议 2：不断发掘人际网。由于你并不了解绿色方面的一切，所以你需要尽可能多地结识当地绿色行业中的人。许多城镇都有自己的绿色网络群体（比如 Green Drinks，或 USGBC 分会）的定期会面。专业人士在某些方面可能会为你提供非常重要的绿色资源。一个高效项目团队是由各方面绿色专家组成的团队。

建议 3：确定一个关注点。在找到你所在地区的绿色活动和企业后，你应该选择绿色世界中的一个方面来重点关注，显然，你需要选择一个你非常了解的主题。你不仅需要选择某个感兴趣的学科或某项技术，也需要考虑你希望提供的支持类型，如设计、金融、营销、建设，和 / 或认证支持。想要获得最大的成功，需要让其他企业认可你作为一个专家可以轻松地帮助他们实现绿色目标。

——Jay Hall，PhD，LEED AP Homes，Jay Hall & Associates，Inc. 总裁

> 建议 1：多参与你喜欢的志愿者工作。

建议 2：多在贸易期刊 / 杂志 / 报纸上发布文章，你不需要是一位专家——你可以简单地收集各种"专家"的观点 / 事件 / 技术，并对此提出自己的解释 / 评论。

这两点都可以帮助你建立知名度和人际网。

建议 3：要实用。作为一种商业模式，绿色需要有一定的吸引力（能够赚取更多利润、降低成本、提升股价、吸引客户 / 顾客、降低公用事业成本、减少税收、提高人工生产力 / 留存率 / 招募、满足企业要求等）。

建议 4：不断学习。可以参加培训课程，阅读报纸杂志等等。

——John C. Adams，PE，LEED AP O+M，John C. Adams，PE & Associates 乔治亚理工学院（退休）

绿色工程师资源	
美国工程公司委员会 http://acec.org	美国加热、制冷和空调工程师协会 www.ashrae.org

绿色室内设计师

室内设计在行业预测中从 2008 ~ 2018 年将会快速增长将近 20 个百分点。另外，室内设计包含两个领域：室内空气质量和能源，这两个方面也是未来将备受关注的重点。当过敏与哮喘人群数量在持续上升，室内空气质量和相关知识对于设计师来说已变得越来越重要。据预测，那些在照明、设备、电器等方面具有高效节能解决方案的室内设计师，将在未来的就业市场中具有绝对的优势。[9]

McCormick 会展中心大厅，向西延伸（LEED NCCertified）。公司：（LEED NCCertified）。摄影：BRIAN GASSEL / tvsdesign

Visionary Humanitarian

KIRSTEN CHILDS，ASID，LEED AP

Croxton Collaborative 设施规划及室内设计总监

你是如何成为一名优秀的绿色室内设计师的？

> 对室内设计和自己在团队中的角色有很好的理解是一个基础，我在可持续设计这条道路上的成长是来自于希望通过提升空间质量从而改善普通工作者们的工作条件的愿望。早在 20 世纪 80 年代，我们对绿色或是可持续设计的了解并不多，但常识告诉我没有窗户、内部办公室，缺少户外（新鲜）空气、头顶闪烁不断的荧光灯无法为越来越多的工作者提供最优化、最舒适的工作条件。

我为改善条件所做的第一项努力——开放走廊尽头的窗户，打开几扇行政办公室的窗墙让员工能够获得更多的阳光和景致，在周围的墙体上增加天窗或玻璃门，安装任务 / 环境照明系统，并坚持在新建筑和翻新改造建筑中增加可开启窗，这些特质从人道主义方面极大地改善了早期项目。这些工作使我们赢得了 1986 年自然资源保护委员会（NRDC）在纽约的总部大厦项目——这是全美第一个综合可持续发展项目。

在这条道路上你是如何不断扩充自己环境方面知识的呢？

> 在我开始追求所谓"环保明智设计"时，"可持续设计"这个术语还没有出现，也没有导师或是可用的教育资源，因此 NRDC 成为一个极重要的客户。他们要求减少建筑物能源消耗的需求恰好与我们希望提升室内环境质量的努力一致。在 NRDC 的支持与鼓励下，Croxton Collaborative Architects 和我的工作室一起，我们开发的基础准则后来成为绿色建筑运动的基本标准。这肯定也应该算是"在职培训"了吧！

能否给出一些在项目中收获的比较重要的经验？

> 一个关键性的考虑因素是要在设计流程的开始就将绿色计划融入综合性团队中。设计师要留意包括开发商、所有者、所有者代表、维修人员，以及专业小组在内的团队成员。没有什么比那些坚持认为可持续设计只不过是当前时尚的首席执行官或高级维修工程师能够更快地对项目产生破坏力。这样的人会对项目的目标和后续的性能造成不可估量的损害，所以必须尽早使他们成为可持续发展的参与者，这非常必要。要做到这一点，可以使用能源统计，这些都是很容易获取的，很多以往项目的柱状图能够体现设计案例中的成本基础与节约对比，节省资金是一种强大刺激推动力！

由于室内设计师对这些战略所做的巨大贡献，另一个类似的例子是关于通过绿色设计提高工人生产力水平。

虽然量化更具有挑战性，但资金的节约显然比能源的节约更能打动人。一个待遇良好、环境舒适的工作队伍是机构的最大资产，这种方法也是提升公司最终效益的不二法门。

健康热情

CLIFFORD TUTTLE，ASID，LEED AP ID+C，NEWH
ForrestPerkins 高级副总裁

你是如何开始自己的环保之路的？

>ForrestPerkins 被委托作为 Nines in Portland 或是一个要求 LEED 银级认证酒店项目的室内设计师。作为项目的设计总监，我开始了解绿色建筑的实践，以及如何将它们转化运用在酒店中。不幸的是，当时可以从中借鉴的产品非常少，但设计团队还是努力开发了一个对环境负责、经济上可行、有利顾客健康但又不影响客户体验的豪华酒店设计方案。在这个过程中，我考取了 LEED 专业认证，这也提高了我在环境设计方面的知识量。

我的知识量在我朋友和导师——Penny Bonda 和 Lyndall De Marco 的帮助下日渐深厚。在参与 ASID 可持续设计委员会的过程使我有机会与强有力的领导者公事并学到很多。

随着 NEWH Sustainable Hospitality 的发展，通过其令人惊叹的可持续项目经历、领导论坛和教育计划，我们汇集了酒店业主、开发商、运营管理公司、建筑师、设计师，和制造商一起工作来提高大家对酒店行业可持续设计重要性的认识。

对那些希望进入绿色室内专业的人，有哪些建议呢？

>那些绿色专业的新人需要了解的是并非所有客户都喜欢可持续设计方案。室内设计师需要做的事为客户提供开发设计战略的各种选择，让他们可以了解到可持续方案的价值和知识理念。如果方案对客户来说颇具意义，那么就很有可能成为最终执行的选择。但不幸的是，可持续方案如果无法做到削减预算，那么对大多数客户来说便没有意义了。理解对某个客户来说极具价值的方案对另一个客户来说并不一定适用。

你的工作是帮助绿色元素融入酒店行业，你认为在这个过程中遇到最大的阻碍是什么？

> 我们与几个酒店品牌和其所有者公司的讨论激起了他们巨大的兴趣，一种新的环境友好型酒店正在成为市场需要。

在 2009 年 10 月时我被委派进入 LEED 酒店工作组，这是一个有所有者、运营商、开发商、建筑师，以及作为室内设计师的我组成的团队。该工作组包含奢侈品牌和独立精品以及有限服务品牌。在我开发 LEED 住宿标准时其中一个有趣的谈话是关于目前很少有人能意识到酒店客房中的所有设计都是出于习惯性的。装箱货物和软垫座椅的新标准将为项目带来低排放材料。该标准是可实现且可测量的，不会因第三方认证引起增加成本的问题。

为什么说对酒店市场部分的绿色化尤为重要？

> 酒店业是全球最大的雇主之一。

通常一个旅馆每天每间使用房间的用水量为 218 加仑，所以节水管道装置便是一个符合成本效益的选择，它可以减少 25%-30% 的用水和排污。我们已经从几个制造商那里找到了类似的装置，在市场上也很容易买到，将豪华标准换成这样的装置并不会增加成本。

酒店的能源成本会消耗 4%-7% 的财产收入，这对于许多酒店来说已经超过了他们的利润，如果酒店的能源性能能够平均提高 30%，那么每年节省的电费将接近 15 亿美元。根据 PKF Consulting 的酒店研究小组数据，对于一个全服务酒店来说，能源成本降低 10%，相当于增加 1.04 的入住率的同时，平均房价提升 1.6%。

O' Melveny：接待休息区（LEED CI Gold）
公司：Gensler. 摄影：
DAVID JOSEPH

对那些希望进入绿色室内专业的人，有哪些建议呢？

> 可以通过培训或教育多多获取知识，并将所学知识运用在你的项目中，同你的团队集思广益一起解决可持续方案。要有创造力，并多与导师沟通。记住一点，美是最重要的可持续属性，我们都是被大自然的美丽所鼓舞着。

——Rachelle Schoessler Lynn，FASID，CID，LEED AP BD+C，Meyer，Scherer & Rockcastle，Ltd. ASID 主席

> 建立信誉，寻求认证。诸如 LEED 和 REGREEN Trained 的项目不光能够为你提供基础知识，还能帮助你建立作为绿色专业人员的权威。

多多阅读，信息的摄取是至关重要的，知识就是力量。阅读所有你能够获取的书籍、期刊、报告、研究、参考材料。通过订阅各类博客可以使你了解当前的新技术和创新材料，这也会为你节省很多收集信息的时间。

多参与。参加如 ASID 或 USGBC 这类的专业协会。积极参加社会活动、继续教育课程，以及公益项目有助于扩展你的人际关系网，而增加的人脉也会带来很多新的机遇。

——Lori J. Tugman，Allied Member ASID，LEED Green Associate，美国室内设计师协会 可持续发展设计协调员

> 寻求对建筑中所有可持续系统的意义和相互关系的理解，对可持续知识的掌握不应仅局限在室内设计的范围。实施可持续战略时眼光要放长远不应局限在眼前的资源。尊重并不断提升自己的专业知识，并认识到在这过程中你能够带来的价值。

——Jennifer Barnes，IIDA，LEED AP ID+C，RTKL Associates Inc. 副总裁

> 跟随你的激情与天赋，通过学校教育或继续教育使自己紧跟当前的方向与技术。

寻求加入各种组织和委员会的机会，努力工作，不断建立起自己的人脉关系。

——Penny Bonda，FASID，LEED AP ID+C，Ecoimpact Consulting 合伙人

绿色室内设计资源

美国室内设计师协会（ASID）: 可持续设计
www.asid.org/designknowledge/sustain/
国际室内设计协会（IIDA）: 可持续发展论坛

www.iida.org/content.cfm/sustainable-design
REGREEN（ASID and USGBC），绿色住宅改建
www.regreenprogram.org/

艺术家渲染的 Stroud Water Research Center。公司与图片：M2 ARCHITECTURE，MUSCOE MARTIN，美国建筑师学会

绿色景观建筑师

　　景观建筑领域的企业家比比皆是。美国劳工统计局显示，这个行业约有 21% 的人是受雇于自己的。这个数字几乎是其他职业领域的三倍。景观建筑师的职位数量预计在 2008-2018 年间将会有 20% 的增长，远超行业平均增长速度。景观建筑师是建筑结构和其对周围自然环境造成影响之间的重要连接。传统的景观建筑可以扩展到环境整治、区域规划和水资源管理。无论是在整体景观（新的和现有结构）还是如绿色屋顶设计和创新暴雨管理系统等绿色革新举措上，景观设计都将对其发挥用途有所助益。[11]

土地 + 景观 = 从业者 + 教育家

KELLEANN FOSTER，RLA，ASLA

Visual Interactive Communications Group 管理合伙人

宾夕法尼亚州立大学景观建筑系副教授

《*Becoming a Landscape Architect*》一书作者

你是如何成为一名景观建筑专家的？你会向其他人推荐这条这样道路或是资源吗？如果不会，你有怎样其他的建议？

> 我本来是希望成为建筑师或是护林员的。在互联网时代之前，一位高中指导顾问建议我去调查一下景观设计师这项职业，于是我写信给美国景观设计师协会，并收到了他们的回复。我申请了两所大学，对于任何向成为景观设计师的人来说，无论是本科或研究生学位，想要毕业你需要一个能够得到认可的项目。学校的选择很重要，但并非所有的学校都提供景观建筑学学位。美国景观设计师协会仍然是一个很好的资源，如 Landscape Architecture Foundation。

你的工作是学术（在宾夕法尼亚州立大学景观建筑系任系主任）和企业（ Visual Interactive Communications Group 的管理合伙人）的融合，那么这两个职位是如何相互影响的呢？

> 这两个职位其实是互补的。我和商业伙伴 VICgroup 所做的大部分工作都是与我的学术专业所需的奖学金和创造性活动有关的。在我担任宾夕法尼亚州立大学景观建筑系行政职务时，我必须有能力代表我们行业的各个方面。

由于宾夕法尼亚州立大学有两个认可的学位（本科和研究生），所以我认为自己作为注册和执业景观建筑师有必要保持一些专业经验。

通常在最好的情况下，景观建筑是如何与区域规划以及城市规划融合——如何与建筑和土木工程这些领域重叠的呢？所有这些学科是如何以成功实现最终目标为契机汇集到一起的？

> 当今世界需要解决的问题对于任何一个单独的人或专业来说都是很难处理的。最成功的规划和设计就是由许多专业的专业人士与公共或是地方利益相关者共同合作完成。根据我的经验，最终的成功需要所有学科从一开始就共同努力——大家的想法如果从一开始就能得到承认和尊重，就必然会产生更好的结果。

在景观建筑领域那些工具是你最感兴趣的？

> 我的大部分工作都是围绕着与 Jane 和 Joe Citizen 共同设计他们未来期望的社区样貌。大多数非设计者很难理解基本的平面图或是文本的要求（如尺寸、道路宽度等），只有当实际看到建成图时才能明白。三维动画，甚至电影短片正在越来越多的被用于协助沟通设理念上，在我们 PennSCAPES 的项目中———款在线精明增长意识工具——我们使用一系列有用户控件交互的 Flash 动画，让人们学习了有关设计的策略。

这是用户选择方案和图像变成便于比较的例子

社区利益的例子，用于点击箭头就可以看到建立在设计理念意识上的照片

在实施精明增长中一个最棘手的问题就是构思拙略的土地使用政策。许多地方将过时的政策当做当地通用的法律术语。作为一名景观设计师，Kelleann Foster 和他的团队设计了一款方便普通民众理解和沟通设计的工具。PennSCAPES 对于其使用者的最大价值在于帮助他们理解负责、又相互关联的设计和土地使用问题，它也有助于激发观众们相信精明增长的发展在他们社区是能够真正实现的

图片：COPYRIGHT PENN STATE DEPARTMENT OF LANDSCAPE ARCHITECTURE

透明提供照明

JAMES PATCHETT, FASLA, LEED AP
Conservation Design Forum（CDF）创始人兼总裁

你说过 CDF 在失败和成功中学到同样多的东西，那么你能分别举例说明吗？

观察颇具吸引力的一体化设计方案必定会有所收获，其性能可能超出工程和生态方面的预期。例如，以水为基础的绿色基础设施系统，如果经过精心设计、建造和维护，往往能远超出它最初估计的水文性能。

另外，作为一个专业人士，在一系列的失败中我学到了最重要的教训之一。在 20 世纪 80 年代的一段时间里，我基本都在参与湿地缓解设计。我和我的同事负责处理湿地过程的所有阶段，包括湿地划定，办理许可，缓解设计，试管管理和按照法规的施工后检测。无论我们对待细节的设计多么严谨，但最终这些沼泽栖息地在两到三季后就变得杂草丛生，几乎所有的原生物种都消失了。

在 20 世纪 80 年代末，我遇到了 Gerould Wilhelm 博士，他是伊利诺伊州 Lisle 的美国莫顿树木园的植物学家和生态学家，后来成为我在 CDF 主要的合作伙伴之一。一天午餐时，我说起了自己在湿地修复中的失败经历。Jerry 只是解释另一个简单的事实，但这改变了我对生态系统的理解，也促使自己对专业有所顿悟。他说由于我"破坏了植物法则"，所以大多数大部分生长在这些受雨水影响的湿地栖息地的原生植物都无法存活。简单地说，"植物只生长在他们适应的栖息地。"

他接着说，从历史来看，北美的陆地生态系统，特别是中西部上段的高草草原生态系统，能非常有效地吸收当地降雨。很少会有水停留在土地表面。纵观这个地区和北美洲大部分大陆的历史水文模式，就会发现他们基本都是由地下水水文和降雨一起占据主导地位。最自然的湿地和水生生态系统，包括湖泊、溪流和河流，主要由持续不断的地下水排泄形成并维持。我们几乎所有的当地陆地和水生生物，包括植物群和动物群，都适应了这些渗透、蒸发、蒸腾、地下水排泄、一致的水文特点，以及稳定的水化学。

传统的土地开发和水资源工程实践，一般都是针对封闭的雨水排水系统中的收集和雨水径流输送，这些会造成排泄点过于集中，相关的水量和流速难以降低。所以基础的目标是通过法律允许的方法将水从它的下落的地方以快速和有效方式移开。

我们所有的教育，创造力，与实践经验都被嵌入了一个教条的概念，水被视为一种废物而不是一种自由。

这种方法几乎总是违反了流域管辖的水文历史规律。

在典型的城市和农业环境中，水生系统包括湿地、湖泊、溪水、河流经常遇到水体流速和体积的快速波动，生成对地表水径流的完全回应。这些雨水流量的组合被集中在一个景观，这里有原有的土壤，和由完全不同类型的水文和水化学进化而来的动物群和植物群。这种转变的侵蚀力是非常惊人的。排水沟被变为之前没有任何表面排水系统的景观。

简而言之，这里的原生植物不是经过长期的，在不断被泥沙、受污染的地表径流淹没的栖息地不断成长起来的。你可能会欣赏我这些年作为一名景观建筑师、环境规划师和水文学家在教育培训和专业实践中所遭受的挫折，我之前从未接触过水文学的基础和重要的原理。这个基本的理解改变了我整个专业的焦点。实现所有类型的土地利用始终是我们努力、尽最大可能完成的目标，包括生态恢复，在一定程度上恢复场地和区域范围稳定、清洁、以地下水为主的水文系统。我们成功的程度从本质上取决于我们是否能使其余的生态系统恢复健康，或者重新创造支持生物多样性和系统稳定性的必要条件。

对那些希望进入绿色景观建筑专业的人，有哪些建议呢？

> 训练自己成为文艺复兴式的思想家。走出固有模式获取全位的教育，包括艺术、社会、环境科学以及工程。有趣的是，一个历史上景观建筑师被一些群体视为是"什么都会点，但都杂而不精"的人。在我看来，这是行业的力量。我认为没有其他的当代教育像设计领域这样在艺术、工程学、科学方面受过如此全面的训练。也就是说，首先获取全面的教育，然后选择你专业中的至少一个领域使其在工作中不断得到深化。

其次，你必须学会掌握你所知道的，欣赏你所没有的。没有一个人或专业拥有全方位的培训、技能和生活经验来完成高性能的真空中的设计。它需要多学科的专业团队共同协作，团队成员都是各自领域的专家，以一体化的方式完成过程的规划和实施。

——Jim Patchett，FASLA，LEED AP，Conservation Design Forum 创始人兼总裁

> 对于那些有兴趣进入景观建筑行业的人，你有哪些获取入门经验方面的建议吗？

> 获得经验的一个好方法就是参与当地的绿色行业社交聚会。这是一个特别的机会，可以见到很多领先的绿色专业人士，如开发商、建筑师、银行家和产品代表，并有机会与他们交谈。了解当地的本土植物材料也是一个对进入专业领域来说非常有用的技能。可以考虑在校期间在当地苗圃兼职，或在从书本中获取当地植物的知识。

——Nicholas Harrell，ASLA，CORE Landscape Group

景观 + 艺术

STEPHANIE COBLE, RLA, ASLA **EP**
HagerSmith Design PA 景观设计师

是什么让你选择绿色建筑作为职业（或志愿者）？

> 我一直热爱和尊重自然世界和艺术。在我还是孩子的时候，当家庭成员让水流太久不关或是浪费资源时，我都会感到烦恼。随着我的成长，我总觉得人类与自然世界变得不平衡，这也使我感到烦恼。当我在大学里听说一门叫做生态革命的课程时，我立刻报名了。真的，我一直觉得这就像是一个呼唤。

能否跟我们分享一个绿色建筑的故事呢？

> 我参与的 Builders of Hope（BoH）志愿者日确实影响了我以及其他许多人的生活。这是两年前开展的一项年度活动，每年都有增长的势头。我有一个想法，我们的USGBC 分会也应开展志愿者日，使我们的会员有机会回馈社区，在推进我们的使命的同时也可以获取一些绿色方面的亲身实践。他们（BoH）是在一个非营利性的保障性住房开发商，在三角区运用三重底线方法，首先，集团进入了一个破败的街区，并以非常实惠的价格购买了土地。下一步，房屋会被拆除并运往垃圾填埋地。BoH 将这些房屋已节能和绿色环保的方式进行修复，然后将他们作为低收入者也能负担得起的房屋出售。因此，绿色保障性住房被出售给服务水平较低的人群和社区。此外，BoH 也有一个针对高危青年和非暴力性的前罪犯的导师计划，可以教授绿色施工技术，以帮助他们更好地生活。

作为绿色施工工作的替代，我们决定将实践进一步扩展，提供现场绿色产品安装演示，步行前往社区和家庭，提供能够负担得起的绿色主题教育课程和设计研讨。大约130 人参加，包括 Triangle USGBC 成员，和一些相同志愿的机构、市领导、大学生、社区居民。该活动受到了来自市长、新成员，以及分会志愿者的支持。

对于那些正在考虑进入绿色建筑领域的学生，您有哪些建议？

> 在校期间尽可能多的学习知识。重复参与和利用学校提供的绿色课程、校园组织如 USGBC 学生小组等、绿色实习和一些学校和当地社区中的创新活动。当你在学校时会拥有一种工作世界中很难找到独特优势。作为一个学生，你有很多可以自由使用的资源，比如尖端的技术，行业中的领导者，跨越多领域的资源研究等。

你的专业和志愿者经历是如何帮助并丰富你的职业生涯和个人生活的？

> 除了在 Triangle USGBC 的工作，我还协助创建了一个公司内部的绿色委员会，HagerSmith Design。我创建了一个免费向公众开放的一流双月午餐系列（an award-winning bimonthly lunch series），涵盖了广泛的可持续发展主题，能够吸引开发商、房地产代理商、设计师、施工管理人员、政府工作人员、工程师和学生。作为一个社区服务项目，我公司负责提供为 Raleigh 市中心的老年保证性公寓综合体的两个外部空间提供"绿色"改造示意图。这是一个令人惊叹的社区研讨会流程，许多人都参与到这个中来，我们工作室负责完成设计后的下一阶段工作，以及各项建设文件。

Renaissance Schaumburg Convention Center Hotel，伊利诺斯州绍姆堡。水上花园的雕塑由 John Portman 完成。公司：John Portman & Associates。摄影：JAMES STEINKAMP

对于雇用绿色景观设计师，你觉得哪个方面至关重要？

我希望能找一个重视保护的人，他能对自然系统有广泛的理解，并能把场地的设计服务于保护生态系统和连接人类福祉上。

——Stephen Cook, ASLA, LEED AP O+M, The Brickman Group, Ltd. 客户经理

绿色景观建筑资源

美国景观设计师协会（ASLA）：www.asla.org

ASLA Sustainable Design：www.asla.org/sustainabledesign.aspx

《 *Becoming a Landscape Architect：A Guide to Careers in Design* 》, by Kelleann Foster：
www.wiley.com/WileyCDA/WileyTitle/productCd-0470338458.html

绿色城市规划师

　　城市规划，从本质上讲，是着眼于三重底线（经济 / 社会 / 环境），从事于多个建筑物规模的社区规划。联邦政府的评估报告再一次显示了就业市场的迅速增长，预计从 2008 ～ 2018 年将会达到 19% 的增长率。一些城市规划师的未来工作预计将关于雨洪管理和解释环境法规。[12]

Ponce City Market 鸟 瞰 图，开 发 商 公 司：Jamestown Properties，Jamestown Development & Construction. 图 片：2011 GREENBERG FARROW

城市媒介

TED BARDACKE，AICP

Global Green USA 绿色城市计划高级助理

城市规划师与绿色城市规划师有哪些区别？

> 美国城市规划大多是关于现有土地利用和分区政策的管理。你可以到当地政府柜台进行一项叫作"当前规划"的计划审查，来查看你们当地条例和规范的应用。但绿色城市规划不只满足于这种模式，这是一个哲学上的差异，生态城市规划师只是对行政方面的工作不感兴趣；可持续城市规划师更注重环境的平衡发展。他们都着眼于生态系统的系统性思考，研究长期的生态问题，包括气候变化和能源/水的使用。所有的事物都有其社会和经济的组成部分，绿色城市规划师可能只是更多的通过环境的镜头来看问题。

您作为 UCLA 环境设计教授，你会给正在读这本书的学生怎样的建议呢？

> 1. 规划可能是"触动情感"的；如果你决定涉足其中，请做好准备。

2. 绿色城市规划师必须能够量化事物；如果你害怕数字，那么需要努力克服。决定大多基于量化影响/方案选项/潜在成功。

3. 你应该对事物的运作有一种天生的好奇心，例如，建筑中的通风系统是如何工作，或污水处理厂是如何运行的？

能够有这些类型的讨论是关键。规划师往往是通才；你需要完成一些事情再与专家对话，多听多问，以便更好地解决问题。

你被誉为设计师与金融街的"媒介"，你是如何在这其中构建桥梁的？

> 1. 首先，尝试找出决策者，以及是什么驱使着各学科的决策。

2. 其次，作为媒介，尝试给人们传递一些能够影响决策的信息。

3. 建筑师可能会关注这三个问题，工程师会关注另外两个，开发商则是会关注其他五个不同的问题。我的目标是给所有人带去足够的信息，以便达到大家都满意的结果，这其中的诀窍是从各个方面提取所有信息。不过，客户不只是寻求便利和分析，他们也希望得到你的建议，客户想要的是你的想法而不仅仅是你所知道的。

你是怎么进入城市规划领域的？

> 我进入这个领域的机缘之一与我之前作为记者的职业有关。我对所有面试过的人都会进行思考，我会问自己"谁是面试中最有趣的？"想到的往往是那些从事土地利用、发展和城市规划的人们。考虑到这些，我觉得城市规划是一个很不错的职业。当这些信息已经明确的时候我就想"哦，我觉得我可以……"，所以有时候不要过于理智。

在别人正在做的事情中找寻灵感，多看看你认为有趣的事物。

学生们似乎经常在想："你擅长什么？"或"你追求的标准是什么？"这些往往会通过在线咨询的方法变为职业道路（这可能只对一些人有用）。然而，它可能是一个更直观的决策过程。

跨学科研究

TONY SEASE, PE, RA, LEED AP
Civitech, Inc.

你有建筑学和土木工程学位，因此具有独特的背景 / 视角。这两个领域是如何影响和形成你的城市规划中所用到的方法？

> 每一门学科都是与设计和它在形成建筑环境中所承担的角色有关。虽然一个被认为更具技术，而另一个更艺术，但他们都需要创造力、熟练的技术，以及对设计实践工作内容的了解。我相信无论具体学科，有一个设计背景都是非常有益的。更重要的是，我认为交叉学科是通过多种镜头看问题以及面对挑战的关键。选择其中一个镜头可以很容易，或许也可以是非设计方向的角度，如金融、法律或公共政策。

至于推荐的道路，我建议至少进行两门学科的研究，而且都要达到专业化的程度。在项目的启动、设计、批准、实施和使用中通过与设计团队、客户、监管实体，以及其他人的合作来扩展自己的视角是非常重要的。

你 /Civitech 曾与该领域一些非常有名的建筑师和规划师合作——Duane，McDonough，Arendt。这个过程中是否带给你一些有趣的经验？

> 那些愿景家和其他与我一起工作的领导者都有一个共同的特点——拥有巨大热情和极高技术精准度的沟通能力。他们沟通的范围包括文化和技术，信息量之大远超绿色设计领域。他们非常熟悉政策，政治、文化、经济背景，每一个都是倡导可持续和弹性建筑环境的重要舞台。

对于未来的绿色建筑概念最让你害怕和激动的各是什么？

>21 世纪全球城市化给予并需求创新，尤其是在水和能源方面。在过去 100 ~ 150 年里我们规划和基础设施的孤立系统概念已经彻底被改变，这种转型需要很多领域的改变，从我们的教育系统机构到政策领域再到金融。在许多情况下我们对于创新和常识需要的要求很少，因此错综复杂的制度结构，以及制度化实践等等常与基本的最佳实践冲突，无论是历史悠久的本土方法还是尖端的创新方式。

吸引人的倡导者

ERIN CHRISTENSEN, AIA, LEED AP

MITHUN 副董事

对于那些正在考虑进入绿色城市规划专业的人，您有哪些建议？

> 对合作保持开放的态度，提高团队合作能力。绿色规划依赖于个学科、部门和社区之间的合作。一体化方法是成功的关键，它能在实践中引导过程效率的提升。

Lloyd Crossing 引入了"前期开发指标"的概念，这是一种对栖息地、水、能源使用的测量方法，也为仿照自然系统规划城市关键，减少环境影响提供帮助。俄勒冈州波特兰，Lloyd Crossing 可持续发展总体规划。公司与图片：MITHUN

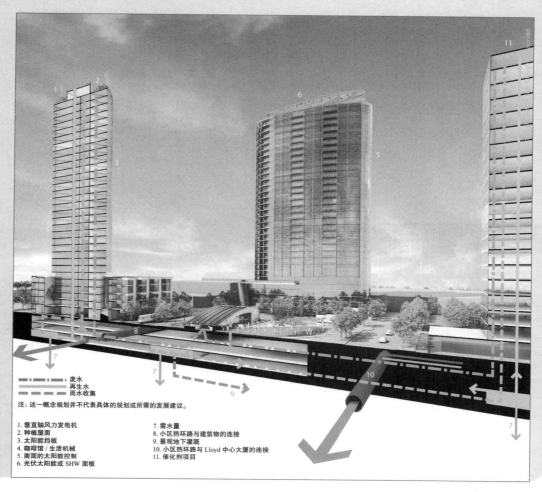

废水
再生水
雨水收集

注：这一概念规划并不代表具体的规划或所需的发展建议。

1. 垂直轴风力发电机
2. 种植屋面
3. 太阳能挡板
4. 咖啡馆 / 生活机械
5. 南面的太阳能控制
6. 光伏太阳能或 SHW 面板
7. 需水量
8. 小区热环路与建筑物的连接
9. 景观地下灌溉
10. 小区热环路与 Lloyd 中心大厦的连接
11. 催化剂项目

紧跟最新的政策、技术、研究和资金动向，这些总是在不断变化。

寻求专家或是顾问分享您的想法，而且可以收到可持续发展方面的建议。使团队建立在公平、健康、经济／可行性的基础之上。

你能解释连接城市形式到社会基础建设的最新认识的重要性吗？

> 正如我们环境的物理组成——比如进入公园，人行道的宽度，和我们的家园——这些都影响着我们的福祉，社会基础设施对我们的生活有着重要的影响，如促进保障性住房建设的包容性区划政策，或是许可要求如何影响农贸市场，都与支撑社区的多样化和健康化息息相关。在实际应用中，邻里重建计划可能会解决土地用途的街道宽度，以及一个新的社区中心或创建一个社会服务项目的规划。至关重要的是，可持续规划解决的物理、社会和公平的组成部分可以支持自给自足的社区。

如果有人希望成为一名绿色城市规划师，你会推荐什么样的经验？

> 参与你的地方规划委员会或社区小组，亲眼看到决策过程和社区投入在其中扮演的角色。我还建议多参与USGBC 和 CNU 的活动，了解更多促进利于行人的、充满活力的、资源智能社区的可持续发展规划。你可以作为公民、倡导者、志愿者参与，也可以以专业人士的身份参与。你会发现，特定的问题在每个地区都变得更有意义，这也是这个领域令人着迷的部分之一。

绿色城市规划资源

美国规划协会（APA）：http：//planning.org

美国新城市主义协会：www.cnu.org/

新城市主义：www.newurbanism.org

精明增长：http：//smartgrowth.org/

城市土地协会：www.uli.org/

《*Becoming an Urban Planner：A Guide to Careers in Planning and Urban Design*》，作者：Michael

Bayer et al.：www.wiley.com/WileyCDA/WileyTitle/productCd-0470278633.html

> 对于那些正在想要进入绿色城市规划专业的人,您有哪些建议?

> 成功的绿色城市规划师是那些拥有许多不同领域知识和技能的人,这些领域包括:土地使用、环境规划、公共卫生、社会公平、城市设计、空气和水的质量、交通规则、房地产开发(住宅/商业/混合使用),以及自然资源的保护,等等。努力寻找机会探索这些领域的问题。

获取经验。最好的规划师是那些利用经验证据来表达意见的人。探索新的地方,观察他们的功能(或为何无法发挥功能)将有助于规划者更好地了解如何在规划他们的项目社区。

多问问题。城市杂乱无序拓展发展持续至今,部分原因来自人们害怕改变。大多数社区不想扩展,但他们的规划、政策和法规已经过时。不要试图去接受这样的回应"这就是为什么它总是这样做",要大胆些!

——Jessica Cogan Millman,LEED AP ND,The Agora Group,LLC 总裁

> 规划师需要多思考问题并将其转化为了解可持续概念的科学基础。复制别人正在做的事非常容易,慢慢地你会觉得为另一个问题而制定的解决方案也能适合手头上的项目。我们需要通过仔细研究问题和数据,才能了解如何最好地解决问题。

规划师应寻找机会多与其他学科的专业人士合作。可持续发展和绿色规划问题跨越了许多行业的专业知识,所以发展绿色解决方案往往需要这些合作。

——Michael Bayer,AICP, 环境资源管理公司,《Becoming an Urban Planner》一书联合作者

绿色房地产专业

诸如拥有、租赁、管理、购买和出售建筑物以及土地等的交易都是绿色房地产专业人士的领域。他们可以与租户一起拥有和管理一座建筑,或是作为经纪人参与租户寻找办公楼内租用空间的交易。房地产市场的关键驱动因素是财产、建设、以及租户激励政策的价值。这些驱动因素是一些具体的数字,如节约能源或增加租金率,而也有一些无形的衡量比如如何提高工人的生产力的问题目前就正在积极的研究中。McGraw Hill Construction 2007 年 CRE 精明市场报告就租户需求采访了 190 位 C 级(顶级)高管,发现房地产有两个核心特征。该报告的调查结果包括以下内容:

- 67% 的人将绿色建筑视为市场差异化优势。
- 82% 的人预计在未来两年中他们的房地产的绿色化程度将至少到达 18%。[13]

　　事实上，RREEF 研究指出，"绿色建筑正在以指数级增长，自 2000 年起，绿色建筑的总面积以约 50% 的复合增长率快速增长。美国商业地产的增长率约为 25 倍，平均每年略低于 2%。"[14] 这种增长显示了所有房地产专业人士已经在向绿色相关职位的扩展。

　　虽然房地产所提供的产品非常广泛，以下是这一领域几个关键职位：

- 经纪人：买卖双方所有交易的中间媒介。

- 实施经理：管理一栋建筑。

- 研究员 / 顾问：对区域、地理、市场状况和趋势等进行分析，已确定该房产是否值得投资。这些建议可能是内部提供给房地产公司也可能是通过咨询提供给客户。

- 投资者：这一组的房地产专业人士考虑的是提供研究和建议，然后决定何时何地进行投资。

　　每一个绿色房地产行业都会通过环保的角度看待建筑。经纪人寻求绿色建筑地产，设施经理通过购买和维护使建筑以绿色原则运行，研究人员和投资者将例如使社区充满活力等社会和环境等因素作为考虑重点。

加利福尼亚州旧金山市，Four Embarcadero Center。鸟瞰 Justin Herman Plaza，约于 1985 年(LEED EB Gold)。公司：John Portman & Associates. 图片由 JOHN PORTMAN AND ASSOCIATES 提供

智能回收

GREG O'BRIEN, LEED AP BD+C

Grubb & Ellis 清洁能源 高级副总裁

你能说下自己在这条道路上的教育和经验吗?

> 我相信一个人应该关注他所热爱专业以及他所关心的主题的各种机会———一些人将这种关注力称为"热情"。我曾在负责写字楼的租赁和发展业务,在 2003 年我读了一篇关于未来绿色办公建筑的文章,我第一次认识到这个术语,并在好奇心的驱使下做了很多调查。两个多月后,我成为佐治亚州第一个达到 LEED AP 认证的商业地产经纪人。

房地产住宅小区在绿色建筑的商讨中有哪些独特之处?

> 商业地产有许多观点,但共同之处在于,每一个决定必须有"回报"———或者说投资回报率。特别是在经济衰退中,每一美元的开支都需要考量它能否产生收入或减少开支。当投资者和地产所有者普遍处于金融生存模式是,环境方面的考虑便被迫退居二线。但也有将环境责任当做必要考虑的公司 / 用户 / 租户———他们只会选择那些符合这些目标的地产。然而,一个共同的主题是,下一代的建筑将与之前的大不相同。

能否给出一些在绿色建筑项目中收获的比较重要的经验?

> 2004 年,在曾参与 Intellicenter 工作室开发项目的时候,我很惊讶的看到太阳方位在未来建筑节省运行开支(制冷和制热)方面的重要性,除此之外它还可以减少机械系统的大小。将建筑沿着东西轴线建造,适当的太阳方位是一笔隐形的资产。

我还了解到,地板送风在理论上能够为居住者提供更多的舒适度,但实际安装和运行这样一套系统是具有挑战性的,尤其是在多租户的建筑环境中。但这是一个学习和经验积累的过程,每一个项目都会比上一个完成的好一些。

此外,我对饮用水的廉价感到惊讶,因为这对我们整体的生活方式至关重要。前期投资大量资金以减少水的消耗往往需要一个很长的投资回报期,因为水的实际成本很小。事实上,我国最大的电力用途之一就是移动和净化水资源。所谓的能源 / 水关系与社会有着直接的联系,减少一个人的需求就应该同时也减少其他人的需求。

你对绿色建筑 / 房地产的未来有怎样的预测?

> 大多数商业地产和相关建筑物都会向中性或积极的环境影响方向演变,而那些没有的将会很快被视作功能过时的建筑,从而大大失去原有的市场价值。

投资房地产将寻求获得认证的节能与环保责任的地产是一种能够降低风险因素的做法。开发商将授权按照如 ASHRAE 189.1 的标准设计和建造,并需要提供高科技设施以吸引 X 一代和千禧一代中的市场。

各种商业地产的用户和租户将逐渐发现他们的消费模式将被记录并计算对其碳足迹的影响。新一代的劳动力对于不刻意寻求降低对环境负面影响的机构或是大楼会变得无法接受。

房地产经理已经被一些团体如 BOMA、IFMA、USGBC 等充分证明是一项很有前途的实践职业。替代传统方法的革新机会非常之多，但技术不符合预期的风险也将是巨大的。只要政府的补贴能够吸引商业业务，可再生能源将是电力的稳定贡献者。

商业房地产经纪人将需要了解立法和市场趋势将如何影响各种选项的吸引力。生命周期成本应该发挥更多作用，而不仅仅基于降低成本。

总体而言，支持人类对可持续发展需求的趋势将对未来的商业房地产和在这一领域生活的专业人士带来巨大的影响。

解决方案的一部分

BRIAN LEARY
Atlanta Beltline，Inc. 总裁兼任 CEO

作为一名可持续发展建筑师 / 房地产开发商，能否简要介绍一下您的教育经历和相关经验。

> 我是从小在城市里长大的。大城市里的能源由于种种原因不能匹配华盛顿特区的周围郊区，也就是我长大的地方。我知道这些城市的地方，他们的建筑，和之间的空间几个世纪以来混杂着各种各样的人和想法，而一些人为完成一件伟大的工程而走到了一起。我想成为其中的一部分，我爱上了将脑中的想法变为图纸，然后设计和策划，并使它成为上面提到过的城市结构的一部分。可持续的关注焦点是一个功能怎样能够最好的工作。在自然界，没有浪费，所有的东西都不会是多余或不必要的。城市在最开始的阶段需要坚持可持续发展，因为我们或许无法负担环境恶化带来的影响。只有通过我们在过去千年中的不断进步，才能有现在这样有效的使用能源。我希望能够成为这一切的解决方案而非问题的一部分。

大西洋站（美国一个最大的棕地开发）是你们佐治亚理工学院的研究项目，能否解释一下它概念的产生以及将如何实现？

> 我的本科是研究建筑，早期在一家大型建筑企业就职的经历让我一度对一成不变未来的职业道路感到焦虑——因此，我也把重点放在土地开发和房地产双重领域。当我在进修佐治亚理工学院的硕士学位和忙于 Central Atlanta Progress 项目的时候，我开始了自己毕业作品，标题为"大西洋站——一个可以居住、工作和娱乐的地方"，借此我也于 1995 年进入房地产开发行业。想到参与重建占地 138 英亩 Atlantic Steel Mill 的机会可能非常渺茫，我希望用大西洋站的大师级作品给地产开发领域的未来雇主展现我各个方面的能力，比如我能够承销订单，规划发展计

划，也能够铺设一条通往综合项目的成功之路。从 Central Atlanta Progress 贷款管理人那里得到一些非常有帮助建议，我从中提取了概念并将这些想法告诉了那些能够提供促成这些所需资金、经验和关系的人。长话短说，首先是 Charlie Brown，然后是 Jim Jacoby，我简单介绍了自己的想法，然后他们便雇我来帮助领导重建工作。

大西洋站中央公园大屏幕（项目中的几座建筑以获得 LEED 认证，该项目的设计采用精明增长和新城市主义原则）。照片：ATLANTIC STATION

对于那些希望追随你脚步的人，你会给他们哪些建议？

> 无论你处在人生的什么位置——无论你正在接受高等教育或刚刚开始工作——从现在开始考虑你想要成为什么样的人，学会利用你目前现有的资源一步一步朝你的目标进发。在大学的时候，我得益于教授们愿意与我合作完成他们教学大纲需要的任务，而这些任务又足够灵活，所以那些课程为我的研究和大西洋站的论文协助提供了直接的支持。

能否解释一下 Atlanta Beltline 起源的概念以及未来发展？

> Atlanta Beltline 源于一篇来自与佐治亚理工学院研究生 Ryan Gravel 在 1999 年完成的论文。论文提出了对一个 22 英里的大部分都已废弃和未充分利用的铁路通道回收再利用，并把它转化为一个新的联通经济发展的公共交通系统。Gravel 的论文在毕业几年后才在书店上架，但在此之前他已经鼓舞了很多基层运动，在这个城市的历史上建立了最雄心勃勃的公共工程项目。在一些重要的合作伙伴和支持者的参与下，包括 Trust for Public Land 和 PATH Foundation，我们将眼光扩展到 33 英里的多用途步道，1300 英亩的新公园和绿地，数以千计的保障性住房，以及公共艺术与历史保护。

对于那些正在想要进入绿色房地产专业的人，您有哪些建议？

> 尽早在你的职业生涯中建立个人人脉关系。寻找能够帮助你理解当前任务并对职业规划提供建议的导师。各种协会也能够为你的行业 / 专业提供教育机会。

关注公司报告，在过去的几年中，Global Reporting Initiative 的重点是在北美洲建立报告社区。去年，GRI 添加了一个针对房地产和建设的补充报告制度，因为政府规范的增长潜力，越来越多的企业开始使用像 GRI 这样的报告系统。

不要只关注你工作中的不动产方面，也要密切关注行业的相关信息和影响。必须了解所有房产周围的社区，以及他们对社区的影响。社会责任要求在规划建设过程中，在设计阶段就要考虑与当地社区的协调性，确保开发能够更好的与城市融合。

——Troy Adkins，CoreNet 会员与营销主管

> 房地产开发商是以最终效益为导向的。如果你的大部分房屋都无法找到拥有良好信贷的租户，就不可能获取建筑资金。因此，一切工作回到租金的数字上。如果绿色举措不利于降低租金，那些拥有良好信贷的租户将最有可能转向其他租金便宜的大楼。

然而，如果我能以同样或更少的租金提供给租户，并表示我的建筑在某种程度上来说是绿色环保的，这样的条件显然对租户来说更具吸引力。其实这就像生活中的一切——买方总是希望能用相同的价钱购买到具有更多功能和特点东西。

——Gary Fowler，LEED AP，Gateway Development Services 建筑师

绿色房地产资源

CoreNet Global：www.corenetglobal.org/

商业房地产开发协会（NAIOP）：http：//naiop.org

全国房地产经纪人协会：www.realtor.org

全国房地产投资信托协会（NAREIT）：www.reit.com

绿色设施经理或建筑业主

建筑物的功能与生物体相似，他们需要燃料、维护和管理。建筑物的寿命往往与他们被如何对待有关。住户经常居住于建筑物内，而建筑物的运作则直接影响他们在这些空间中的满意度和幸福感。负责协调这一重要过程的人就是设施经理，可能同时也是建筑的所有者也可能不是。绿色设施经理通常除了大楼也要负责其周围，管理大厦总务、监控能源 / 水效率，以及从纸巾到家具各种材料的购买。设施经理以绿色方式的设施的运作和维护主要包括：

- 害虫综合管理（议定书，低影响农药）
- 绿色清洁流程及产品
- 可持续采购计划
- 固体废弃物和回收计划

Bright Generations 的光架（LEED NC Gold）。
公司：Heery International。摄影 DAN GRILLET

人类的动因

GEORGE DENISE SR., CFM, FMA, RPA, LEED AP BD+C

Cushman & Wakefield (On Behalf of Adobe Systems Incorporated)

Corporate Investor & Occupier Services 全球客户经理

你的核心教育背景是心理学和社会学，和毕业后进修的法学，后来又在加利福尼亚州硅谷一个 600 万平方英尺的校园担任负责人。目前，你是 Cushman & Wakefield for Adobe Systems 的全球客户经理，负责 100 万平方英尺空间的 LEED-EB 白金认证。你是如何在这条道路上获取环境方面的知识的？

> 我从小生长在加利福尼亚州索诺马县的 Russian River Valley，这里是地球上非常美丽的景点之一，这可能也成为之后对大自然和户外活动热衷的原因和基础。后来在童子军中获得保护和自然价值徽章或许也有所帮助，在我大四的时候，在旧金山市中心的 Sierra Club 总部兼职。

我想我可能会成为一个环保主义者，所以我觉得获取一个法律学位或许会有所帮助，但就在这个时候，我决定买房，后来却发现我的收入并不够贷款资格。于是我为 Sierra Club 全职打工，早上去很早，下午上完课再去，白天的时间上学，在夜里周末还要负责装修一所百年历史的公寓大楼，即使对我来说任务也有些重。在这三年中，我意识到我最不喜欢法学，所以在第一年结束的时候我就退出了法学院。两年后，我完成了维多利亚时期的建筑的修复，又换了一个更大的，于是我发现这才是我喜欢的职业，

我喜欢房地产，特别是改善的过程。我同时还发现自己喜欢绿色建筑的概念，和最大限度地提高运行效率。不久后，我便离开了 Sierra Club，去追寻自己喜爱的职业。

我在房地产领域的第一份工作室担任区域经理，负责管理一个投资组合中的较小部分，大多数是低收入公寓建筑。然后我陆续作为区域副总裁和高级副总裁在住宅管理上工作了 11 年多，后来因为一个朋友来到 Cushman & Wakefield 担任商业房产经理。从一开始，能源管理就是我的专业领域之一。总的来算，我管理过 16000 个住宅单元，600 万平方英尺的办公空间，以及零星的工业和零售建筑。

你会向其他人推荐这条道路吗？

> 会的。一个成功的房产经理必须能够身兼数职：簿记员、会计师、分析师、广告代理、营销经理、销售员、勤杂工、公关人员，安全专家，维修经理、顾问、心理学家、教练、监督者，室内装修人，法务人员，客户服务代表，能源管理者，等等。因此，最理想的是能拥有不同的背景，但对关注细节的痴迷和善于操作电子表格软件的能力也非常重要。

根据您对现有建筑的关注，能否谈谈设施经理在可持续发展方便与其他建筑相关领域的区别？

> 设施经理控制他们所管理建筑物的正常运行。设施经理的角色是尽可能以最低的成本提供一个整洁、干净、安全、健康、具有生产力和可持续性的工作场所。

大多数建筑物的最大费用消耗来自能源，通常要占运

行费用 30% 或更多。但同时最容易削减的开支也是来自能源。然而，设施经理的工作是使建筑高效的运行，提高服务水平，并尽量降低运营成本。有趣的是，这与所谓的可持续运营概念是相同的。

对于聘请一名设施经理，你觉得哪三个方面至关重要？

> 在他们的简历以及所有其他事情中，我比较关注"LEED"、"绿色建筑"、"可持续发展"、"能源管理"以及"资源保护"这些方面。从个人角度来说，我会看他们对如何管理建筑的描述。如果他们谈起时会感到兴奋，能在他们眼中看到某些火花，或是当我叙述一些自己经历时能打断并告诉我他们自己的经历，那么我觉得他们适合这项工作。性格是一个决定因素。MBA 并不是管理的关键，人才是。最近我在一群拥有工程学位和工商管理硕士学位的候选人中聘请了一位没有学位的经理人，他们同样都有丰富的经验。但没有学位的人显然在人格魅力以及个体能量方面更具有吸引力。我相信她能够团结并激励团队成员。管理工作在很大程度上取决于人的动因。

你对绿色设备管理的未来，特别是它与能源使用有关的部分，有怎样的预测？

> 建筑越来越多的被设计和建造的更加高效，在诸如能源之星和 LEED 的帮助下，建筑物的管理和运行也变得更加高效。坦率的说，竞争和压力其实是主要的驱动力，

其次是成本节约和法律规范。照明和负荷管理是主要方式。我们七年前就将车库照明从高压钠灯换成 32 瓦荧光灯；这次又再次升级为拥有高效镇流器的 25 瓦荧光灯。六年前我们将建筑物内部的荧光灯从 32 瓦改为 28 瓦，现在又换成 25 瓦。2001 年时我们把所有的白炽灯改成紧凑型荧光灯，现在又将很多紧凑型荧光灯换成 LED 节能灯。在照明方面，仅仅几年时间，我们就已经从总需求的近 30% 降至今天的 8%。建筑工程师习惯于应对工作指令，所以我们将可预见性融入系统开发，并设计了报警软件，当运行参数异常时将会通过 CMNS（计算机化维修管理系统）生产工作指令。

对那些刚刚在绿色建筑设施领域起步的人，你会建议他们如何获取相关经验？

> 获得相关学位：商业、会计、工程、设计、建筑等；还有获取 LEED-Green Associate 认证。在读大学时便开始寻找实习机会——最好有带薪实习的机会，如果没有，无薪水的实习也是必要的。多参加 USGBC 的地方分会、BOMA、IFMA 等的会议，确定运营绿色设施公司的重要参与者后，你可以与他们交谈，分享你对这一领域的热情，并询问一下项目的问题。在过去的两个暑假我们目前雇佣过四名暑期实习生和一名全职员工。其中两名实习生将一直工作到下一学年，他们每周工作十小时。其中一名实习生将继续全职工作直到她开始研究生教育。

能否给出一些在 Adobe 项目中收获的比较重要的经验？

拥有一个好的工作是不够的，你还有善于有效沟通。如果没有让合适的人群知道你所做的事或未让他们理解，或没有很好地向他们解释这件事对他们的价值，那么再好的作品也是没有意义的。

有一定比例的人会抵触和排斥任何肉眼可见的改变，所以你要时刻做好捍卫自己所做改变的准备。

通过定期检查、预防性维护工作指令和定期报告建立系统、控制以及管理。不要指望在没有定期检查时一切还会正常运作。

实质性的冲浪者

DAN ACKERSTEIN LEED AP O+M

Ackerstein Sustainability 负责人

你拥有杜克大学尼古拉斯环境学院企业战略环境的硕士学位和塔夫斯大学的政治学学位。你在这条道路上是如何不断积累环境方面知识的？对目前还处在教育阶段的人有哪些好的建议？

> 学术上来说，当我在塔夫斯大学时有幸接触到一些很有趣的思想家和理念。我曾参与过 Urban and Environmental Policy 项目，这是一个非常创新并能够给学生在这一领域提供很大发挥空间的项目。毕业后，我并没有在这一领域觅职但也花了大量时间来阅读和研究，了解目前趋势和如何使自己在环境运动中发挥用武之地。我在杜克大学时，曾为是否坚持学术道路而挣扎，但后来我终于找到了一位理解我兴趣所在的导师。在每一步中，我都发现和领域内的一些年轻专业人士一起实习和交流带来的收益是无价的，那些毕业五到十年还能够清晰回忆当时经历的人对我来说提供了莫大帮助。

根据您对现有建筑的关注，能否谈谈设施经理在可持续发展方便与其他建筑相关领域的区别？

> 老实说，设施管理相对于其他领域来说是比较单调乏味的。设计、建筑、甚至工程都是这个领域非常吸引人的部分。当人们对可持续建筑产生兴趣时，他们通常不会对暖通空调设备的设定点和清洁政策感到兴奋。但我认为需要对实质性和诱人的区别有一个清楚的认识，那就是将设施经理和可持续性区别开来。运营是成败的关键——其余的部分也很重要，但对结果并不具有决定性影响。

对于聘请一名绿色设施经理，你觉得哪些方面至关重要？

> 具备作为设施经理的能力。对于高效的绿色设施经理来说，他们需要具备优秀设施经理之上的才能。

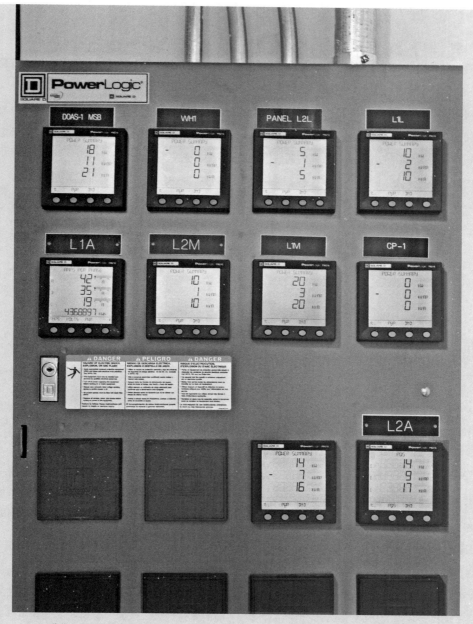

Square D 收集和显示详细信息（电压、电流、功率计量等）的高密集度计量柜，在每个电气面板上都有分表，以便我们了解建筑中正在进行的能源使用量（LEED NC Platinum）。公司：Richard Wittschiebe Hand。。所有者和照片提供：ASHRAE

即使是最环保的设施经理也无法应对无休止的住户抱怨和多次重复的蟑螂出没。

个人对可持续发展目标的承诺也很重要。仅仅有认证和 CE 时间是不够的，我们正在寻找的是一个对环境有着个人承诺和关注的人。

他们应该从"我们要着手解决的是什么样的问题"而不仅是"我们的建筑能做什么"的角度出发了解有关可持续发展。前者是把控方向的司机，而后者只是执行者。

进行可持续工作时拥有较好的沟通技巧会达到事半功倍的效果，因为设施经理经常需要不断地向住户和建筑人员以及其他利益相关者进行解释工作。良好的沟通能力是非常关键的。同时，对新思想保持开放性态度也是必不可少的。这里对于任何觉得自己已经非常了解的人来说还是非常年轻的领域。

原色与精明的所有者

CICI COFFEE

Natural Body Spa & Shop 创始人兼首席执行官

您是如何成为一位绿色企业所有者的？

> 从 1989 年起，我总是认为我们是棕色企业或是未漂白企业的所有者。我们可持续发展道路是始于资金不足。我们被迫足智多谋，并购买了二手设备。我们从一家关门的百货公司收购了玻璃和几组文件书架又从倒闭的花店收购了一些古董；我们用纸张遮盖天花板的孔洞而不是重新涂抹石膏；我们喜欢我们装修商店的方式，它也能一直激励我们保持机智灵活。几十年过去了，我们仍在用修复替代更换被弄脏的地毯。所以，各种人生经历一直都在唤起我们对改善的各种可能性——我非常喜欢地毯的 Interface FLOR 模块系统。

在 Natural Body Spa Brookhaven 项目中（东南部第一个获 LEED-CI 铂金级认证的项目）你的角色既是业主也是承包商，这是一个很特殊的情况，能针对两个角色不同的视角谈谈各自的角色吗？

> 是的，基于提交的报告对分包商支付佣金非常有助于对项目的控制。每个小组必须负责他们的文件和回收他们的建筑垃圾。作为集中这些项目并在付款单上签字的领导者，我似乎取得了很大的成果。

对于那些正在想要进入绿色设施管理专业的人，您有哪些建议？

> 我觉得人们所能做的最重要的事就是在领域内确定一个让他们为之兴奋的专业，并在这一领域不断追求真正的专业知识。现在，可持续发展有很多通才（像我这样）和不断出现的核心知识专家。那些专家将会成为推动行业前进的人。但通才也会有用武之地。虽然拥有一项能够在市场中拥有差异化优势的技能相对来说比较难，但这些努力绝对是值得的。

——Dan Ackerstein，LEED AP O+M，Ackerstein Sustainability 负责人

> 阅读任何你能够获取的绿色建筑书籍，看看其他绿色人群的动向并努力加入他们。少说多听，你有两只耳朵和一张嘴，所以最好让你听到的是你说出的两倍。但也要与人交谈，交谈时要热情，因为热情会更具感染力。

——George Denise Sr.，CFM，FMA，RPA，LEED AP BD+C，Cushman & Wakefield（代表 Adobe Systems Incorporated），Corporate Investor & Occupier Services 全球客户经理

绿色设施经理和建筑所有者资源

国际建筑业主与管理者协会（BOMA）: www.boma.org/

物业及设施管理独立学院（BOMI International）: www.bomi.org/

国际设施管理协会（IFMA）: www.ifma.org/

如果不是我们，那么还要等谁？如果不是现在，那么还要等什么时候？

杜克能源中心（DEC）

北卡罗莱纳州 夏洛特

Tvsdesign

想象 + 挑战

由 Wells Fargo 拥有并运营的，指导杜克能源中心的能源和环境意识的原则，源于企业显著减少温室气体排放的倡议。在 2005 年夏天的一个讲座中提出了这样的问题"如果不是现在，那么要等什么时候？如果不是我们，那么还要等谁？"Well Fargo 采取了一种社会、生态和经济核算的方法，成为三重底线（TBL）。作为对"常规经营"的一种打破，TBL 认为建筑与环境的利益交叉可以利用他们的相互妥协，在处理环境问题的同时提升各自的底线。

可持续发展在项目的开始并不是 DEC 谈话的一部分，但很快就成为所有决策的因素，许多问题都被提及。根据 Susie Spivey-Tilson 的说法，tvsdesign 的可持续设计总监，"在设计初期就将日光、太阳照射、隔热水平、照明系统、建筑管理哲学等所有这些因素都考虑进去是非常重要的，如果我们不从一开始就考虑这些因素，那么会极易错失很多保护可持续发展元素机会。"作为一个可持续发展顾问，Susie 致力于推动所有 DEC 设计团队成员间的沟通，并建立共同目标，完成一个在环境和经济方面都具有优秀性能的成功项目。这就像玩一个拼板游戏，要将所有元素都以适当的形式拼凑起来，她看了项目的不同方面来寻求这种协同效应。进行各种研究以评估使用室内、拥有自动照明调光器的机械化遮阳装置的优势。虽然这使项目的成本增大，但以效益与项目三重底线（TBL）的目标进行调整后，便最终进入实施。DEC 是 Wells Fargo–developed Levine Center for the Arts 的一部分，拥有另外四个文化艺术建筑

杜克能源中心，屋顶花园（LEED CS Platinum）。公司：tvsdesign. 屋顶绿化景观设计：HGOR

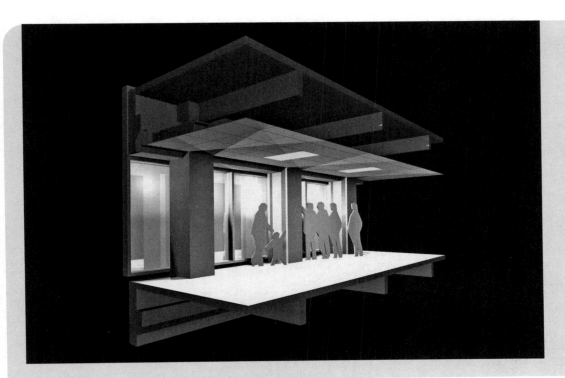

杜克能源中心的空中采光原型研究（LEED CS Platinum）. tvsdesign/DAVID BROWN

杜克能源中心需求侧水图（Demand-side water diagrams）（LEED CS Platinum）. tvsdesign/DAVID BROWN

和未来住宅公寓，因此设计团队将建筑项目合并，使系统对环境的影响降至最低。两个文化艺术建筑共享一个礼堂，最大限度地提高公共开放的空间。中央停车场可以面向并服务所有建筑。DEC 可以 100% 回收场地的雨水径流和 100% 的冷凝水，并回收和处理 2500 万加仑受污染的地下水。因此 DEC 不仅能够为校园内的绿地和屋顶供水，还能为街道的公共绿化空间提供用水，同时也能为空调系统提供补充水。

战略 + 解决方案

资源效率

作为团队合作、工作努力和对创造一个能够持久对环境敏感建筑的集体愿望，DEC 每年可以节省 3000 万仑水和 500 万千瓦小时的能力，使他们比起相同大小和功能的建筑分别提高 85% 和 22% 的效率。其间，建筑业主提出了一项大胆的举措受到开发商和所有租户（由于租约期限问题）的质疑——获取 LEED 商业室内设计认证，这意味着需要减少至少 15% 的集中照明功率和至少 50% 的建筑废料，以及达到低排放材料标准。

成功

作为北卡罗来纳州夏洛特第二高楼和占地面积最大的建筑（150 万平方英尺），杜克能源中心（DEC）不仅北美洲第二大银行投资的商业地标建筑，同时也是一个环境管理和生态敏感的辉煌范例。这是第一次最高写字楼建筑落得 LEED CS v2.0 铂金级认证，并在由西门子公司赞助的全国性比赛中被评为"全美最精明建筑"。它也是第一个需要所有租户共同努力获取 LEED 商业室内设计认证的 LEED CS 建筑。

经验 + 资源 = 结果

对绿色事业探索的精心筹划通常需要融合两个关键元素：经验和合理利用资源。有了通过指导、志愿服务和认证中获取的经验，任何有兴趣的求职者（无论你的教育或职业背景如何）都将在竞争中占据优势。再加上个人接触与结识人脉广泛的人士（包括教练、招聘人员、专业协会成员），将是进入求职网站、职业招聘会及通过各种人脉介绍资源非常有效的筹码。最后，再融入你对绿色环保运动的热情，那么就一定能在寻求可持续发展职业中获得成功。

注　释

1. Austin Considine. "Green Jobs Attract Graduates"，《纽约时报》2011 年 6 月 24，www.nytimes.com/2011/06/26/fashion/new-wave-of-graduatesprefers-environmentally-friendly-jobs.html?_r=2&ref=fashion，访问日期 2011 年 10 月 3 日。

2. 1990 美国残疾人法案，修订本，www.ada.gov/pubs/ada.htm，访问日期 2011 年 10 月 3 日。

3. Tory Johnson，CEO，Women for Hire，"Professional Networking，" http：//womenforhire.com/advice/professional_networking_tips/，访问日期 2011 年 10 月 3 日。

4. Perkins + Will，Perkins + Will Sustainable Leadership Plan 2011：Broader Goals，www.perkinswill.com/publications/perkins%2Bwillsustainable-leadership-plan-2011.html，访问日期 2011 年 10 月 3 日。

5. 美国劳工统计局，美国劳工部，职业展望手册，2010 - 2011 版，Architects，Except Landscape and Naval，www.bls.gov/oco/ocos038.htm，访问日期 2011 年 10 月 3 日。

6. 美国总承包商联合，"Training & Education，"www.agc.org/cs/career_development，访问日期 2011 年 10 月 3 日。

7. 美国劳工统计局，美国劳工部、职业展望手册，2010–2011 版，建筑业及相关工种，www.bls.gov/oco/oco1009.htm，访问日期 2011 年 10 月 3 日。

8. 美国劳工统计局，美国劳工部、职业展望手册，2010–2011 版，工程师，www.bls.gov/oco/ocos027.htm，访问日期 2011 年 10 月 3 日。

9. 美国劳工统计局，美国劳工部、职业展望手册，2010–2011 版，室内设计师，www.bls.gov/oco/ocos293.htm，访问日期 2011 年 10 月 3 日。

10. 美国劳工统计局，美国劳工部、职业展望手册，2010–2011 版，工程师，www.bls.gov/oco/ocos027.htm，访问日期 2011 年 10 月 3 日。

11. 美国劳工统计局，美国劳工部、职业展望手册，2010–2011 版，景观建筑师 www.bls.gov/oco/ocos039.htm，访问日期 2011 年 10 月 3 日。

12. 美国劳工统计局，美国劳工部、职业展望手册，2010–2011 版，城市和区域规划，www.bls.gov/oco/ocos057.htm，访问日期 2011 年 10 月 3 日。

13. McGraw Hill Construction Research and Analytics Group，study conducted for Siemens，The Greening of Corporate America SmartMarket Report，McGraw Hill Construction，2007，http：//analyticsstore.construction.com/，访问日期 2011 年 10 月 3 日。

14. Andrew J. Nelson，vice president，RREEF Research，"The Greening of U.S. Investment Real Estate：Market Fundamentals，Prospects and Opportunities，" RREEF Research Number 57，November 2007，www.rreef.com/home/research_5548.jsp，访问日期 2011 年 10 月 3 日。

CHAPTER

5 第五章
可持续和绿色建筑顾问

要忠诚于存在自己内心中的东西——这样才能使你无法取代。

——André Gide（与 1947 年获诺贝尔和平文学奖的法国作家。
著作包括自由、权力和共产主义的不可否认性等主题）

一个新的领域

二十年前，在任何一家公司，无论大小，要找到一个包含"可持续性"这个名头的职位还是一项很有难度的挑战。然而环境意识也在慢慢发展。一些建筑专业人士认识到了它的重要性并采取绿色思维模式，但这些人依然属于少数，将绿色变为主流思想还是一个非常遥远的概念，很少会有这种情况，雇佣一个人专门致力于改善公司的足迹，或帮助公司通过设计和施工过程的 LEED 认证。不过现在，这些工作显然已经被很好的整合，成为企业基础设施和建设团队的内部元素。

事实上，大量的绿色建筑工作在今天越来越多的成为设计和施工过程中必不可少的部分。从绿色建筑顾问——根据可持续发展理念帮助制定目标、模型并从设计到施工持续关注建筑的独立团队成员——会减少公司运营能耗，如太阳能安装商和可持续发展系统开发商，这是可持续发展这个新兴职业的聚宝盆，而这些可持续发展职业也将逐渐变得不可获取。

这些数字证明了绿色顾问的重要性。根据 USGBC 的 LEED 相关经济支出，预测在 2009 ～ 2013 年之间将会额外产生 125 亿美元的国内生产总值（GDP）和 107 亿美元的劳动收入。[1]其他较小部块的工作机会也会有所增加，如根据太阳能行业协会的预测，从 2007 ～ 2016 年太阳能产业的岗位将会从 35000 增长到 110000。[2]即便是大型公司，曾经也对环保概念非常抵触，现在也很快将生态问题纳入他们的空间和使命。

与时俱进的比赛

在不断变化的就业市场，随着新的研究和技术不断以极快的速度推陈出新，对于想要在各自领域与时俱进的专业人士来说这将是一个挑战。在各个行业都有这种情况：例如一个家庭医生，需要经常参加会议和了解医学界最新资讯；还有一些领域不太可能随时紧跟最新突破的科技，如神经外科或是骨科。建筑界的实践也是这样。建筑师、工程师和承包商们不断

绿色屋顶花园。屋顶包含的花园能够帮助降低城市热岛效应，并提供天然隔热。泰国，曼谷 Energy Complex（LEED CS Platinum）。公司：Architect 49。所有者：Energy Complex Co., Ltd. 摄影：2011, ENERGY COMPLEX

被新规范、新资讯及各种实践所淹没，所以在绿色建筑领域能随时紧跟最新趋势也将是一个非凡的壮举。

此外，绿色建筑领域的增长突飞猛进的同时，各种知识基础也需要不断满足更高的专业性能，绿色建筑作为一个快速崛起的部分，它的增速还要快于其他。有时这体现为对先前存在的需求的更新，这通常发生在

LEED 上。下一版的 LEED 评级系统（2012 年正在开发）预计将改动 2009 版 30% 的内容，并拥有新的分类、信用评级和先决条件。对于刚进入这个领域或是习惯 LEED 旧版的人来说，通过 USGBC 发布的 LEED 参考指南可以了解其中的新规则。[3]

　　USGBC 为更新提供了很好的理论基础，如随着市场和技术的发展需要不断改进和扩大的范围和强度，最后，LEED 是一个自愿体系。[4] 此外，地方政府常常会引入一些强制性规范用于为建筑专业的日常实践提供标准，如国际绿色建筑规范（IgCC），2012 年修改并入 ANSI/ASHRAE/IES/USGBC 标准 189.1，就是作为一个可以被地方政府自定义的道路和项目追求 LEED 与否的绿色选择。

　　这些自愿评级制度和强制性规范（如 LEED 和 IgCC）除了经常更新以外，其要求也变得越来越普遍。例如，加利福尼亚州在年初就出台了一些绿色建筑要求。名为 CALGreen 的新规范的强制条对所有新建建筑——住宅和非住宅——增加的要求从降低光污染量的指标和设计施工简单的废水量到为节能车辆分配停车区和在建筑完成后设立回收区域。[6] 其他州也正在纷纷效仿；佛罗里达州已经授权，所谓 2019 年州建筑规范的一部分，要求提高建筑能源效率高达 50%，地方司法部门也正在讨论采用 IgCC 作为强制规范。[7]

　　随着法规的不断变化，并考虑到建筑物的生命周期——从设计开始到施工到维护甚至可能还有拆除——绿色建筑专家会将生态意识融入这些过程的各个方面。绿色建筑顾问会帮助建筑蓝图和技术向绿色解决方案靠拢，并协助解读 LEED 和其他绿色评级系统及绿色建筑规范。每一位专家都有他在绿色化建筑中所扮演的角色，而所有这些专业人士都会确保绿色建筑领域紧跟那些能够影响建筑环境的最新技术和规范。

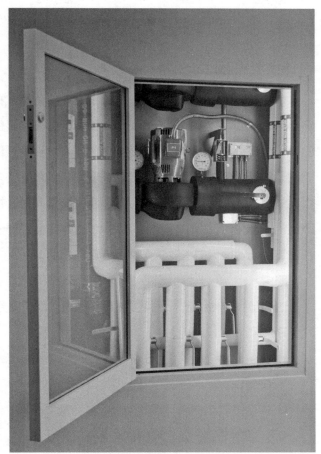

作为 "living lab" 概念的一部分，建筑采用三套独立的 HVAC 系统。如图显示的是第二级系统的管道，采用十二级变速，27-EER 地源热泵，包括 12 个 400 英尺深的温泉的地热场和一个闭环管道系统（LEED NC Platinum）。公司：Richard Wittschiebe Hand。所有者及照片提供：ASHRAE

作用范围

所有这些额外的规范和要求，必须对绿色建筑市场和能源需求有充分的了解——这是可持续发展专家在尽力做的事。绿色顾问的专业范围从宽泛到很具体。最宽泛的是可持续发展顾问，这个角色会包括但不限于针对各种建筑的工作。位于中间范围的是绿色建筑顾问，他们的目标在于建筑和其周围场地，但他们有一套不同于其他人的技能和任务。然后，还有无数的重点专家——如棕地修复专家或采光顾问——他们都以自己的可持续努力为绿色建筑顾问（GBC）做着贡献。那些关注点很具体的专家基本都是针对一个或几个绿色战略或是技术，在下一章我们会详细的介绍他们。

可持续发展顾问

可持续发展顾问是大人物，为公司注入绿色思维和可持续观念模式。他们经常作为企业顾问为那些希望将绿色融入公司整体战略或是某个关键部门的企业提供帮助。公司对加入可持续发展元素的选择往往受市场驱使，或是来自公司内部基层工作者的努力。无论哪种方式，一般来说一个公司内部团队由于缺乏相关技能知识无法向绿色领域拓展，这时就需要可持续顾问的介入来帮助他们确定绿色目标，然后提供路线方针和可以完成目标的支持体系。有时，可持续发展顾问也会被要求来实施一项整体设想，尽管可持续顾问作为整体服务的一部分可以提供能源咨询或绿色建筑方面的想法，但他们的关注重点往往是战略的性质——不同于绿色建筑顾问，他们的主要工作是围绕建筑。

服务

这些都是可持续发展顾问能够提供的通常类型服务：

评估

- 提供目前公司的差距分析（关于公司处在什么水平以及期望达到怎样水平的状态报告）并提供行动步骤建议。
- 评估能源和使用，审查供应链和运营审计。
- 对如市场竞争或趋势的基准进行研究／分析。
- 绿色战略融资。
- 创新环境举措。

规划

- 提供可持续发展计划 / 评估 / 报告。
- 制定绿色转型管理 / 员工敬业度。

报告

- 内部与外部沟通的建议。
- 培训 / 向内部员工介绍可持续发展目标。
- 为内部首席可持续发展官（CSOs）提供建议。

你如何定义可持续发展顾问？

> 作为可持续发展顾问意味着要做好这三件事。首先，意味着作为一个专家进行指导，帮助客户解释目前的环境、社会和经济趋势（例如气候变化，和城市崛起）以及这些对他们业务的长期影响。其次，它意味着作为一个带来改变的代理需要为客户提供能够推动他们公司——以及行业——所需的工具，使他们的机构朝着更加可持续的未来发展前进。最后，它意味着一个桥梁建设者，确保客户正在与关键的利益相关群体——可能是他们的员工、客户、社区，等等——进行有效沟通，创建信任的同时增加业务

的长期性价值。

——Kyle Whitaker，SustainAbility 经理

> 可持续发展顾问协助机构使其业务（包括产品和服务）和运营更具可持续性。

可持续发展顾问的范围包括从通才到技术专家，他们会在环境和社会方面为企业提供帮助。

——Ms. K. J. McCorry，eco-officiency，LLC 首席执行官

这本书主要集中在绿色建筑领域，而可持续发展顾问和绿色建筑顾问在角色上有些交叉重叠的部分，您认为他们二者最关键的区别是什么？

> 可持续顾问和绿色建筑顾问之间的相似性和差异很大程度上取决于在可持续发展价值链上的工作。SustainAbility 是专业的战略咨询和智囊团，致力于激发公司领导层在可持续性议程上的转变。因此，我们在战略层面的工作和作为绿色建筑顾问在实施方面所做的工作这之间的区别是相当大的。我们的业务强调软技能（例如，关

系管理、沟通，以及批判性思维）而绿色建筑顾问可能需要更多的技术技能。此外，我们智囊团生产的研究是商业模式的其中一个组成部分。而绿色建筑顾问的重点很大一部分还在认证和其他技术方案上，通过各种研究积累的机构知识对于我们在市场中的定位至关重要。

——Kyle Whitaker，SustainAbility 经理

这本书主要集中在绿色建筑领域，而可持续发展顾问和绿色建筑顾问在角色上有些交叉重叠的部分，您认为他们二者最关键的区别是什么？（续）

> 绿色建筑顾问也可以被视为可持续发展顾问。可持续发展所谓一个涵盖了广泛可持续发展主题和领域的术语，其中也包括绿色建筑。我认为在可持续咨询领域中的绿色建筑是具有更多"技术"的专业，需要特定的认证，如LEED，和建筑行业的相关工作经验。

——Ms. K. J. McCorry, eco-officiency, LLC 首席执行官

可持续咨询资源

国际可持续发展专业人员协会

www.sustainabilityprofessionals.org

可持续发展机构中心

www.sustainableorganizations.org/

可持续发展研讨会

www.sustainableorganizations.org/context-based-sustainability.html

《*Corporate Sustainability Management：The Art and Science of Managing Non-Financial Performance*》，作者：Mark W. McElroy & J. M. L. van Engelen

www.sustainableorganizations.org/corporate-sustainability-management.html

绿色建筑顾问

从全球的服务商到竞争者，绿色建筑顾（GBCs）问的角色可以根据各种绿色需求扩大延伸或是缩小具体。绿色建筑顾问看待建筑项目的视角会包括所有与此相关的环境问题如场地、水、能源、材料，以及空气质量。绿色建筑顾问能够基于顾客的需求提供最适合的服务，如提供培训、便利，或实现他们的绿色目标。

通常情况下，绿色建筑顾问会注重整体环境设计、施工，以及从三重底线角度考虑建筑的运营——换句话说，制定决策时他们会将所有可能的经济、环境，和社会影响因素都考虑进去。"建筑物"可能意味着一个独立的建筑及其周边项目场地，或者意味着由几座建筑物（或更大规模）组成的一个街区，又或是一个公司的全国或全球建筑组合。

净零庭院建筑：庭院里面和水墙花园
（为满足净零标准的原型设计）。公
司和图片：HOK。

何时需要绿色建筑顾问？

理想情况下，绿色建筑顾问的引入越早越好，最好在建筑所有者在考虑进行一项绿色建筑项目的一开始。在这种情况下绿色建筑顾问可以：

- 从建筑的环境角度出发帮助所有者进行愿景设想和目标设定。
- 根据各种环境问题——如区域资源（水、可再生能源等）、城市基础设施、场地条件——帮助所有者选择场地。
- 利用现有建筑或新建建筑确定何种将做法更加明智。
- 根据项目目标，以专业的知识帮助团队做出最佳决策。
- 对建筑的朝向提出建议从而最大限度利用自然资源，如采光的最大化。
- 有时，绿色建筑顾问被引入的时机较晚，比如在设计或是施工的中期。然而，即使在这些情况下，绿色属性仍然可以被加入，但要记住的是，推迟引入绿色建筑顾问通常会错失很多项目绿色化的机会。等到设计后期引入可持续元素往往意味着必须改变建筑图纸和说明，这些都会对项目成本和进度带来负面影响。直到建造进行阶段才与绿色建筑顾问合作将会证明各方在软成本费用和材料硬施工成本上的过高花费以及过度的耗时。

绿色建筑顾问在团队中的作用

将绿色建筑顾问在项目团队中的作用与建筑师做一个类比，建筑师负责设计和细化建筑。

文艺复兴时期的设计师，他们有很广的知识面，涉及很多不同的领域，对从场地需求到建筑体系再到室内设计都拥有扎实但又不对某一方面有特别深入的理解（包括消防、照明等）。然而，建筑师不是专家，也正因为如此，他们需要聘请一批专业人士，这些人每个都在某一特定领域有着深入的研究。好的团队组合应该是这样的，建筑师考虑客户的目标和具体项目类型（企业、住宅、零售、酒店等），专业顾问负责考虑具体的类型：项目的位置、费用、政治关系，以及一些其他因素。同样，绿色建筑顾问也是基于相同因素或拥有某一专业领域内部团队的文艺复兴时期设计师。比较来说，专业顾问和建筑师的类型和一个你可能雇佣的绿色建筑顾问看上去就像这样：

建筑师	绿色建筑顾问
结构工程师	能源建模专家
土木工程师	采光专家
机械工程师	试运营代理
室内设计师	室内空气质量检测机构
景观设计师	绿色能源供应商
照明顾问	碳清查公司

有时，建筑师也是整个项目的负责人，绿色建筑顾问是团队专家之一。其他时候，绿色建筑顾问是独立工作的。换言之，关于绿色建筑顾问如何或何时成为团队中的一员——又或者组成自己的团队，并没有硬性规定。这些列表知识代表性的例子，具体情况还要根据不同项目具体分析。确定项目绿色团队的第一步是了解客户和客户的目标。

绿色建筑顾问是做什么的？

项目可以利用如绿色地球或是 LEED 这类的绿色建筑评级系统。这些系统作为对规划、设计和建设过程的指导，可以提供各种各样的措施，其中建筑专业人士可以更好地量化建筑的环境效益，并通过审核或竣工后的监测数据确定建筑的运行是否符合预期。这些系统各自都有一些重点、评级、专业术语、费用等方面的差异，共同点是：他们对于建筑结构都是围绕主要的环境问题——绿色建筑顾问可能会花更多的时间在这些问题上。作为每个项目在可持续发展方面的集中式服务商，绿色建筑顾问，会聘请最好的团队成员，对关键项目的重要阶段进行评估，并且通常会采用最适合项目的绿色建筑决策。

主要环境问题

对于每一个主要环境问题，都有一系列可供选择的绿色战略与技术，作为专业角色的一部分绿色建筑顾问会对这些选项做出评估。这一部分会展示一些绿色建筑顾问处理一系列关键性问题和决策的方法举例，以及他们引入的团队成员和对应的最佳时间。

场地问题

- 策略：棕地或其他需要修复的场地通常需要考虑由 GBCs 处理。棕地是环境危害严重的地区，如来自废弃加油站的燃料箱或是旧制造工厂的残骸，这些都需要在施工前进行修复治理。虽然他们不是优质场地，但对于环境效益来说，重新利用先前开发的场地和修复受损棕地比在使用未开发场地要好得多。然而，选择一个棕地需要考虑很多因素，如修复成本、周边城市的基础设施、临近社区，以及其他一系列因素，从而确定这里是否对于某个项目来说是最适合的场地。

- 引入关键团队成员：建筑业主，土木工程师，规划师，建筑师，房地产顾问。

- 时间：选址需要在预设计阶段完成（建筑阶段的最早期）

水资源

- 策略：获取雨水进行灌溉是绿色建筑顾问解决汇水常用到的方案。这个策略包括建立一个蓄水池或水箱来收集雨水，然后将雨水抽入灌溉水箱并用于景观灌溉，从而减少城市用水需求和处理水所需的相关能源。

- 引入关键团队成员：建筑业主，建筑师，土木工程师，景观设计师，承包商，设施经理。

- 时间：灌溉系统的规划将出现在设计开发阶段或原始图时期，这时会考虑所有外部和内部的能源和水系统。

能源

- 策略：日光采集减少了对（人为）照明的需求。电气照明不仅消耗化石燃料能源同时也会增加热度，迫使冷却系统消耗更多能源。在这一采光策略中，建筑朝向、窗户的开启、区域和场地的条件（遮光等）均被认为是在决定如何在建筑获取最大采光和热能之前寻求平衡。调节灯架、灯管、天窗、遮阳装置、控制系统、家具高度和室内装饰材料以确保日光能够充分渗透建筑空间。

明尼苏达州，梅普尔格罗夫 Great River Energy 总部（LEED NC Platinum）
公司 Perkins + Will, Inc. 图片：COURTESY OF PERKINS+WILL, INC.

- 引入关键团队成员：建筑业主、建筑师、机械工程师、电气工程师、室内设计师、照明顾问、能源建模专家、采光专家，家具制造商。

- 时间：考虑到照明以及能源系统（如制热、制冷、设备、电器、插头负载等问题），需要在设计开发阶段或原始图时期完成。

材料

- 策略：在建筑建设和建成之后需要拥有一个强大且考虑周全的回收策略，包括需要了解什么样的材料需要在施工过程中进行转移，以及在施工完成有能力进行一次彻底的废弃物审查。

Habitat for Humanity：正在研磨使用在土壤中的废料。图片：DAN GRILLET

一旦对材料和使用进行完评估，GBC（或其他绿色专家）会创建一个详细的关于回收材料在何地储存的内部系统，工作人员对该系统负责，搬运工人具体实施回收工作。关键部分通常还包括一些细节，如在对使用者和全公司进行如何使用新的回收系统培训中运用方便识别的标识系统。

- 引入关键团队成员：建筑业主，基于建筑业主可能是房地产专业人士、建筑师、室内设计师、承包商、分包商、安装、设施经理和回收供应商。

- 时间：对于建筑垃圾来说，在理想情况下，这些都会发生在预设计阶段。但建筑回收系统可以被并入整个过程中的任何点，即使是在建筑已正常使用和运营的情况下。

空气

- 策略：运用低排放室内建筑材料如隔热、油漆、地毯、复合木材、黏合剂、密封剂、染色剂等，创建对于该空间的安装者和居住者来说都有利的健康空气质量。

- 引入关键团队成员：建筑师、机械/电气/水暖工程师、室内设计师、防火专家、声学专家、产品制造商、承包商、分包商和安装者。

- 时间：制定材料的最佳时间是在设计过程中，在细化施工文件的时期，团队成员推荐的所有必要的材料和安装方法需要被添加进去。

佐治亚州，亚特兰大，Cooper Carry,（LEED CI Platinum）公司：Cooper Carry。照片：GABRIEL BENZUR PHOTOGRAPHY

绿色建筑顾问的重点在于所有这些重要环境问题的实施战略，对于这种知识的传播有很多种形式。

教育 / 促进 / 实施

绿色建筑顾问可以提供各种水平的服务，对于可持续发展重点领域的广度和深度都有着很好的造诣。除了可以在项目设计和建设过程中提供咨询，对于绿色建筑行动的其他方面他们也同样精通，包括：

- 以培训或演示的形式进行绿色建筑教育
- 促进战略规划
- 促进可持续流程
- 促进绿色建筑评级系统
- 实施可持续或绿色建筑目标

对于绿色建筑顾问来说这些不同的角色将在下面部分展开详述：

教育

绿色建筑顾问经常通过培训或促进计划对各类听众提供教育服务。这些服务包括认证培训、评级系统研讨会和建筑产品制造商介绍等等。

促进战略规划

绿色建筑顾问可以在很大范围内提供绿色战略规划，从与城市规划师在城市或是社区方面的合作到协助企业建立长期规划。为了最准确地评估客户需求，一个 GBC 首先要看客户目前的状态以及他们希望达到的状态。FairRidge Group 提供一个可以分为五个层次的模型，在模型中 GBC 可以确定该公司的可持续水平：

1. 照常营业：公司有一些关注可持续发展的意识，但目前没任何解决他们的行为。

2. Ad Hoc 响应：公司开始回应客户和 / 或非政府组织的问卷调查，但仍没有一个正式的可持续功能。

3. 规划和试点：该公司已创建有可持续发展部门，并且已经开始计划和试点一些生态效率项目。

4. 实施：公司的业务线已采取可持续发展措施，并开始将可持续发展引入到扩大他们的产品和服务组合中去。

5. 转型：可持续发展理念已融入公司的各个方面，公司的全套系统都是由此而来。由此产生的公司转型可以创造明显的竞争差异化优势。[8]

理想情况下，GBC 可以使用这种模型快速对一个公司进行评估，以确定其绿色成熟度。通常，在这种情况下，GBC 也可以帮助公司设立远景目标和进行差距分析，以及就如何达成目标和如何使用各种工具等问题提出建议。以下是在确定可持续战略规划方向时 GBC 可能会提出的问题：

- 贵公司的可持续预期和/或领导声明是什么？

- 为什么会对绿色战略规划感兴趣，这种兴趣来自于竞争对手的水准？客户的要求？企业的良好管理？

- 是否有企业领导的环保倡议？

- 在商业业务中你需要满足哪些环境规定？

一旦 GBC 收到这些问题的反馈，他们就会进行下一步骤，其中包括从撰写可持续商业规划（包括绿色预期陈述、长期目标、竞争对授粉期、内部人员组织结构图、竞争对手信息和财务分析报告，以及标准评估）到汇聚可持续咨询小组一起对公司未来的绿色化方向提出建议等的一切事宜。

促进流程

"一体化设计"是成功绿色建筑的基础，许多绿色建筑顾问对于如何将一体化设计融入绿色建筑流程都有着丰富的工作经验和知识。例如，GBC 可以促进绿色建筑整合融入设计专家研讨会或培训其他人如何提供这项服务。

Michael Bayer at St. Croix 综合团队研讨会。照片：ZANDY HILLISSTARR，NATIONAL PARK SERVICE

促进评级系统

围绕环境问题的发展基准指标的框架或指南是评级系统的基础。通俗地说，他们类似于你的建筑正在参加的奥运会，是计分的，最后被授予"奖牌"或为其良好的绿色建筑实践水平提供认证。对这些系统的推进使 GBC 处于"知识指导"或是某种教练的位置上。GBC 应该能够提供教育、技术指导、资源洞察力、策略，以及可以达成绿色目标的科技。

- 审核现有建筑物（能源、水、系统等）包括差距分析基准。通常情况下，这涉及改进建议，应包括投资回报率（ROI）的细节，以便客户了解相比长期储蓄来说什么是初始投资。

- 促进可持续或绿色发展。这种类型的服务可能非常适合那些不想采用认证系统的客户。在这种情况下，客户往往对绿色化只是一种概念性的尝试或是由于资金问题无法支撑更大的多方面努力。

- 促进认证体系（BREEAM、绿色地球、LEED，等等）。推进认证评级系统往往需要用到 GBC 的专业知识，因为这一个是将附加组件分层放置于现有建筑的设计、施工和运营之上的过程；此外，评级系统往往也是不断变化的，一个 GBC 能够做到紧跟不断更新的规范和评级。有时，处于核心建筑团队中的建筑师、工程师或承包商也有一些必要的绿色专业知识，这是就无需聘请独立 GBC。然而，当风险更高时，如资金受获取某一认证或更高水平的认证的影响时，聘请一位 GBC 可以更好地确保成功。推进认证系统的工作包括根据客户需要建立绿色目标，然后利用最适合的系统作为项目的框架。GBC 还能够指导项目团队通过培训和品质管理检查的过程。通常，GBC 还负责与认证机构的联系，并将联系结果汇报给项目团队。

实施

一旦一个公司或客户的可持续预期目标确立，GBC 就可以推进下一步的实施，或将这些移交给公司的内部团队。实施可能涉及几个不同的领域，但这个阶段通常有非常具体和可衡量的责任、行动，以及可交付成果，包括：

- 目标 / 行动 / 长期行动
- 负责战略的点对点联系
- 培训
- 内部 / 外部沟通
- 品质管理的重要阶段

绿色建筑顾问是如何进行工作的？

绿色建筑顾问可以服务于客户的方式多种多样。在某种情况下，客户可能需要一种"一条龙"式的方法，这时 GBC 可以提供直接建议并协助实施。在其他情况下，内部的环境接触可能能够为 GBC 提供更多支持，使减小工作范围成为可能。理想情况是，客户从"学习经验"的角度接近项目，并希望通过 GBC 获取一些知识和理念以便客户可以在绿色建筑和内化角色方面变得熟练。例如，一个大型国家金融机构与作者公司 H2 Ecodesign 接洽，希望能够提升其公司的可持续发展知识。初次会面后不久，银行进入 USGBC 的 LEED 与他们整体建筑组合的试点方案，其中包含大量建筑和租户空间。在这个案例中，GBC 在整个过程中充当着教师与导师的作用，帮助建立可持续发展原型和培训、品质管控和文档分类的三大系统，而这些都最终融入了公司的内部设计和施工流程中。使用这些学到的知识作为指导，当那些公司未来增加其投资组合的建筑物时，该银行便能够聘请一个内部团队成员来管理这个流程。

外部绿色建筑顾问

当绿色建筑顾问处于客户团队的外部时——正如之前银行的例子中描述的，优点在于：

- 专业领域的深度绿色知识

- 工作人员，培训，流程和绿色投资工具

- 能够对短期需求提供协助，且不会产生员工管理费用

- 利用外部视角的优势，可以为市场提供更广阔的视野

- 参与不必经过人力资源部门

- 第三方或更加中立的专业知识，有利于减少利益冲突

内部绿色建筑顾问

部分公司倾向于将他们的绿色建筑咨询需求内部化，并且有时对外在各处也能提供些帮助。一些原因使各公司都倾向于在机构内部留有一些绿色服务，包括：

- 能够控制管理和工作成本

- 创造额外的利润中心

- 利用内部系统，更好整合工作的潜力
- 在多个业务方面的环境战略长期投资
- 内部专业知识营销
- 内部团队培训
- 多种产品的多元化

一下采访提供了一个关于设计官司如何内部化他们绿色建筑服务并创建了功能业务部门的很好例子。

绿色设计先锋

BRIAN M. MALARKEY, FAIA, LEED AP

Kirksey | Architecture 执行副总裁，Kirksey EcoServices 总监

您是如何走上现在这条职业道路的?

>20 世纪 90 年代后期，我们公司成立了一个绿色委员会并加入了美国绿色建筑委员会。我们几个人参加了他们 2000 年在亚利桑那州 Tucson 的一个早期会议。会议有 450 人参加，我们在那里看到很对令人惊叹的东西。个人和企业在可持续设计的专业知识和热情方面都有很好的表现。他们的生意蒸蒸日上，客户们都纷纷向他们寻求绿色建筑技术。我们立即返回休斯敦，成立了美国绿色委员会的地方分会，并说服我们的第一个客户为他们的项目进行 LEED 认证。随着我们的技术和专业知识不断提高，我成立了 Kirksey EcoServices，这是由一群致力于绿色建筑研究，LEED 文档服务，采光和能源建模，和绿色建筑培训的人们组成的团队。

我们的声誉使业务扩展至为一些公司提供绿色建筑咨询，现在我们工作的很大一部分都是在公司外。对我来说最重要的是我的公司愿意让我探索，并最终建立一个独立的团队，专注于可持续发展。我不断的评估市场，观察趋势走向，并分享那些可以证明绿色建筑不是一种时尚而是市场转变的数据。

你觉得设计公司应如何适应提供可持续设计咨询服务的未来?

> 许多设计公司都有一些专注于可持续设计的团队，如 Kirksey 那样；然而，他们大多数都只是针对自己工作室的活。无论在公司内还是公司外，都有机会为那些掌握一定技术（如能源建模和采光模拟）的客户提供可持续设计服务。许多公司选择将这些服务作为典型设计产品的一部分，但我相信，一旦你能让他们了解这些决策方式是有利于他们的投资会帮工具，这些技术就能够被使用。

得克萨斯州，休斯敦，George R. Brown Convention Center 太阳和植被屋顶的研究（LEED EB Silver）。公司：Kirksey Architecture。图片：2008 KIRKSEY

你对于绿色建筑顾问和你团队中专家在未来的作用有怎样的预测？

　　对于绿色建筑顾问在处理 LEED 文件和紧跟最新工具（如能源建模和采光模拟）上的需求会一直存在，然而，越来越多的设计公司会将能源建模和采光模拟的工具带入公司内部。使用这些工具多年后，Kirksey 已经意识到他们需要立即开始一个能真正利用其有效性的项目。而它们必须被用作设计工具而不是文档工具。事实上，拥有关于能源性能的有价值信息有助于促进我们与客户的关系，重新确立设计师在建筑过程中的价值。

绿色建筑顾问对你的工作有怎样的帮助？

> 我们公司是以一个非常紧张的建筑时间表被推向了可持续发展的世界，幸运的是，我们聘请了一个合格的 GBC，他指导我们通过了 LEED 认证。我知道如果没有 GBC 的指挥和指导，我们的项目不可能取得银级认证。

——Kevin L. Matherly，LEED AP，Partners Development 项目管理部副总裁

> 对绿色建筑顾问的接触扩大了我的在绿色建筑问题上的基础知识，顾问也带来了大家对于绿色建筑的热情，并激发我参与了几个地方和全国层面的机构组织，并最终成为我们公司的可持续设计总监。我觉得从绿色顾问那里学到最多的就是，对于一个问题你需要全力以赴，不能对困难说不——你必须找到一种方法来解决它。

——Donald K. Green，NCARB，AIA，LEED AP BD+C THW Design 助理 / 管理建筑师

从绿色建筑顾问的角度来看

人的因素

REBECCA L. FLORA, AICP, LEED AP BD+C, ND
Sustainable Communities Practice Leader, Ecology and Environment, Inc.
RLF Collaborative, LLC 总裁

作为项目团队的绿色建筑顾问，你的主要职责是什么？作为绿色建筑顾问，你需要对项目流程做什么？

> 我最近正在将工作内容向非营利领域的"无偿"顾问过渡，现在作为领薪资的社区工作人员，对营利性的世界来说计费时间是生存的关键。尽管工作有所转变，但我的角色确是一样的，一个推动者，技术知识的来源，连接者，也是顾问，主要目的是教其他人如何在他们工作的各个方面整合绿色建筑概念。

你预测绿色建筑咨询会成为一个长期的稳定职业么，或是认为它会最终被纳入其他现有的团队成员的角色（建筑师、工程师，等等）？如果最终会被纳入其他角色，你估计要花多长时间？你对未来的"新角色"有怎样的期待？

> 我不认为对绿色建筑或是可持续性的需求会逐渐消失。虽然世界优先次序有所改变，但仍需要个人和企业去保持绿色建筑实践的价值。我相信我们已经经历了几个世纪的可持续发展周期，相对其他来说多种文化更能亲近自然。虽然头衔可能发生变化，有些地方也不需要将其普及为普遍做法，但总会不断有我们对于实践的创新和发展的需求；另外，也可能会出现新的状况，比我们现在看到的要好，而且还有不断改进的空间。

绿色建筑咨询领域的未来在那里，你认为行业前沿是什么？

我目前工作的都是面对人的因素——我们如何影响社

会转型？我认为市场和社区的领导者已经准备好了跨越内在阻碍和建设更广泛的社区规模。此外，生命周期分析和影响的问题也开始会得到更多的关注。

对话的创造者

GUNNAR HUBBARD, LEED AP BD+C, ID+C

Thornton Tomasetti | Fore Solutions 负责人

你是如何开始绿色建筑咨询的职业生涯的——能说说自己的教育和之前的工作经验吗？有没有一个人或是一件事对你的职业选择造成了非常大的影响？

> 我的父母曾经建造过一个脱离电网、拥有半被动式的太阳能堆肥的重力供水厕所木屋。我十二岁的时候开始，到十七岁的时候我们才做到屋顶，一块一块将木板拼成木屋的过程真的非常缓慢！后来我去往佛蒙特大学进修环境研究学位和环境建筑的自主设计专业。然后我在佛蒙特州委建筑师和设计／建筑者们工作了几年，之后便去俄勒冈大学进修建筑学硕士。我在很多与绿色相关的建筑项目中都非常活跃，但我决定不再从事传统的建筑工作，后来我效力于 Union of Concerned Scientists，一个致力于全国可再生能源教育的组织。我后来又申请了 Yestermorrow Design/Build School 这所学校的主任，并得到了这份工作，然后为学校的事忙了三年。在学校任职的时候我还联系过

green champions 并邀请他们来我们学校任教。我应邀参加过白宫的绿色化工作，然后被 Rocky Mountain Institute 聘请为绿色发展研究学者，后来还为美国和一些国际机构提供咨询。我在 RMI 两年时光，参与过 4 Times Square 等项目，然后我觉得带着我的建筑证书去往旧金山市。之后在 Sim Van der Ryn 短暂停留后，我和俄勒冈大学同行 Ned White（他也获得了许可证）一同开始了我们的建筑生涯，致力成为一名建筑师的同时也做一些咨询工作。我和 Lynn Simon 公用一间办公室，在那里度过四年后，我突然很想念家乡，于是就和妻子回到了缅因州。我权衡了建筑和咨询，随着 LEED 的不断发展我觉得重新回到全职咨询的模式。

作为项目团队的绿色建筑顾问，你的主要职责是什么？

> 我是团队领导者、教育者，以及一个不断挑战做着不可能之事的人。最终，绿色建筑都是从传统建筑过程转变而来，所以它需要前期的努力、教育，并对设计团队和所有者提供正确的问题导向，以确保在预算和预期时间内

完成成最高性能的绿色建筑。作为绿色建筑顾问，我们不仅需要推进这些流程，同时作为团队的绿色专家，我们还要提供和实施生态解决方案。

大多数人认为绿色建筑咨询是一个相对较新的领域——你预测它会成为一个长期的稳定职业么，或是认为它会最终被纳入其他现有的团队成员的角色（建筑师、工程师，等等）？如果最终会被纳入其他角色,你估计要花多长实践？你对未来的"新角色"有怎样的期待？

> 我认为随着时间的推移，会有越来越多的团队成员看到绿色建筑的价值，但这只是基础。我觉得对于公司还有很多工作要做。在这方面建筑师要比工程师们反应更迅速些，当我们审视全球经济和工作后，发现要做的事还有很多。我不确定这是否会是个新的角色，但我想确保可持续性创新在设计团队是一种可以用来思考我现在和未来可以怎样做的有趣方式——意图实现能够产生高于使用能源量、最小污染、净化空气、清洁水、仿生态的建筑和社区。

目前在这一领域的建筑专业人士要比以往多很多，你认为这种转变对行业质量和收费会有怎样的影响？

> 我看到很多人都在试图增加这项服务，现实情况是，很多人只是将他们的注意力集中在 LEED 认证，而非一体化设计上。

建筑环境博物馆。公司和图片：FXFOWLE

所以，虽然我们可能会失去一些收费较低的顾问工作，但当客户下次再回过头找我们的时候，我们或许就会听到一些让客户失望的故事。现实是，有些客户仅仅只是想要认证，对于他们不了解的东西他们也并不想去了解，所以他们始终不明白更高的费用能让他们获得些什么。好的顾问的优势区别在于超越对软成本的关注，且更注重对设计团队、承包商和最终的所有者的经营预算和员工满意度的影响。

绿色建筑咨询领域的未来在那里，你认为行业前沿又是什么？

> 这是关于影响过程的能力——而它也将产生更好的成果。从过程的角度来看，它是关于创建项目团队的真正一体化和提出正确的问题如"这样是否实用？什么系统最能为这个设计提供助力？"

对于建筑的设计和建造来说，前沿是关于使建筑能够产生高于使用能源量、最小污染、净化空气、清洁水，同时也能增加社区幸福感。简单来说，就是可再生和净零能耗建筑。

在聘用一位新的绿色建筑顾问时，你会看重什么样的特性 / 资历 / 特点 / 背景？

热情和沟通能力。同时也要谦虚并乐于不断学习，还有熟练的工作经验，相关的基层工作经历。

灵敏的演变

LAUREN YARMUTH，LEED AP BD+C

YR&G Consulting 负责人

你是如何开始绿色建筑咨询的职业生涯的？有没有一个人或是一件事对你的职业选择造成了非常大的影响？

> 我是学建筑的，我在学校时就被介绍给了 Bill Browning at Rocky Mountain Institute（RMI）。听说了那里的工作后，我去了解了绿色的概念并将课外作业也集中在这一主题，在这一领域的实习最终使我下定决心去 RMI 工作。

作为项目团队的绿色建筑顾问，你的主要职责是什么？作为绿色建筑顾问，你需要对项目流程做什么？

> 我负责管理（我公司）团队中的人，从能源、采光、成本模型到 LEED 咨询、辅助设计、公司政策、市场营销，以及业务支持等一系列的人员。作为顾问，我会努力用绿色化视角看待项目，对团队有关有持续性的几乎所有方面提供指导和资源。我还向客户和在各个大学中传播可持续相关的理念。

大多数人认为绿色建筑咨询是一个相对较新的领域——你预测它会成为一个长期的稳定职业么，或是认为它会最终被纳入其他现有的团队成员的角色（建筑师、工程师，等等）？如果最终会被纳入其他角色,你估计要花多长实践？你对未来的"新角色"有怎样的期待？

> 我认为该领域会继续发展。是的，我们目前服务元素像 LEED 咨询和能源建模可以纳入其他行业，但绿色建筑 / 可持续发展的其他元素会逐渐发展壮大，比如，社区服务、综合农业、绿色投资、教育等等。

绿色建筑咨询领域的未来在那里，你认为行业前沿又是什么？

> "生存"或再生建筑、社区经济、建设综合农业。

你认为绿色建筑咨询领域最大的收获和遇到最大的挫折是什么？

> 收获：在特殊的有意义的解决方案中的合作，看到人们和项目因此的转变。

挫折：许多项目 / 项目团队的思维非常封闭，忙碌，并会以传统的方式分配资源，无法为优化提供有效的机会。

——Lauren Yarmuth, LEED AP BD+C，YR&G Consulting 负责人

> 收获：最大的收获就是看到当人们关于如何对待对我社会和经济健康产生直接作用的环境问题时在沟通中发现的共同理念和受到对方的启发。

挫折：当人们只是为了钱或宣传。

——Rebecca L. Flora, LEED AP BD+C, Ecology and Environment, Inc. 可持续社区实践领导者，RLF Collaborative, LLC 总裁

> 最大的收获是看到一个项目的伟大成果：一个快乐的客户、一个自豪的团队、一个热情的承包商，如果有一些经验教训，那就是要了解如何使用这些来影响下一个项目的变化。

经过几个月的工作达到最佳的一体化设计方案，一些来自外部资源的或新的客户代表带来的——比如一位经验丰富的工程师——他们会提出一些将项目引向错误方向的建议和方法。所以吸取的教训是，确保一开始的团队成员就是所有的参与者，包括客户端。

——Gunnar Hubbard, LEED AP BD+C, ID+C, Thornton Tomasetti | Fore Solutions 负责人

绿色灯塔

从星巴克到小型住宅，各个公司和项目逐渐开始把绿色作为一个基础以及整体大局的综合方面的良好考虑。因此，可持续发展和绿色建筑顾问正在创造并满足这些新的需求，从而使那些能够深入研究绿色议题并带领他人开发更具可持续性解决方案的专业人士能够越来越多。从能够超越建筑的可持续发展顾问到那些在（太阳能、水资源管理、材料选择等等）专业知识上跨越了整个建筑行业的绿色建筑顾问，在这一领域的可持续工作种类是非常多种多样的。事实上，对于绿色求职者来说，在这个市场上的机会似乎只会快速增加，前景也会更加乐观。选择内部或外部绿色顾问在创造最优生态环境项目上还是会有所差异。正如在黑夜中提供光明的一盏灯一样，可持续发展或绿色建筑顾问也会是这样的灯塔。

注 释

1. 由 Booz Allen Hamilton 为美国绿色建筑委员会所做的 2009 绿色就业研究，经营综合报告，第 ii 页

2. Anya Kamenetz，"Ten Best Green Jobs for the Next Decade," Fast Company, 2009-1-14, www.fastcompany.com/articles/2009/01/best-green-jobs.html，访问日期 2011 年 10 月 3 日。

3. Tristan Roberts，"Your Guide to the New Draft of LEED" BuildingGreen.com，www.buildinggreen.com/auth/article.cfm/2010/11/8/Your-Guide-to-the-New-Draft-of-LEED-2012-public-comment-USGBC/，访问日期 2011 年 10 月 3 日。

4. 美国绿色建筑委员会，"LEED 2012 Development：FAQ," www.usgbc.org/ShowFile.aspx?DocumentID=9826，访问日期 2011 年 10 月 3 日。

5. 国际绿色建筑规范，www.iccsafe.org/cs/IGCC/Pages/default.aspx，访问日期 2011 年 10 月 3 日。

6. The State of California CALGreen，http：//www.hcd.ca.gov/CALGreen.html，访问日期 2011 年 10 月 3 日。

7. Christopher Cheatham，"Florida Supports Green Building Code," Green Building Law Update, The Law Office of Christopher Cheatham，LLP，2011-6-9 www.greenbuildinglawupdate.com/2011/06/articles/codes-and-regulations/florida-supportsgreen-building-code/?utm_source=feedburner&utm_medium=feed&utm_campaign=Feed%3A+GreenBuildingLawUpdate+%28Green+Building+Law+Update%29，访问日期 2011 年 10 月 3 日。

8. FairRidge Group，"Sustainability Management Infrastructure：What It Is and Why You Should Care," 2009-6-25 www.triplepundit.com/2009/06/sustainability-managementinfrastructure-what-it-is-and-why-you-should-care/，访问日期 2011 年 10 月 3 日。

CHAPTER 6

第六章
绿色建筑工艺及工具

如果你仅有的工具是一把锤子，那么你遇到每一个问题时都会觉得它像钉子。

——亚伯拉罕·马斯洛（美国心理学教授，重点研究人的积极品质。以进一步发展了马斯洛需求层次理论而出名）

每一个行业都需要有自己的工艺流程及工具来完成这项工作，医生有药箱和书籍，艺术家有颜料和画布，裁缝有剪刀和针线。毫无疑问建筑也是如此，他有自己独特的工具箱，里面包含着行业的关键元素。对于创造一个优秀的绿色建筑来说，其理想状态是包含两个关键元素：首先，需要有一个经验丰富的、经过流程检验的建筑设计、建造和建设的团队；其次，需要一个装满最佳实用工具的工具箱来完成这项工作。虽然实际的工具和步骤可能多种多样，但从建筑师到承包商再到设备经理等等的绿色建筑专业人士，当他们努力寻求最好的途径来完成自己在绿色建筑工艺中所处的环节时，都会在自己工具箱中发现一些相同的必备要素。

工艺

一个成功的建设工艺流程会涉及一系列的公共元素，这些公共元素包含：一个确保整个团队处在正确轨道上的品质把控计划，以及从以前的工程项目中学到可能对目前方案产生影响的一整套经验总结，而绿色环保的理念就贯穿在这整套建筑流程当中。

当基础品质管控已覆盖整个流程时，一个以致力于量化项目为目标的绿色方案便已准备就绪了。设定一个可量化的进度安排来确保项目能够按计划实施，包括考虑为项目进行中存在调整和改变的需求预留时间以确保其能以最佳的方式完成。由于所有流程都是与实际施工同样重要，所以需要有高效的项目经理负责监督整个流程，并将管理和检查实施进度作为日常工作。绿色建筑过程的一个重要区别是其在方法论中的灵活性和有机性，如同自然界中的生物可以通过不断的调整适应各种改变的能力。

2101 L Street NW（LEED CI Platinum）。公司：RTKL。
照片：@ PAUL WARCHOL

美国能源部太阳能十项全能（2011）团队成员在西波托马克公园太阳村施工现场进行的第一次早会。照片：CAROL ANNA/美国能源部太阳能十项全能

> 您已经为各种各样的绿色建筑系统创建了"工艺流程开发"，那么在这些成功的过程里有没有一些共同元素或关键要素呢？

研发过程是一个全面的综合性的体现。如果一个流程不能完成其在具体应用中的任务或是没有一些相关的体现，那么它将不是一个好的流程。最好的流程是研究和实践相结合而产生的，研究是关键，因为通常类似的过程之前已经被研发，而经验也很重要，这样才能使流程与实际操作的完美配合。

——Gregg Liddick，LEED AP BD + C，项目经理，GDL 可持续发展咨询公司

指南：集成设计

可持续性市场转型研究学会和美国国家标准协会联合创立了一套正规的设计流程，叫作"集成设计标准与可持续建筑及社区建设"。这套标准定义了"一体化流程"的意义："在复杂的技术和与设计、建筑息息相关的生活系统之间实现最大化的配合协调和有效管理，为寻求可持续实践操作的……为实现成本效益和更加有效的环保性能，促进从传统的直线设计和传递过程到注重相互关联系统整合的设计和建筑施工的转型显得尤为重要。"[1]

在 Barbra Batshalom 和 Kevin Settlemyre 共同成书的其中一章："每个人都在实践一体化设计，至少他们是这样说的"，作者创建了一系列评测不是一体化设计的标志，包括：

- 没有关于项目最终目标的共同协议，以及设计初期对项目目标的错误理解。
- 各专业和人员之间围绕特殊数据如何分解和问题该如何处理等事项缺乏沟通导致的一种阴谋感（如电机工程师没有明确告知建筑师设计结论是如何得出的）
- 会议不高效且没有实质意义上的配合与协作。[2]

相反，一体化流程也有几个确保项目成功进行的具体特点体现，它是达成环保和成本效益的集成项目所需的基本要求，正如"集成设计标准与可持续建筑及社区建设里"勾勒的那样。当然，没有这些要素也可以实现项目的高性能化，然而，大多数的项目团队将在实现高标准目标时出现障碍，如果下列这些方面的任何一点得不到解决：

- 客户（金融决策的主要制定者）需要参与进设计决策的过程中，以便了解当前进度和安排，避免对已达成决定或已建立成果的错误推翻和扰乱。

- 正确的设计团队需要准备就绪，项目和团队不应该由"专家"负责，专家只应作为联合学者成为团队的一部分。

- 利益相关者和设计团队应该就项目及其环保事宜背后的目标和价值观达成一致，只希望赚钱或是单纯的想要建成一个建筑的情况很少，如果有的话，需要及时明确项目的主要目标。

- 关键系统和模式——如栖息地、水、能源和材料的确定和就绪。

- 预设计环节应在建筑和自然体系之间寻求某种协调配合的解决方案，当可以轻松地添加绿色解决方案且不会增加额外费用，不会为后期的可持续性增加麻烦时，就可以用评估工具来评估需求和目标。

- 团队成员需坚定保证关键系统中具体可量化目标的达成。

- 一体化流程需要有一个清晰的总体规划。

- 施工流程应包括完整的后续行动。

- 项目竣工后，应成立一个委员会对建筑中设计的各项性能表现进行评估——因为仅仅建成不代表可以良好运作。

- 建筑建成后，后续的维护和监测还需要继续，因为发生熵和连续性的反馈对高性能的长期保持至关重要。[3]

一体化流程是关于什么的？为什么说它对行业至关重要呢？

> 一体化流程（IP）首次集中了所有建筑和设计过程中的专业人士，使他们以团队的形式进行预设计或是其他关键步骤的研讨会。因此，它可以起到降低风险的作用——根据消防员基金会的 IP 风险降低声明，并减少建筑和运营成本——基于海军和利宝互助保险集团公司曾大幅度的变更订单的经历。一体化流程同样可以增加商业建筑的现金流和住宅的经济价值，如绿色建筑保险核保标准共识里表明的那样。

——Mike Italiano 总裁及首席执行官，可持续性市场转型研究学会创始人，美国绿色建筑委员会主任，可持续家居委员会首席执行官，资本市场合伙人

整合大师

BILL REED AIA, LEED AP, HON. FIGP

Regenesis 公司总裁，Integrative Design Collaborative 主席，Wiley 出版的《绿色建筑一体化设计指南》一书的联合作者

您是什么时候第一次接触一体化设计，又是怎么知道它将是变革性的？

> 我第一次了解一体化方法是在 20 世纪 70 年代初期，那时候我还在大学，当时在书架上浏览时看到一本由 Caudill, Rowlett, & Scott（CRS）的 William Caudill 所著的书。他在得州学区工程项目用一系列的设计研讨会和维持一周的设计会议来推进设计流程的优势。我记得他对成功的工作研讨会流程的定义是：任何人最后都不能单独被称为是这个项目的设计师。团队和客户都充分的参与到了流程当中。

20 世纪 80 年代中期，在一次欧洲行之后，当我回顾旅行照片时，我意识到所有拍照的建筑都是工业时期前的。作为一个现代建筑师这显得有些奇怪。而每个建筑的共同特点是他们的建造者——一位建筑大师。如果那时一个人就能创造如此美丽持久的建筑，为什么我们今天不行呢？显然，专业化的时代不会被这样带走，那么接下来的问题就是，我们该如何创制一套流程让每个建筑人员都能够参与或者说成为综合建筑大师。这个想法看来在我看来是正确的，然而直到 20 世纪 90 年代，一个更加复合的未知的绿色设计议题出现在人们面前时，对设计和建筑过程的参与者们进行整合的重要性才凸显出来。

我花了数年实践，来使大家明白一体化流程并不意味每次会议都需要所有人参加；更多的是需要关注流程中的执行人、所做事项和时间的管理。

顺便值得一提的是，最开始 LEED AP 创新信贷就是被设想成为指导建筑师运用一体化设计实现更高性能的一个途径。

和传统的建筑设计比较一体化设计有什么独特之处？

> 大多数建筑师都认为他们是综合性人员，因为他们要面对许多顾问以及各种项目上的专家。他们可能会将一些想法综合起来，但他们通常不会邀请顾问来对项目进行联合创作或是联合设计。一个真正高效的一体化流程是：里面每一个人都是项目的联合设计师并且能够使项目比通常预期的表现值要高一些，这个过程包含了对未知部分的探索。当这样做时，新的想法会不断涌现，并伴随着种种新的可能。如果一个设计团队只是简单的将相关人员召集起来，围绕一个建筑师或客户的想法进行研讨会，那么将会失去很多创造性的潜力。

好的一体化设计的几个关键元素或者说重要成果是什么？

> 在所有关于建筑或是项目形式的想法形成之前，首先需要有一个探索和发现的过程。

处理机械和生活系统：发现（即研究和分析）所有系统——能源、水资源、栖息地、人类栖息地和材料——至少是以可达到的最大限度为界限。

保持项目团队在深层目标上的一致，没有人盖一栋建筑只是为了好玩，而这将是创造力不断涌现的基础。

对设计流程进行设计。安排所有研讨会、合作互动、必要的研究以及分析。这样就能使每个人都能清楚的掌握解决问题的大致路线。

持有我们称之为 A 和 B 部分过程是有用的。（付费或是免费的）项目顾问负责最初的简单研究，并在会议中讨论项目中设计和性能条件的各种可能性。

不停反复地思考，使各种可能性不断增加。并且不要太早为项目设立性能上的目标，这些都会限制思维的创新，毕竟在开始那些支持条件还没有建立。

坚持永远不断思考建筑性能建筑性能的各种可能性、人们的参与度、转折点 / 社区。

告诉我们一个一体化项目成功的案例或者一些经验教训。

> 关于对上述项目的"深层目的"的发掘，管理大师 Charles Deming 得出以下方法：所有重要问题的目的都应在五个层面的为什么中进行理解。我们在一个关于国际企业总部的项目开始时提出了这五个问题，这里是就这些问题和该企业执行副总裁讨论的复述：

你们为什么需要这个建筑？（请原谅，我们知道这是显而易见的。）

我们需要更多的空间。

你们为什么需要更多的空间？

为了安置我们不断增加的工作人员。

你们为什么需要安置这些人员？

要达到一个更高效的团队沟通和促进团队精神。

为什么他们能在之前确定的设计概念下更好的交流沟通呢？

在 30 秒的沉默之后，这位执行副总裁一把拍在桌子上，用非常感叹的语气大声说道，我们就在刚刚帮他节省了 3000 万美元。

出于好奇，我们问道为什么呢？他解释道：刚刚被问之后就开始思考我的员工在之前的设计概念中会如何相互交流的。他突然意识到，有整整四分之一的员工从这个建筑中没有得到任何好处。信息技术（IT）和呼叫中心这两个部门的员工每天长时间带着听筒，并且只通过电话或是电子邮件交流。他们只有在每周一次的员工大会上才能面对面地交流，而且他们更倾向于避免交流，在家工作。他们意识到这点后非常兴奋，因为这意味着需要建设大楼比原先缩小了 25%，相当于节省了 150000 平方英尺。对于环境建设来说这是一个不错的方式，这些问题只是给如何大幅度降低建筑对环境产生的影响提供了可能，更不要说还帮助客户节约了大笔金钱。在这里，关于可持续的方法是以减少建筑面积开始的 [转述自《绿色建筑一体化设计指南》(The Integrative Design Guide to Gree Building)，7Group，Bill Reed，et al. 著，John Wiley & Sons 2009 年出版，中文版由中国建筑工业出版社于 2016 年出版]。

经验教训的话就发生在两周后，我们还与 EVP 的会议后立即被雇佣来帮助进行一体化流程的设计。然而，副总裁与我们对话时整个房地产和设备团队都不在场，当他将在与我们会议上学到的东西告诉这些团队时，他们告诉他项目的进展已经远远超出了可以实现再重新制定的范围。他们不希望将之前的努力再推翻重来，这是他们最真实的想法。当然，副总裁还是重新定向这个工程。然而，从这个事件中我们得到的教训是：我们参与的时间太晚；所有涉及项目或应当参与的领导没能参与到之前与我们的讨论中；公司在真正理解潜在问题之前就开始建筑设计。

他们很礼貌地感谢我们的努力，并说很可惜来找我们介入的时机还是有些晚了。这里是另一个错误——进行创造性地思考和为实现配合协调的努力永远都不会太晚。

LEED 的未来版将包括一个所有评级系统的新元素叫做"一体化流程"，它将引导团队在早期的流程对能源和水系统的相关成本分析中实现合作。

Cooper Carry，亚特兰大，佐治亚州：创新空间（LEED CI 铂金）。公司：Cooper Carry 图片来源：GABRIEL BENZUR PHOTOGRAPHY

一体化流程资源

美国建筑师学会（AIA）：集成项目交付：指南

　　　www.aia.org/contractdocs/AIAS077630

美国国家标准协会（ANSI）

　　　全系统一体化流程（WSIP）可持续建筑和社区指南

　　　http：//webstore.ansi.org/FindStandards.aspx?Action=displaydept&DeptID=3144

向可持续发展的市场转型（MTS）& 美国国家标准协会

　　　"为设计与建筑可持续发展建筑和社区的一体化流程标准 © "

　　　http：//mts.sustainableproducts.com/IP/IP%20Standard%20-%20BALLOT%20Version.pdf

BetterBricks —— 一体化设计与工具

　　　www.betterbricks.com/design-construction/tools/integrated-design-process-tools

建筑设计指南大全

　　　www.wbdg.org/wbdg_approach.php

工具箱

　　当综合的一体化的进程准备就绪时，就可以取出支持和维护整体计划用的工具了。工具箱用来放置各种不同用处的工具，有优势也有缺点。除此之外，大多数工具箱都具有轻便也携带的特点，如果其中一件工具需要调整，那么箱子里还会有其他备用工具。另外，工具箱里所装得工具应该适应特定行业和项目的需求。在绿色建筑行业情况就是这样，他们的工具和工具箱都内容丰富，可以适用不同选项、尺寸和形状。

　　举个例子，绿色建筑工具有各种形式，从建设计划，Excel 电子表格，照片到基本的锤子和钉子。还有另外一些很好的实用工具包括以下这些：

- 一个支持性的工具，或是区域，在建筑拖车中放置关键绿色资源。
- 一个提示工具，作为每周建筑会议的议程项目列出各种绿色目标。
- 用于追踪项目所需的认证木材、低排放和当地材料的电子表格工具。
- 用于监视运送往填埋区的建筑垃圾的电子表格工具。

■ 那些显示各种问题的照片，包括空气污染或是水渗透等可能影响未来项目模式的问题。照片同意可以用来显示现有材料的再利用——或许是一枚来自现有建筑的重塑钢钉，一旦被石膏墙板盖住后除非用照片来记录过程否则无法再看到。

■ 现场设备可能包括一台用于随时报告排放量的空气质量监测设备，测量空间日照强度的采光监测设备或是用于建筑物能源系统的调试测试设备。

寻找最佳工具

一个普通的螺丝可以被螺丝刀或是黄油刀轻松卸下。那么问题是，这个行业中最好的工具是什么呢？虽然很少有万能的解决方案——否则，所有的建设问题都能用一把锤子解决。相反，选择最佳的工具取决于每一个特殊的情况。

为了识别所有工作的最佳工具，有必要先对工具进行评价，然后针对特殊需求的最佳工具就会诞生，下面是一些关于评价绿色工具的问题：

哪种工具可以用？

■ 最终目标是什么？

■ 项目中有没有一些限制条件或是制约因素？

■ 基于特定标准的工具是否可信？

■ 工具是由第三方（中立资源）认证的吗？

■ 客户如何看待这个工具？

■ 如果这是一个新工具，有成熟的证明记录吗？

哪一个是根据最终需要产生的最佳工具呢？

■ 基于绿色评价系统或者客户需求，对于输出是否有要求的形式？归档的最佳形式是什么？

■ 工具多久需要更新一次或是进行调整？

■ 项目团队对工具的熟悉度怎样？

■ 工具的使用需要专家的参与和协助么？

可想而知，即使可以回答以上所有问题可能也无法明确确定选用那种工具最适合。除了初始评估，日新月异的科技带来的工具和产品的快速发展和变化也是原因之一，所以两个月前确定的适合工具两个月后不一定还是最佳。通常，这些新的技术和策略将会在一体化流程中有活跃的表现或是说重塑流程。反过来，流程也可以提供反馈信息，对工具进行修改，必要的灵活变通很重要。

即使当你能够评价和比较所有的可用工具，这些工具能与最新科技同步，仍然需要帮助确定哪个是最佳工具。这些帮助可能来自几个不同的形式：

- 网络上常会有各种工具的评价，并会给出每个工具的优缺点。
- 期刊或官方白皮书可以提供工具排名和提供产品的基质。
- 可以听从对意向工具有使用经历的专业人士的推荐
- 项目团队可以寻求专家协助评估各种工具。
- 团队可以与特定的工具专家合作。

透明度

虽然一些过程和工具结合可以产生良好的结果，最好的和最可靠的验证需要用到两个关键要素：中立性和具体性能指标。使用特定数值进行中立性的证明的常见例子比如在高调的学院竞赛或是美国偶像评比时的清点选票，通常，一个中立的第三方会计师事务所比如普华永道会审查所有最后生成的数据，并选出最终结果发送给委托方。在绿色建筑中，中立性会使用透明化的进程或者工具完成，其次，关于对节约自然资本（如水／能源／材料）或金融资本（如投资回报）的测量有一套通用的规则和审判机制。

规则和评判机制

为了创造一个公平竞争的领域，就像几乎所有比赛和游戏那样，需要有一套规则和评判机制。

位于佐治亚州，劳伦斯维尔的佐治亚格威内特学院的学术中心。在那些能受到一天内大部分日光照射的区域，一种玻璃原料已被应用于玻璃内光第三面以降低太阳能传输量。公司：John Portman & Associates。照片：MICHAEL PORTMAN

标准

在绿建的世界里，规则就是"各项标准"，而评判机制则是"各种认证或者认证机构"。

规则由谁制定以及怎样制定

从历史角度上看，对于绿色建筑流程、标准、认证及工具来说两个最主要的"规则制定者"是：

- 美国国家标准协会（ANSI）[4]
- 国际标准化组织（ISO）[5]

这两个组织作为可靠来源已被国际社会广泛接受，因为他们创造的规则是基于共识的、开放的，并通过一定程序制定的。ANSI 和 ISO 标准的范围很广，从农业到造船业中的大型产品再到小型产品（电器等）的组织流程都包含在内，所以建筑施工只是其中的一部分。这些组织有时会只用到 ISO 或是 ANSI 流程中的一部分，因为如果将整个流程全部走完将会是非常繁琐冗长的。另外还有新的可信标准开发商不断涌现，如 UL 环境（ULE），它是保险商实验室公司的一个附属机构。然而，这些组织（ISO、ANSI、ULE）并不是唯一的"立法者"；有时，监管或是标准制定机构有时可能也是一个环保组织，或者说标准有时就是由其行业本身制定。事实上，有时行业会制定一些标准和自身认证，尽管在这种情况下会存在内在利益的冲突。

为什么标准是很重要的？

> 标准是根据一些已达成共识的流程发展而来，并具有自愿性、开放性及非支配性，它是处理环境、性能及材料测试的一种可靠的解决方案。

标准的开发过程会确保从行业代表、公共卫生 / 监管官员，到用户 / 消费者代表及其他相关利益群体的投入平衡。

美国国家标准协会（ANSI）授权标准开发者进行 ANSI 标准的开发。ANSI 程序要求有一个公众审核期，使其在实践中接受检验，在此期间可以采纳各方建议，加入一些好的建议或对已有部分进行修改，这就使标准开发具有了开放性，并确保 ANSI 标准提供的将是一整套全面而综合的方法。

——Mindy Costello，RS，美国国家卫生基金会国际部，国家可持续发展的标准中心，可持续性标准专家

> 标准是根据一些已达成共识的流程发展而来，并具有自愿性、开放性及非支配性，它是处理环境、性能及材料测试的一种可靠的解决方案。

标准的开发过程会确保从行业代表、公共卫生／监管官员，到用户／消费者代表及其他相关利益群体的投入平衡。

美国国家标准协会（ANSI）授权标准开发者进行ANSI标准的开发。ANSI程序要求有一个公众审核期，使其在实践中接受检验，在此期间可以采纳各方建议，加入一些好的建议或对已有部分进行修改，这就使标准开发具有了开放性，并确保ANSI标准提供的将是一整套全面而综合的方法。

——Mindy Costello，RS，美国国家卫生基金会国际部，国家可持续发展的标准中心，可持续性标准专家

> 这些共识性的标准，除依照技术转让法被用于联邦机构外，还备受领导力标准竞赛的青睐。同样，这些标准也实现了所有重要群体所需的购买，使他们在市场中得到实现，并从19世纪初开始对建筑行业进行调整和管理。

——Mike Italiano，对于可持续发展的市场转型研究学会，总裁兼首席执行官，美国绿色建筑委员会创始人，可持续发展家具委员会总监，资本市场合作伙伴公司首席执行官

标准资源

美国国家标准协会（ANSI）：www.ansi.org

国际标准化组织（ISO）：www.iso.org–

美国保险商实验室公司 –UL 环境：www.ulenvironment.com

第三方

第三方是赢家

关于认证有三个独立的层面。第一部分是一个项目或公司内部审核，第二部分是指在行业内部或是"家庭式的"对项目和公司的审核，但这样的结果通常会带有某些固有偏见。因此，如果需要最客观的判断，就必须有一个与项目和公司完全隔离的完全独立的第三方认证机构或"法官"。为了达到这个目的，并提供一层额外的信誉度和中立度保障，ANSI对一些第三方认证机构进行授权。此外，ISO还制定了一套标准《ISO指南65：1996》，明确地概括和定义了认证中不同层面的意义（第一，第二和第三方），里面还提到没有任何利益相关的公正审查，透明的标准、流程和相关文件这些都是作为第三方资格审查的必要组成部分。[6] 所以，只有当这些赢家和它所评判"规则"一样好时，精明的绿色建筑专业人士才会青睐这些标准。

重要的插件

LINDA BROWN
科学认证系统执行副总裁

科学认证体系（SCS）对从农业到建筑材料再到碳的几乎任何事物提供第三方认证，这种广度的认证是否揭示了所有事物相互之间都是有所联系的？

> 我们的认证广度揭示了所有的人类活动——包括产品的生产和使用、各种服务的提供、系统的组织和运作——都会对人类健康和环境产生影响。而这些影响通常是相互关联的。不论这些影响是利是弊，只要他们越透明就越能帮助人们对接下来要做的事做出正确的判断。

例如，人类活动产生的大量问题，如过度捕鱼、温室效应造成的温度和化学遍布、大量养分流失以及垃圾倾倒等都在危及着海洋生命。对于这些问题目前没有一个好的解决方案，而我们每个人对这些环境都负有不可推卸的责任。对于建筑师、设计师或是设备经理又或是建筑运营商来说，海洋可能是一件很遥远的事，但他们都必须在自己的领域发挥出拯救海洋的努力，比如设计更为节能的建筑，以及探索新的减少上下班路程的方式或增加交通工具的选择，通过回收和循环利用以使最大限度减低废弃物总量，还有鼓励食品摊贩只卖通过正规渠道而来鱼肉。

在空气质量科学（AQS）实验室内的产品或其他材料的样品，如隔热材料。照片:RON BLUNT PHOTOGRAPHY FOR AQS SERVICES

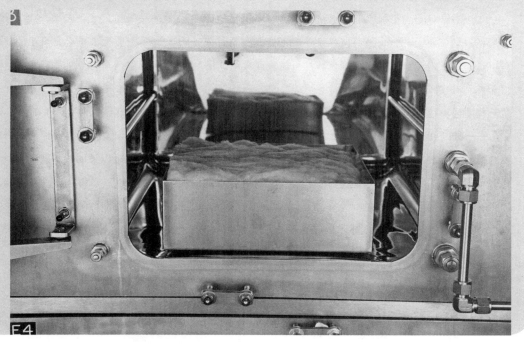

第三方认证对于你来说意味什么？你认为它重要吗？

> 第三方认证使购买者有理由相信其所要购买的产品已达到一定的标准，它为购买者提供了信心来源。另外，还有可以复核的产品达标的生产过程用于确保通过认证的产品都是以这样的流程制作并最终达到认证标准的。

——Diane O' Sullivan，INVISTA 市场营销部全球主管

> 在创始 el: Environmental Language 这家公司之前，我是一名商业室内设计师，同时也是一个绿色产品方面的专家，第三方认证作为产品绿色属性的标识，是我选择一件商品时首先考虑的部分。

自从开始经验自己的公司后，我对之前的观点有所转变。我们在生产了一种优雅美观而又环保生态的家具后迅速地了解了在获得和维护认证上的有关费用。

第三方认证是一个能唤起并保持生产商对环境问题责任心的有效工具，并且也是可持续设计中不可或缺的一部分。这是为了避免商家对产品绿色属性只做表面文章的最好策略，并使购买者通过简单的标识可以立刻意识到他们的选择对环境建设的贡献。

——Jill Salisbury，el: Environmental Language 有限责任公司创始人兼首席设计师，Torchia Associates 高级设计师 / 助理

> 第三方认证最重要的是它带来了可靠的信心来源，如果没有第三方，统计数据显示的结果是不值得信赖的。在过去的十年中，消费者和专家常会对误导信息感到沮丧，所以他们也希望找到一种可靠地信息或是受信源。这就是我为什么如此喜爱 UL 的原因——我们是"信任管家"。

尽管现在品牌的推广手段多种多样，但我还是无数次听人们说起 UL 作为第三方认证可以为品牌带来的价值。而这些价值却很容易被人们忽略，即使是在今天，我作为主持人参加一个会议时，听到我的一个朋友，他正和一家领先的制造商从全球视角下分析并提出对认证成本问题的不满。然而，最后，如果专家们还在制造商的抱怨中寻找自信的理由，那么第三方认证终会被那些更加廉价的营销活动所取代，这些营销活动也会有一套关于为什么背景信息、计算结果、成效以及性能方面的措施是可信的解释。

——Paul Firth，经理，UL 环境

> 第三方认证是必不可少的，因为它使专家们在选择产品和材料时可以更加明智，并掌握哪些厂家的商品是经过审计并得到来自可信机构的认证。认证过程必须是透明的，并且其认证主体对产生结果不具有财务利益。

作为一个制造商，我们有义务提供产品属性说明标识和第三方认证以证明我们对所使用的环境负有责任。我相信这是为防止"漂绿"进一步升级最有效的方法，而且它最终也会成为推动行业进步和更多有价值研究的动力。

——Ross Leonard，LEED AP，Tandus Flooring 营销总监

第三方资源

认证机构（第三方）

科学认证体系：www.scscertified.com/

UL 环境：www.ulenvironment.com/

标准（第三方）

由 NSF 国际部成立的 NSF 国家可持续发展标准中心：

www.nsf.org/business/sustainability_ncss/index.asp?program=SustainabilityNcs

确定的数

由于绿色建筑认证体系覆盖了非常广泛的环境问题，所以其中各项主题关于符合必要标准的途径也不尽相同，从本质上讲，主要有两种：规定的符合性和性能的符合性。

规定的合规性通常是两个里面最明确的部分，因为它只是对所需的指导准则做简单的说明。例如，LEED 的当前版本规定，油漆和涂层不得超过 VOC（挥发性有机化合物）在南海岸空气质量管理区（scaqmd）规则＃1113 的限制。[7] 如果涂料满足这一要求，便认为是可以接受的。

性能的符合性是指在性能层面需要达到一定标准，但同时还为项目团队关于如何达到规定基准留有发挥创造的余地。举个例子，LEED 可能要求一个建筑的室内卫生设备必须满足能源政策法案（EPACT）[8] 和统一管道规范（UPC）[9] 的最新版本。水暖工程师可以通过任意多个方法和技术来完成性能需求，如使用低流量装置和双冲水或无水厕所等不同类型的结合。绿色建筑评级系统如绿色地球和 LEED 都将符合规定和性能要求的举措在列入其基础组成之中。

然而，随着时间的推移，对真正可持续性认定的关键因素之一逐渐变成一种不同类型的性能要求——能贯彻产品或建筑整个生命周期的长期性能表现。

性能

性能是一个沉重的话题，从本质上来说，它是和用于创造建筑的产品和系统息息相关的。每一个建筑相关人员，无论他们是否只是负责简单的窗户安装或家具安放，都希望建筑能够良好运行。尽管研究、开发、设计和施工是创造这些产品的必要组成部分，但还是有很多团队成员并不认真思考（或是并不关心）这些产品是如何制成的，相反，从用户的角度来说，产品和系统究竟如何能维持长期运行是他们真正在意的问题。

绿色产品的选择是多方面的，而对产品环境性能的分析也需要深度思考。为了简化流程，并使更多已经形成的拥有不同透明度和可信度的实体给项目团队成员（建筑师、室内设计师和工程师）提供用以表明产品绿色程度的认证。但关键是要知道哪些认证是可信的。以下总结了一些基于实践，有助于指导产品在可持续性方面探索的认证特点：

- 中立，第三方标准
- 认证
- 属性声明
- 生命周期分析（LCA）
- 环境产品声明（EPD）

建筑评估与产品评估是相似的，在中立第三方系统的帮助下去设计和建造绿色建筑是有好处的，因为它为建筑的长期运行和后续贯穿其生命周期的性能表现提供了坚实的基础。

对于特别是绿色建筑，这里有一些能更好确保高性能的具体做法：

- 数据采集与跟踪
- 数据的阶段报告汇编
- 对建筑性能数据的第三方介入审核
- 监控设备安装
- 聘请第三方专业人士，如调试委托代理，以检验能源和水系统
- 培训操作人员熟悉微调设备的操作
- 对比相关法规中的性能要求是否达标
- 用类似项目进行性能的基准检测

绿色地球流程的一部分是对安装性能提供现场评估。[10] LEED 也意识到收集数据的重要性，并在 2009 年开始要求所有注册项目提供五年的能源数据。[11] 在 LEED 的未来版本中，将更多的强调性能——对水和能源计量额外计分——以及试运行。[12] 除了追踪要求，美国绿色建筑委员会也加入到全球报告倡议（GRI）中，该组织致力于促进建筑市场性能指标的透明化。[13] "建筑性能指标和报告对我们的运动非常关键，"LEED 高级副总裁 Scot Horst 在一次媒体发言中说道，"数据的收集和报告使我们可以以一种透明，好教易学的方法优化建筑性能。"[14]

位于华盛顿特区的美国绿色委员会总部大厅，完成于 2009 年。（LEED CI Platinum）公司：Envision Design PLLC。照片：ERIC LAIGNEL

为什么性能指标在绿色建筑中尤为重要?

> 建筑是复杂的，建筑性能也是如此。性能指标为帮助理解建筑性能表现提供了指示性的数据，使建筑性能和 / 或是精心的设计不需要进行反复试验（这是目前很有代表性的问题）。性能指标的评估允许团队对比基准评测他们的设计进展。另外，它还能给"设计决策表"带来新的与其相关的信息，以增加可持续发展战略被客观有效评价的可能性。

此外，需要认识到分析（模拟）是一个综合的过程。

如果项目团队在设计过程（新建和改造）中需要比对性能指标，重点应放在量化性能上。这样，团队就会将模拟和周期分析作为一体化设计流程的关键部分。他们会考虑什么类型的分析（遮阳、采光、通风、能源等）会在不同的设计阶段起到作用并避免将典型模拟方法作为诊断工具，因为一旦设计完成，它便无法发挥作用。

——Kevin Settlemyre，LEED AP，BD + C，ID + C，Sustainable IQ 公司总裁

指标 / 性能资源

国家标准与技术研究所——可持续建筑项目指标和工具：www.nist.gov/el/economics/metrics_for_sustainable_bldg.cfm

建筑评级将这些都汇聚到一起

到本章目前为止，在良好的绿色建筑实践中寻求标准的探讨包括：

■ 过程（包括一体化流程）

■ 工具

■ 标准

■ 第三方认证

■ 性能

绿色建筑评级将以上这些都聚集在一起，并创建出绿色建筑专业框架，它通过建设阶段将绿色建筑流程汇聚，并最终实现建筑竣工后的环保和性能量化指标。正如之前在第五章说过的，一个绿色建筑专业人士通常是所有需要进行绿色建筑评级系统项目的领导者或是推动者，他们监督生态战略与技术的实施，并与环境专家一起为具体实施措施提供深入的专业技术知识。在接下来的第六章中，我们将会介绍绿色建筑认证和它们提供的指标或框架对环境问题和建成环境所做的贡献。

绿色建筑认证

在全球范围内，有数百个不同的绿色建筑认证体系和组织，其中许多认证只是对建筑某个特定方面的评估或只是对住宅的评估，但这里的讨论范围将缩小到全球目前正在使用的主要商业体系，并标明每一种认证的主要地理区域：

■ BREEAM（建筑研究院的环境评估方法）。主要以英国为基础，并作为其他几个绿色评级系统的基础。[15]

■ CASBEE（建筑环境效率综合评价体系）。主要是在日本。[16]

■ 绿色地球。这开始于加拿大，现在包括美国的市场。[17]

■ LEED（绿色能源与环境设计先锋奖）。目前在美国和其他 120 个国家。[18]

■ 三星级住房和城乡建设部。主要是在中国。[19]

■ 绿色之星。在澳大利亚，新西兰和南非。[20]

不过需要注意的是，在建立国际化标准和考虑到不同区域特有的环境问题——比如气候条件或地方环境法规规定（或其中缺乏的）——之间有一个必须考虑的微妙平衡。对于那些建筑投资组合可能跨域不同国家（或大洲）国际客户来说，能够提供对建筑进行比较分析的基准测试工具将会非常实用。事实上，虽然这些系统对于可持续性的方法和设置要求每个都会稍有不同，但他们总体的共性是在评估整栋建筑时的透明度和一致性是处在同一水平的。

在美国，两个最重要的绿色评级系统是：

■ 绿色建筑动议（GBI）中的绿色地球建筑评级体系 / 认证

■ 美国绿色建筑委员会的绿色能源与环境设计先锋奖（LEED）中的绿色建筑认证系统

以下是对这些认证系统的探讨，以及绿色建筑专业人士该如何选择最适合具体项目的认证。

绿色地球

历史

绿色建筑动议（GBI）是一个非营利性组织和并且是美国绿色地球的许可证颁发者。绿色地球最开始面向大众是在 2005 年，旨在帮助将绿色住宅引入主流趋势。该框架基于 BREEAM 绿色建筑评级系统。2010 年，ANSI 创建了一套基于绿色地球系统，名为《ANSI-GBI 01-2010 商业建筑标准绿色建筑评估协议》的标准。[21]

发展 / 周期

绿色地球计划是基于生命周期并由技术专家研发。绿色地球系统会每年进行更新——这是另一个绿色建筑专业人士需要关注的点，以便跟上新的变化。

系统

今天，绿色地球可用于许多商业建筑评估，有三个评级系统可供使用：

绿色地球的新建筑（NC）

绿色地球持续改进现有建筑物（CIEB）

绿色地球持续改进现有医疗保健建筑物（ciebhc）

类别 / 级别 / 规模

绿色地球为多个类别提供了千分制评分标准：

- 能源

- 室内环境

- 场地

- 水

- 资源

- 排放量

- 项目 / 环境管理

在这些类别中，能源占比最高，约占整体系统的 37%。在每一类中都没有必须达到的最小占比，所以可以根据具体项目目标和限制，去掉某些类别。

如果使用新建或现有建筑体系可以达到至少占总分 35%，那么该项目可以参与以下四个等级的奖项。

35%–54% = 单球

55%–69% = 双球

70%–84% = 三球

85%–100% = 四球

流程

绿色地球流程的步骤包括：

- 注册并登录

- 填写申请

- 选择并完成第三方第一阶段的评估，项目在这里将会收到一个预测评级

- 选择一种第三方评估和绿色地球认证

- 在以下两个阶段即跟踪建筑阶段安排和完成第三方评估：

阶段 1：在设计、施工图，能量分析期间，第三方评估员会给予状态反馈。

阶段 2：在施工结束后，将进行现场审核。

■ 认证

项目团队的用户界面是一个联网的交互工具，一旦项目团队将建筑数据输入，该工具会提供自动反馈。

人员认证

绿色地球人员认证有以下两个：

■ 绿色地球专业人士（GGP）通过绿色地球进流程指导项目团队。

■ 绿色地球评估员（GGA）审核竣工的建筑场地。

建筑认证成本

截至 2011 年，一个新建设的建筑成本（根据面积，范围从小于 50000 平方英尺到超过 500000 平方英尺）通常在 3000 美元到 20000 美元之间，在校园或建筑

Team members of the University of Maryland work on the landscaping of their house with Muhlenbergia in the foreground at the U.S. Department of Energy Solar Decathlon in Washington, D.C., Tuesday, Sept. 20, 2011. All of the landscaping at their house is indigenous to the state of Maryland. PHOTO: STEFANO PALTERA / U.S. DEPARTMENT OF ENERGY SOLAR DECATHLON

组合的情况下有一定数量的折扣，以及某些额外的第三方现场评估，花费不超过 5000 美元。这里提及的费用不包括任何潜在的硬成本建设费或软成本专业费用。另外还需缴纳一项 perbuilding 年度许可费用于在线工具和一个第三方评估费；GBI 的网站统计称，大多数项目用于认证的总花费约在 10000 美元左右。

市场渗透

截至 2011 年，大约有 200 个的商业建筑获得有绿色地球的认证，有新建建筑也有正在运行的现有建筑。曾荣获绿色地球奖建筑物的例子包括：

沃尔特克朗凯特新闻学院、亚利桑那州国家大学（菲尼克斯，亚利桑那州）——双球奖

百时美施贵宝设备研究与开发所（沃灵福德，康涅狄格）——双球奖

波特兰退伍军人事务部（VA）医学中心（波特兰，俄勒冈州）——三球奖

全食市场（戴德镇，马萨诸塞州）——三球奖

米德维实伟克公司（MWV）总部（里士满，弗吉尼亚州）——四球奖

绿色地球的采访

SHARENE REKOW

绿色建筑动议 营销副总裁 / 销售 / 会员

在绿色建筑领域有许多不同的工具和指标。您之前说过通常将绿色地球作为首选，那么为什么觉得这个系统优于其他呢？

　> 绿色地球的特点是非常高效且易于操作——有些人觉得它是绿色建筑评级系统的"特波税务软件"。他提供一种互动式在线工具，将输入的数据放入评分表，这是一个很大的特色，因为它能够就可用措施和点子给予项目团队自动的反馈。此外，对于一个现有建筑，从调度的角度看，如果有人已经收集了现有的能源和水的数据清单，并有一个熟练的团队进行数据录入，那么只需一周的时间就能完成。所以它不仅可以作为有效的文件记录，而且与 LEED 的认证相比，它可以帮你节省大约 30% 的软成本。一旦项目完工，将会有一名合格的绿色地球评估人去往现场审核绿色建筑以确保评估优势与现场参观一致。

你会对那些讨论绿色地球与 LEED 谁更胜一筹的人说些什么呢？

　> 两者可以共存。我们的目标并不是超越 LEED，而是希望绿色地球可以替代 LEED 市场的 85%，这部分市场没有利用任何绿色建筑评级系统，或者由于成本或所需的先决条件可能无法使用 LEED。我们经常能看到一个项目写着"建设符合 LEED 标准"，但实际上因为成本和方便易

学的在线系统等原因，其中很多通过的是绿色地球系统的认证。理想状态下，绿色地球的介入时间应该是从项目初期的设计阶段，但如果已经无法实现，等项目完工时也可以追溯证明。

绿色建筑动议 / 绿色地球在未来会做的最大动作是什么？

　> 绿色地球正在向一个美国新市场扩展——医疗保健，这将是我们在完成退伍军人事务部的工作和认证后的又一项最新动作。我们修改了现有的"持续改进现有建筑"工具以适应医疗保健领域。目前，已有超过 200 的退伍军人（VA）医疗保健设施使用绿色地球。

在 2006 年 9 月，一篇名为《绿色建筑评级系统：LEED 与绿色地球系统在美国市场中的比较》的文章被登出，文章指出 GBI 的一些优势，如对生命周期分析的关注，重视能源以及一些为方便用户的灵活性。基于这篇文章的发现及内容，GBI 会不会进行一些大的改变？如果有，能否说明一下。

　> 这是篇很不错的报告。为在市场中继续建立信誉，绿色地球 ANSI 官方标准已在 2010 年发布。文章在优势中提到 LCA 或者说生命周期分析是在绿色地球新建建筑模式下使用的。绿色建筑动议提供了一款免费的在线工具——"生态计算器"，以帮助确定彼此"绿色"的材料。LCA 工具目前位于 GBI 网站。

当 ANSI 标准将致力于在线工具时，水资源计算器也会被纳入其中。

所有绿色建筑评级系统当前的两大核心问题是依靠指标证实建筑运行的高性能和不良性能建筑所带来的责任风险。绿色地球是如何解决这些关键问题的?

> 从指标上看，绿色地球使用的是能源之星（一个已被行业验证的基准），并要求使用的提高能源效率举措需达到超出标准至少 10 个百分点。

从性能角度来看，包括一名绿色地球评估员进行现场审核以确保设计、建筑和运行流程可以达到高性能建筑的标准。

您认为绿色地球人员认证与 LEED AP 设计之间有哪些不同呢?

> 绿色地球人员认证分为两种：绿色地球评估员（GGA）和绿色地球专家（GGP）。以下是对这两种认证之间不同之处的简要说明：

绿色地球评估人员需要至少十年建筑、工程、能源专业或设备管理方面的经验，或是能源之星专家。这项认证会包含一些相关培训，有如何撰写现场审核评估报告，以及如何与项目团队一起共同促使绿色目标的达成。在流程最后，绿色地球评估员会为建筑所有者出具一份反馈报告。这些专业人员服务对象包括新建建筑和现有建筑。

绿色地球专家需要具备至少五年建筑行业的工作经验或三年有关可持续发展方面的丰富经验。它的培训和教育计划是一套在线系统，且这项认证的考核测验也是在线完成，参加测验的次数没有限制。这项测验的一个核心特征是，它并不只是对知识记忆力的考核，而是更侧重于对各项建筑规范和绿色地球计划的理解。我们希望通过这项培训计划和考核的人在现场工作时可以借助丰富的专业知识应对各种问题。

参与 GBI 或其计划中的最佳方式是什么? 有没有为志愿者提供的通道?

> GBI 是一个成员驱动组织。各个公司都可以加入这个绿色非营利组织来为可持续发展出一份力。非营利组织也可以选择成为产业联盟，并通过以下网址获取更多信息：www.thegbi.org /join/ affiliates.asp。

绿色能源与环境设计先锋（LEED）

历史

美国绿色建筑委员会（USGBC）是一个围绕绿色能源与环境设计先锋评级系统的非营利组织。它的架构是以 BREEAM 绿色建筑评级系统为基础的，并于 1998 年开始面向公众开放。在 2008 年，绿色建筑认证协会（GBCI）设立，并发展成为专注于 LEED 框架内所有建筑认证和专业证书的独立第三方组织。这使

USGBC 得以将注意力集中在对 LEED 评级系统和相关教育计划、资源、研究和拓展的不断完善，而 GBCI 则是扮演第三方评估者的角色。

发展 / 周期

LEED 是通过以开放性共识为基础的流程，由不同行业组成的志愿者委员会开发完成。该委员会权衡采用技术咨询小组（TAGs）和市场咨询和实施委员会各自提供其专攻的环境专业知识。LEED 系统每两年更新一次——这是另一个绿色建筑专业人士需要注意的，以确保能及时跟上最新的变化。

系统

LEED 能够应对以下五个主要部分的任何一个商业建筑或空间，这五个部分是基于项目类型或市场部门制定的评级系统：

绿色建筑设计与施工

　　LEED 新建筑评估

　　LEED 核壳结构与内装分离

　　LEED 学校

　　LEED 零售：新建和整修

　　LEED 医疗保健

绿色室内设计与施工

　　LEED 针对商业内部设计

　　LEED 针对零售商业内部设计

绿色建筑的运作与维护

　　LEED 现有建筑：建筑运营管理评估

绿色社区规划与发展

　　LEED 社区规划与发展评估

绿色住宅设计与施工

　　LEED 住宅评估

分类 / 级别 / 规模

截至目前，LEED 提供的是一套以百分制为基础外加 10 个加分点的评级系统，具体分类包括：

- 可持续的场地规划
- 保护和节约水资源
- 能源和大气问题
- 材料和资源问题
- 室内环境质量
- 创新和设计过程
- 区域优先
- 位置和联系（LEED 住宅）

在 LEED 将来的版本中，预计将会出现一个包含位置与交通的新的类别。这个点将会在评分上给予适当分量，或是基于其每种类别内的环境影响给分。

全球性的需求同样能在这里得到满足，它被称为最低限度程序要求（MPRs），如最小面积或最低入住率。

在 ASHRAE 屋顶的太阳能电池板（铂金级）。公司：Richard Wittschiebe Hand。摄影：DAN GRILLET

然后，在每种类别中还有一些参与 LEED 评级所需的其他先决条件。通常情况下，先决条件是行业的最佳实践标准；可以根据项目的环境目标和限制在每个分类中进行一些选择。

当 MPRs、每项中的先决条件和最低分都达到时，项目便可以获得下列 LEED 认证奖项：

40 分 = 认证级

50 分 = 银级

60 分 = 黄级

80 分 = 铂金级

流程

LEED 流程涉及两个主要选项，这两个选项允许根据项目设计和施工阶段的时间安排选择合适时机提交文件，这些都包含在以下的全部流程中：

- 项目登记
- 提交程序
    - 对设计和施工阶段进行划分
    - 建成完工后，对设计和施工阶段的文件进行联合提交
- 应用综述
- 认证

项目团队的用户界面是一款基于互联网的工具，它为项目团队输入的建筑数据提供一个框架。

人员认证

GBCI 已为超过 172000 人提供了 LEED 人员认证，一些相关的认证如下：

- LEED 认证（非专业）——这是最初的一项认可，现在已不再向新的参与者提供。
- 绿色助理——为专业人士提供基础的绿色知识。
- LEED AP 专家（ID + C / BD + C / O +M/Homes/ ND）——适合积极参与绿色建筑并具有一定专业技能的人士。
- LEED 研究员——研究员是所有评级系统中最杰出并最具声望的认证。

建筑认证成本

截至 2011 年，对 USGBC 成员来说，一个新建建筑（根据面积，范围从小于 50000 平方英尺到大于500000 平方英尺）的 GBCI LEED 认证费用通常在 3000 美元到 22500 美元之间，但校园或建筑组合有一定比例的优惠，以及一些不超过 5000 美元的额外费用用于第三方现场评估。这里提及的成本不包括任何潜在的硬成本建设费或软成本专业费用。另外还需缴纳一项 perbuilding 年度许可费用于在线工具和一个第三方评估费；GBI 的网站统计称，大多数项目用于认证的总花费约在 10000 美元左右。

市场渗透

截至 2011 年，LEED 评级系统的市场渗透效果很显著：

- 50 个州和 120 个国家的 80 亿平方英尺
- 45000 个正在参与该系统的项目

- 16000 家会员公司

- 78 个地方分支机构

目前，LEED 已有根据 21 个不同国家制定的评级系统，提供全球统一的包括一些区域化的专为解决当地环境问题而制定的系统。以下建筑项目已获得 LEED 体系的认证：

Enco Energy Complex（泰国曼谷）——铂金级

ARIA 会议中心和陈列室（拉斯韦加斯，内华达州）——黄级

美国帝国大厦（纽约，纽约州）——黄级

国家公园体育场（华盛顿特区）——银级

美国人口普查局总部（休特兰，马里兰州）——银级

绿色能源与环境设计先锋（LEED）访谈

ASHLEY KATZ

媒体经理

USGBC

这本书的读者很多都正在考虑向绿色建筑领域转型，而关于进入这个领域又有很多工具／指标（比如 LEED）可以利用，您觉得选择 LEED 的关键原因是什么。

> LEED 已经有超过 13 年的历史了，它已成为一个国际公认的卓越标志，并且它为建筑重新定义了那些用于我们生活、学习、购物、就餐、治病、做礼拜、玩耍以及其他任何一天中可能做的事情的空间。

LEED 已经成为我们在设计、建设、运行和维持建筑以及社区所发生的根本性变化的催化剂。它已成为全国公认的基准，因为它为更好地实践绿色建筑的高性能设计和运营提供了简洁的框架，它们可以适用日常生活所学的每一种建筑类型。此外，LEED 的开发流程是严谨并且基于行业共识的。有数以千计的技术委员会成员参加，同时接受来自公众的意见和建议，而最终的结果由全面公开投票表决产生。LEED 的标志就是不断提高行业水平。LEED 为转变市场并不断挑战建筑行业先锋，会不断完善、定期更新系统，它的存在和发展帮助我们界定并影响可持续发展的设计、建造、维护和运行。

对于很多人将其他评级系统（BREEAM／绿色地球）和 LEED 作比较您怎么看？

> 每一种评级系统都很不错，可以根据个人情况进行选择。LEED 是以一个非营利性的会员制组织为依托的第三方验证，并可能是目前程序最严格评级体系。我们平均

每天都有约 140 万平方英尺的建筑空间需要认证，而参加 LEED 计划的项目空间则高达将近 15 亿平方英尺。这些项目分布在世界各地——美国、加拿大，还有中国、印度、欧洲和南美洲。

对与那些正在进行 LEED 认证的项目团队 / 建筑怎样给出一个简化的说明？

> 它是关于一体化的设计。如果整个项目团队从一开始就在同一状态上，你会消除任何错误或避免走回头路。走回头路会增加时间和成本。在项目团队中拥有 LEED AP 的认证也是非常有益的，说明团队中已经有人有资格和能力来指导项目从开始到完成，并使文件通过认证。

在 USGBC 发布的 LEED 接下来的版本中最大的理念将是什么？

> LEED 下一个版本刚刚完成了它的公众评论期，在这期间我们收集了成千上万条建设性意见以及对草案的建议，这部分意见和建议大多集中在一体化流程和建筑性能方面。USGBC 同样汇集了参与 LEED 草案试点测验的项目团队方面的反馈信息。

在接下来的 LEED 版本中，分数的分配会基于权重，这个过程类似于 2009 年使用的版本，但同时也会以 USGBC 专门用于 LEED 的影响类别为基础。这些影响类别使成绩与 USGBC 和 LEED 寻求的市场转变目标更直接地联系在一起。权重 / 分数分配过程使我们了解到评级系统中的许多变化，包括从结构上改变了室内环境质量（IEQ）和材料和资源（MR）的得分类别。

IEQ 部分的修改使内容更集中在空气质量、照明、声

学，除此之外还增加了此部分测试和认证中的分数占比。对 MR 类别的修改反映出对在制造和产品选择中需要更多的加入基于生命周期的思考。USGBC 也正在解决原材料采购与建筑产品对人类健康影响的问题。

关于 LEED 社区规划与发展评估未来版本中一个最显著的变化是，其草案将分成两个评级系统：LEED 社区规划和 LEED 社区发展，关于 LEED 社区规划与发展评估未来版本中一个最显著的变化是，其草案将分成两个评级系统：LEED 社区规划和 LEED 社区发展，旨在为已完成项目和其他有参与资格的计划提供认证。此外，LEED 现有建筑：建筑运营管理评估的用户还将感觉到该评级系统新证换发流程变得简便。

基于试点和 LEED 未来版本，还有一些大的变化：

增加先决条件

生命周期分析（LCA）

一体化流程

关注性能

所有绿色建筑评级系统当前的两大核心问题是依靠指标证实建筑运行的高性能和不良性能建筑所带来的责任风险。LEED 是如何解决这些关键问题的？

> 性能表现一直是 LEED 评级系统所关注的重要目标。随着 LEED 每一次的版本更新，当行业达到 LEED 对市场转变所设的标准时，LEED 对性能需求和分数也会随之升级。正如你提到的，LEED 认证的建筑是基于一套规定标准进行设计的，然而，居住者和设备管理行为也是建筑性能的关键组成部分。LEED 帮助项目设计和建成高性能建筑，但是这还需要建筑所有人和居住者的共同努力才能使性能

保持下去。为实现这些，USGBC 已经实施了三个不同但却并行的机制来跟踪 LEED 认证项目的持续性能表现：

建立性能伙伴关系（BPP）

LEED 测量法与认证得分

一项最低程序要求，这在 LEED2009 项目中有相关介绍，需要整栋建筑的水和能源使用情况数据实现共享

BPP 是用来获取所有来自 LEED 认证项目反馈的综合数据收集和基础设施分析，包括商业和住宅。这个机制的参与基于自愿，它帮助建筑所有人管理该项目的水和能源使用以及提供基准对其运行是否能达到预期目标进行检验。该计划的参与者会收到年度性能报告和在线数据交流以帮助他们实现建筑性能目标，这些数据将由 USGBC 收集并在 LEED 评级系统中更新。

测量法与认证得分（M&V）是为那些开发和实施一种测量法和认证计划来评估建筑和／或能源系统性能的项目所设的荣誉奖项。M&V 计划的建立使 LEED 可以成功追踪项目持续性能；USBGC 也意识到通过这个加分项目可以将能源和水资源数据通过能源之星共享给 USGBC。前面提到 MPR 需要项目承诺共享认证后至少五年的全部能源和水使用数据，这些数据可以通过能源之星组合管理工具或另外一种允许的格式实现共享，也可以通过申请 LEED 现有建筑：建筑运营管理评估来完成。

在认证方面，项目需要关注 LEED 五大得分领域，包括能源使用、场地选择、材料和资源、水资源的有效利用和室内环境质量。LEED 是一套这样的系统——其先决条件和得分点在各个得分类别中相互关联，而所需认证的建筑也需要通过这一整套系统才能完成认证。在 LEED 最新版中，得分会进行加权，这意味着分数会在潜在环境影响

和人类健康利益这一组影响类别间得到分配。影响类别会通过组合的方法进行量化（如能量模型、生命周期评估以及运输分析），因此当 LEED 中的能源分类没有得分时，它很有可能对这里提及和得分重叠的因素引起的能源使用造成影响。

USGBC/LEED 怎样决定给予变化的市场部门（如医疗保健、零售、酒店等）？为什么自定义系统很重要呢？

> 某些建筑类型有其特有的用途，所以修改评级系统以适应特定的空间类型可以使这部分建筑更易达到要求。例如，医疗保健设施有严格的规定，但我们可以使用专门的医疗标准来使其符合 LEED。这意味着医疗设施无需为达到他们不需要的 LEED 标准做额外努力。修改特定空间类型的评级标准，也会使我们考虑一些建筑使用者特定的需求，比如病人和工作人员都需要多接触自然。其他需要考虑的重要因素包括感染控制和因医院需每天 24 小时保持运作而产生的极大的能源消耗量。运行规划的变化会导致我们计算居住者数量（或 FTEs）方式的变化，这也意味着 LEED 会在特定空间类型方面做出更多努力。为特定空间修改评级标准的另一个关键因素是，它为我们提供了灵活性，使评级系统包括了确保空间类型符合 LEED 认证要求的准入条件。

你对那些认为"LEED 只是大堆的在线文档汇编和收费昂贵的噱头"的人怎么看？

> 最简单的就是说：通过 LEED 认证的项目起码你可以知道它是绿色环保的。不仅是建筑的所有者可以这样说："这座建筑的绿色环保性能是通过第三方检验、测量和认证

了的。"就像食品标签一样，建筑也应该就如何建造以及材料使用方面开始透明化。如果你喜欢有机食物，通过外包装上有机食品认证的标识就能很快找到，你也可以通过阅读成分列表了解自己获取了那些营养成分 LEED 也是如此，它告诉人们你所进入的建筑是如何建成，并同时提供直观的，有据可查的测量结果。

参与 USGBC/LEED 最好的途径是什么？有志愿者通道么？它有哪些特点呢？

当然，如果你所在公司不是 USGBC 成员，那么加入我们最简单的方式是通过访问网站：www.usgbc.org/join。

一旦成为会员，便有很多途经可以直接参与到其中来，比如你可以加入其中的分会，可以参加一些委员会和董事会，同样，强大的网络资源可以增加业务发展机会，减少会议、活动、教育的成本，以及获取更多绿色建筑资源。

当觉得 LEED 在较远的未来（10 年以后）会是什么样子？

我们设想那时的建筑应该更多的回馈环境而不是索取。现在，随着 LEED 的推广，建筑的碳足迹已经减少，但这还远远不够。所以 LEED 未来的发展应该是更多关注"再生"，并在努力改善地球环境的路上不断前进。

如何选择——绿色地球或是 LEED？

最后，如何针对具体项目来决定哪一套绿色建筑评级系统是"好的"或"最好的"取决于以下几个因素：

- 客户目标
- 环境目标
- 财务因素及奖励措施
- 营销需求
- 遵循当地法律法规

根据通常的经验，绿色地球系统可能适用于：

- 对认证费用存在预算限制。
- 对绿色评级状况的反馈有进度 / 时间安排方面的限制。
- 认为现场评估 / 认证。

相应地，LEED 系统可能适用于：

- 需要对特定建筑类型如零售、酒店或社区等提供量身定制的评级系统。
- 项目需要到达总务管理局（GSA）或其他政府部门要求的标准。

■ 客户希望建筑在国际市场上能拥有较高的品牌知名度。

没有哪个系统是非常完美的，然而，无论是 LEED 还是绿色地球都不仅在帮助我们建造更具可持续性的建筑，而且鼓励着公众对这样建筑的重视，所以不论采用哪种评级系统都是促进建筑性能提升积极的一大步。

绿色建筑评价系统资源

绿色建筑动议：绿色地球建筑评级 / 认证：www.thegbi.org/

美国绿色建筑委员会：绿色能源与环境设计先锋（LEED）www.usgbc.org/

由 Traci Rose Rider 所著的《 *Understanding Green Building Guidelines* 》

　　http：//books.wwnorton.com/books/detail.aspx？ ID = 9914

BuildingGreen LEED 用户：www.leeduser.com

大河能源总部，Maple Grove,明尼苏达州（LEED NC Platinum）铂金级。公司：Perkins + Will。照片：© LUCIE MARUSIN

如何选择最适合建筑的绿色评级系统（BREEAM、绿色地球、LEED），有哪些关键决定因素？

> 几乎所有来 PageSoutherlandPage 的项目都有关于能源效率的设计需求。而大多数有这方面需求客户也希望将 LEED 评级系统作为其设计的基准测试工具。当项目没有各公司或政府要求具备正式认证时，"设计达到 LEED 银级标准"的需求就变得普及。在这种情况下，我们会建立并采用 LEED 的备忘录清单，在设计阶段提供对其可行性的评估打分（如果该项目后续决定进行正式认证）。我们会在设计初期（或早期的方案设计阶段）为该项目获得认证的可能性提供 LEED 可行性研究，并就发展条件和设计元素等方面给出建议。例如，如果项目关于场地开发或能源和水利用效率的标准是该项目必备条件的一部分，那么正式认证时就会对该部分有严格要求。在认证过程中最重要的决定性因素既不是来自当地、州或联邦政府的要求也不是来自企业自身的设计标准，而是来自项目资金的要求，这种例子我们已经见过很多，这些项目也是在此基础上对设计和施工等多方面问题进行讨论，如果资金前提不存在，项目也就无从谈起。这些讨论决定也因此成为最终认证的有力保障。

我们只提供过欧洲项目的 BREEAM 咨询服务。LEED 优于其他评级系统的地方在于其不断增加的严格性和责任制。

它会要求开发一个比通常设计公司容纳更多领域专家的设计团队。比如，一位场地生态学家将有助于 BREEAM 项目的选址和场地方面的其他决策。非 BREEAM 或说常规的项目设计可能只会向生态学家咨询项目大体位置的问题。但需要注意的是，一位场地生态学家的重要性远远不止于此。水和能源的要求更为严格。最后 BREEAM 评估员作为项目团队成员直接参与项目，并且 BREEAM 专家也会帮助项目形成一套综合发展规划。评估员也会去到现场，对建筑条件是否符合认证进行考察，这个环节在 LEED 里是没有的。但 BREEAM 的缺点是在提供认证所需的设计和施工阶段文件方面需要有大量的追踪文件和项目文档。

我们也提供绿色地球的项目咨询。具体来说，退伍军人管理局是绿色地球的拥护者，他们经常以此代替 LEED。绿色地球的内容类似 LEED，但流程上还是存在一些不同。绿色地球流程会跟踪项目至交付阶段（从初步设计到使用后），这些有助于团队工作阶段的划分和决策的做出。

——Joanna Yaghooti, 美国建筑师学会成员，LEED AP, BREEAM AP, PageSoutherlandPage

住宅建筑

国际生活未来协会有一项严格的系统叫做住宅建筑挑战。这不是一个竞赛，而是一个相当于绿色地球和 LEED 的评级系统，然而，这项评级系统需要使用后 12 个月的数据。这套系统对技术的要求很特别，他们的目标是水和能源净零能耗。它为注入自然原则的生态设计提供信贷。住宅建筑挑战也被称为限制化学品的"红色清单"。此外，系统还设立有整体美学的奖项。

www.livingbuildingchallenge.org

从阿尔法到欧米伽

可持续生活欧米伽中心（莱茵贝克，纽约州）
BNIM

想象力 + 挑战

欧米伽协会成立于 1977 年，是全国最大的整体学习中心。它的使命是：寻找最有效的战略和激发基于传统的新思维，因为传统对人们来说通常意义重大并已成为生活中不可缺少的部分。在 2006 年，它开始着手一项关于为 195 英亩校园开发新的高度化可持续性污水过滤设施的任务。学校位于世界上最重要的流域之一，占地约 13400 平方英里的哈德逊河流域盆地。

这个项目的主要目标是运用替换处理法对当前污水处理系统进行全面检查。作为对中心游客、工作人员和当地社区人们进行新型污水处理策略的知识灌输的一部分，我们决定对系统及其运行原理进行陈列展示，地点选在处理系统的一个主要环节室和教室或实验室。

除了将经灰水回收系统处理过的水进行花园灌溉，它还利用系统和建筑作为教学工具，并将其设计在系统的生态圈周围。这些课程会面向校园游客、当地中小学生、大学生，以及其他希望了解的当地居民。可持续生活欧米伽中心是一个非常有意义的建筑和场地。它可以清洁水资源、让使用者了解运行过程中的知识，并将清洁水源返回到本地水系统中。我们用"生态机器"技术来清洁水源，同时利用大自然中的系统循环，包括地球、植物和阳光。整个建筑和水处理过程都用的是站点收获的可再生能源，已实现系统的净零耗。这需要系统做到无浪费（总量、材料、能源），组织并精密调试以从被动加热和照明中获得太阳能，通过这些整体作用达到热舒适、体现简约、高雅得体的目标。重要的是能为居住的人们创造一个舒适宜人的室内环境，并为进行水净化的设备提供良好条件。进而达到一个被动式（日光、被动太阳能加热、自然通风）与机器设备（地热、风扇、灯光照片）巧妙平衡的舒适系统。例如，建筑部分展示了设计的目的性。在内部泄湖中的植物生长需要南北两边都有一定的太阳光照——于是我们对建筑的部分，窗户和天窗进行了详细地设计使之既能达到整体系统要求又能给人们留下深刻印象。

战略 + 解决方法

社区用水

水是这里的关键问题，欧米伽校区坐落于长湖旁，长湖是哈德逊河的部分支流系统。这里的一切都面临着人类活动的挑战。好在哈德逊河的各种问题都有很好的记载，很多改善河流与其所在系统的行动都在逐步实施。考虑到纽约周围的人口基数，哈德逊河可以说是世界上最重要的淡水资源之一。居住在长湖附近的居民，包括 OCSL 之前的欧米伽，都造成了湖区的退化——从农业径流、景观美化的化学污染物、化粪池系统到城市用水等问题。欧米伽希望将项目作为融汇全球化思想和地方化举措的途径。项目以清理并重建之前的垃圾场拉开序幕，这是为确保没有垃圾或其他有害物质向蓄水层渗入。将水回收并返回本地水资源系统净化，这套创新的自然系统方法直接减少了每一个来学校参观人的水足迹，并改善当地地下蓄水层和长湖的生态情况，

此外它也会对区域和全球的供水体系产生有利影响。

指标

在回归自然系统之前从污水中抽离的化学物：100%

阻止进入原生水系统的生物有机体：100%

供水系统是直接从地下水通过泉水引入校园。在施工前，泉水被抽出用于多种人类活动，然后通过管道输往化粪池和过滤站。新的"生态机器"现在通过能消化有机肥料的自然系统已经可以做到将高品质的水还给地球。曝气池，是系统中的一个组成部分，在这里大家可以看到灰水是如何回收利用的。最后，这些水将用来提供建筑所需。

饮用水采用井水，冲洗厕所的水来自建筑屋顶收集的雨水。低流量的管道设置可以使水的消耗降到最低，包括男士卫生间无水小便器。黑色和灰色水被送往"生态机器"的泄湖和人造湿地，净化后供给校区内其他所有用水。在这个循环系统的最后环境，是通过自然系统将洁净的水再次返还给地下水和湖泊。

地方

校园位于哈德逊河谷下游，这里也是世界上人口最多的区域。这个地方之前是用作停车场和一些更早留下的废弃物堆积地。当时几乎没有任何健康的生物多样性存在的痕迹，而崭新的样貌正好相反。汽车和废弃物已被扎根于此的天然植物替代，拥有健康的水循环系统，还有鸟类、昆虫和其他生物，这里没有农药或毒素。

景观设计以重塑原生地生态为主，兼具教育和整体性功能，此外，它还为校园的生态和文化环境提供令人身心愉悦的美丽景色。建筑物的南部，通过梯田向上总共有四个人造湿地。部分污水回收 / 处理过程是：水流经湿地内部的砾石河床，逐渐到建筑北部的地下层。这些整体的效果使景观区如园林般丰富多彩，各种颜色的多年生植物也为鸟类和益虫提供了适合的生存环境，而这些生物也会成为景观的一部分。

能源

建筑沿东西轴线横向展开，为获取最大限度的光照和热量。

此外，建筑的形式和部块在很大程度上除了实际需要更多偏向为"生态机器"中植物的污水处理系统服务。这些植物能达到约 30000 勒克斯的光饱和点，设计目标是拉平夏季落在植物表面的每月光照总量，使温度不会过高（相

通过一套可操作的、固定的、太阳追踪开窗的系统实现了 94% 空间中的采光，自然通风和良好视野。可开启窗为每处空间带来健康的清新空气和愉快的感官享受，此外，它还作为建筑自动调节温度的工具。生态机器 ® 的植物去除二氧化碳和其他气体，同时产生氧气——包括室内和室外（LEED NC Platinum and Living Building Challenge）

欧米伽可持续生活中心

公司：BNIM

照片：© ASSASSI

反，在寒冷的月份，光的总量被最大化，使温度不至过低），安装太阳追踪天窗也是为达到这些功效。早期的研究表明传统的温室设计，为植物提供最大限度光照的同时，降低了工作和参观者对空间舒适度的要求。

遮光板沿着建筑的南面设置，可以反射温室屋顶的太阳光，并让光线均匀散射在各处，在夏季也会遮挡较低部分的玻璃。

可持续生活欧米伽中心的"生态机器"。"生态机器"技术运用包括地球、植物和阳光在内的自然系统来清洁水资源，它将高质量的水通过自然系统的消化功能返还给地球（LEED NC Platinum and Living Building Challenge）。公司：BNIM. 照片：© ASSASSI

屋顶的材料是植物和再生金属的结合，它用以帮助冷却室内温度，缓和"热岛效应"。

实现净零能耗需要在设计中杜绝浪费并将可再生能源的利用达到最大化。建筑在设计上的有意简化使其能获取更多日照、被动加热和凉风等来实现减少耗能。建筑的隔热层和水携带的热能（55°F）经过循环处理系统有助于减少对机械系统的需要。在夏季凉爽的实验室水可以冷却和干燥进入建筑湿热空气。

高效的地热井和热力泵被用于为整个空间的采暖。制冷只提供给教室。

阳光是照明的主要来源，建筑的外形设计有助于获取光照，利用窗户、天窗和遮阳设施在不影响温度的情况下产生舒适的照明。电力照明系统非常高效，且只当做日光的补充照明使用。光伏电池板可以产出比建筑每年使用量还多的能源，超出部分的能源出售给当地的公用事业。在晚上和冬季的一段时期，所需能来自电力公司。

材料

材料的建筑表达需要简单和透明度，并需要根据当地情况来选择颜色和质地。我们并不会努力去遮盖材料的本质样貌，而是力求表达每一种材质与众不同的美感。

这种做法同样也降低了建筑整体的能耗，也最大限度地减少了各种建筑材料散发出的有害气体。

这些设施是如何利用回收材料的完美展示，它也演示了如何在任何建筑上都能轻松运用这些材料。用于此项目的再生材料包括：规格木材、胶合板、室内门、毛山榉木嵌板板材和卫生间隔断（材料来自仓库、学校、办公楼和其他项目。）所有使用的木材不是通过 FSC 认证森林就是材料回收源，包括在 2009 年总统就职阶段使用的胶合板屋顶和护墙板。此外，材料会避免使用那些来自住宅建筑挑战指南中红色材料清单列出的项目。

在施工中，99% 的金属、硬纸板 / 箱、塑料泡沫和木材废料都会被回收循环利用；所有的食物残羹都被用来堆肥；所有废弃的玻璃、纸张、塑料包装也会被回收。

作为一种实用和教学措施，可持续生活欧米伽中心材料选用的整体策略是尽可能的减少或去除内部装修。"裸建"表明了其所用材料性质和建筑与居住者的诚实对话。这种方法降低整体能耗的同时最大限度的减少了各种建筑材料可能释放的有害气体。在需要进行室内装饰的部分，所用材料需对持久性、环境影响和对室内空气质量的影响几方面进行评估，符合标准方可使用。

光与空气

通过可操作、固定的太阳追踪开窗系统实现了 94% 空间中的采光、自然通风和良好视野。可开启窗为每处空间带来健康的清新空气和愉快的感官享受，此外，它还作为建筑自动调节温度的工具。生态机器 ® 的植物去除二氧化碳和其他气体，同时产生氧气——包括室内和室外。大厅、机械室和洗手间的天窗为使用环境带来良好的通风效果。太阳辐射会加热上层空气，然后自然浮力会促进空气流动，使内部空气流出新鲜空气流入，凉爽的空气会从较低部分的窗户进入。可开启窗集中在南部立面，同样也能起到推动热空气流出的自然通风效果，还有来自南面湿地的凉爽空气。

这是一套由建筑和场地共同作用形成的系统。景观在提供美丽景致和新鲜空气的同时也可以调节区域的小气候。从建筑中收集的水用以灌溉植物和其他生活系统中的景观。透明的室内空间使这两者在视觉上连接起来。

经验教训

这个项目设计和施工方面的开拓性留给团队很多需要总结和学习的地方。一部分经验教训来源于住宅建筑挑战项目另一部分是所用设施性质的产物。而此次项目收获的新的经验是确保建筑所用材料不能是住宅建筑挑战红色清单中的所列项。

过程 + 操作

设计方法是一个直观、科学和运用经验的过程。我们直观设想的概念是运用科学工具来测量空间的舒适度、能耗、采光和其他指标是否达到预期。团队合作并依靠建模最终实现了一个集成式高性能设计的建筑和场地。比如我们在整个项目中将水作为改善舒适度和减少机械系统使用的调和元素使用。

欧米伽中心是第一批使用住宅建筑挑战认证过程的项目。从 2009 年 5 月开始算起，它有非常严格的为期一年的性能评估期。在这段时间，住宅建筑挑战会对建筑的运行情况进行监测和评估，监测是以设计时对建筑性能的要求为标准，有些地方也会适当提升标准。持续生活欧米伽中心的净零能耗项目是世界上第一个拥有住宅建筑挑战和 LEED 铂金级双重认证的项目。

可持续生活欧米伽中心：入口。可持续生活欧米伽中心是一个非常有意义的建筑和场地。它是专为清洁水资源而设计，可以向用户展示清洁水的过程，并将清洁的水资源返回到当地自然系统中。整个建造过程和水资源净化过程均利用现场收集的可再生能源，实现系统的净零能耗（LEED NC Platinum and Living Building Challenge）铂金级。公司：BNIM。照片：©ASSASSI

自然的联系

　　所有这些工序流程和工具都会收纳在绿色建筑专业人士的工具箱中。在掌握了核心理念后，比如标准、第三方审核和综合性思维，每个绿建专业人士在其工具箱中都应有一个良好的知识积累，才能在针对具体环境问题时给出相应地办法。然后，运用这些流程和工具，他们会使建成空间健康、具有生产力，甚至是可再生，最终实现完美的绿色建筑目标。

注　释

1. The Institute for Market Transformation to Sustainability（MTS），"Integrative Process Standard. for Design and Construction of Sustainable Buildings and Communities," Draft ANSI Consensus Standard Guide 2.0 – Ballot Version, February 22, 2011, Copyright 2005–2011, http：//mts.sustainableproducts.com/IP/IP%20Standard%20-%20BALLOT%20Version.pdf, 访问日期 2011-10-14。

2. Barbra Batshalom and Kevin Settlemyre, "Everyone is Practicing Integrative Design ……at least that's what they say," Integrative Process Standard© for Design and Construction of Sustainable Buildings and Communities, February 22, 2011. http：//mts.sustainableproducts.com/IP/IP%20Standard%20-%20BALLOT%20Version.pdf, 访问日期 2011-10-14。

3. Ibid.

4. American National Standards Institute, "About ANSI Overview," www.ansi.org/about_ansi/overview/overview.aspx?menuid=1, 访问日期 2011-10-14。

5. International Organization for Standardization, www.iso.org/iso/about/discover-iso_isos-name.htm, 访问日期 2011-10-14。

6. International Organization for Standardization, "ISO/IEC General Requirements for Bodies Operating Product Certification Systems Guide 65：1996," www.iso.org/iso/iso_catalogue/catalogue_tc/catalogue_detail.htm?csnumber=26796, 访问日期 2011-10-14。

7. http：//www.aqmd.gov/rules/reg/reg11/r1113.pdf

8. The Energy Policy Act of 1992（EPAct 1992）amended the National Energy Conservation Policy Act（NECPA），Library of Congress, H.R.776 section 152 and amended section 153, http：//thomas.loc.gov/cgi-bin/query/z?c102：H.R.776.ENR：#, 访问日期 2011-10-14。

9. The International Association of Plumbing and Mechanical Officials, Uniform Plumbing Code（UPC）2006, www.iapmo.org/Pages/2006UniformCodes.aspx, 访问日期 2011-10-14。

10. Green Globes, "Green Globes Rating/Certification," http：//www.thegbi.org/green- globes/ratings-and-certifications.asp, 访问日期 2011-10-14。

11. U.S. Green Building Council（USGBC），"LEED 2009 Minimum Program Requirements," www.usgbc.org/DisplayPage.aspx?CMSPageID=2102, 访问日期 2011-10-14。

12. U.S. Green Building Council（USGBC），"LEED 2012 Draft Performance（after second public comment closed）," www.usgbc.org/DisplayPage.aspx?CMSPageID=2316, 访问日期 2011-10-14。

13. Global Reporting Initiative（GBI），https：//www.globalreporting.org/information/about-gri/what-is-GRI/Pages/default.aspx, 访问日期 2012-2-15。

14. Scot Horst, Press Release："USGBC Joins Global Reporting Initiative as an Organizational Stakeholder," 访问日期 2011-8-15。www.usgbc.org/Docs/News/GRI_USGBC.pdf, accessed October 14, 2011.

15. Building Research Establishment's Environmental Assessment Method（BREEAM），www.breeam.org/, 访问日期 2011-10-14。

16. Comprehensive Assessment System for Built Environment Efficiency（CASBEE），www.ibec.or.jp/CASBEE/english/index.htm, 访问日期 2011-10-14。

17. Green Globes, www.greenglobes.com/, 访问日期 2011-10-14。

18. U.S. Green Building Council, "What LEED Is," www.usgbc.org/DisplayPage.aspx?CMSPageID=1988, 访问日期 2011-10-14。

19. Kevin Mo, "China Launches National Green Building Label Campaign," http：//switchboard.nrdc.org/blogs/kmo/china_launches_nation al_green.html, 访问日期 2011-10-14。

20. Green Star, www.gbca.org.au/green-star, 访问日期 2011-10-14。

21. American National Standards Institute, "ANSI-GBI 01-2010：Green Building Assessment Protocol for Commercial Buildings," www.thegbi.org/commercial/standards/form-ansi-new.asp?d=01-200XP, 访问日期 2011-10-14。

22. U.S. Environmental Protection Agency（EPA），"Tools for the Reduction and Assessment of Chemical and Other Environmental Impacts（TRACI），" www.epa.gov/nrmrl/std/sab/traci/, 访问日期 2011-10-14。

CHAPTER

第七章
绿色建筑对地区、人和工具的影响

如果一个人能对一件事苦心钻研并比其他人做的都好，哪怕只是种植扁豆，都应接受他所应得的荣誉。

如果他能将一件事做到极致，那么他所做的无异于是在造福全人类。

——Og Mandino（《世界上最伟大的推销员》一书作者）

共同的家园（Common Ecos）

Ecos 这个词在希腊语中代表"家"的意思。共同环境对地球的影响（地球也是我们所有人的家园）是环境领域的关键，绝大多数绿色建筑评级系统都已创建其第三方性能评级系统。

场地 / 位置

水资源

能源

材料

室内空气质量

这些分类、过程、具体性能标准和工具都是绿色建筑人士和这些领域专家们用以量化节约资源和对健康影响的得力帮手。

专家

所有从事建筑领域的人们——包括建筑师、工程师、承包商等等——如果他将可持续性纳入整体工作的重点，并不断提升自身绿色理念和技术方面的知识，这样的人都可以被认为是绿色建筑专业人士。通过将工作和专业知识集中在如何让环境、建筑、公司可以共同发展，可持续发展和绿色建筑的顾问们将可持续发展带向了更高的层次。正如，在医学界，有负责处理日常事务和全局性问题的医生，也有负责专科性的医生，如皮肤科、心脏外科医生，在可持续发展建筑领域也是如此。围绕一个共同的目标，绿色建筑专家结合各自的专业知识和丰富的经验，针对重点目标区域，在他们擅长的领域做更深层次、更专业性的研究，这些可以为建筑项目带来更高的效率、精准性和价值。

有一件普通绿建领域和专业领域都会用到的工具——BIM 或者说建筑信息模型。这个全球化工具拥有一个地区所有相关建筑的数据，它可以和其他工具（如能源模型）结合使用。

工具

建筑信息模型（BIM）

BUILDINGSMART 联盟将 BIM 定义为"从建造之初的建筑全生命周期里，将建筑的物理和功能设施数字化表现，共享各类建筑信息，对建筑决定提供可靠参考信息的设施"。[9] 如果 BIM 开始实行，建筑所有者需要了解的有关设备的几乎所有信息都可以获得。BIM 的一个关键点在于它可以使能源建模更方便快捷，并为项目多重迭代提供机会，而且可以通过建筑中微小的调节实现重要能源的节约。

在行业中出现了一个相对较新的术语"绿色 BIM"。"绿色和 BIM 已是我们行业中两个最具活力的方向"Steve Jones 说，他是 McGraw-Hill Construction's BIM 行动的领导者。"虽然他们一直在独自的发展，但是不可避免的他们会汇聚到同一方向，因为建模的分析与模拟功能非常符合绿色建筑的目标。"[10]2010 年，McGraw-Hill 发布一份报告，概述了建筑行业五个关键的绿色 BIM 发展趋势：

软件集成

不同建筑系统集成输出

更多的使用一体化设计

建模标准

在小型绿色翻新项目中增加 BIM 的运用

将 BIM 运用到建筑性能和认证中 [11]

事实上，BIM 的综合性方法和可持续性倾向都使它可以在一系列建筑领域发挥效用。《The Whole Building Design Guide》（WBDG）中有超过 25 个建筑专业人士提到 BIM 为他们提供了有价值的数据。例如：

建筑所有者可以收到地产 / 建筑的全球概要。

房地产经纪人可以获取销售所需的地产 / 建筑相关信息。

贷款抵押银行家可以了解到有助于贷款和财务细节的人口统计数据。

承包商可以将最终数据作为建筑投标和采购材料的资源库。

能源 /LEED 使用 BIM 作为分析多个迭代模型的一种方式。

救护者可以将 BIM 作为减少生命和财产损失的一种工具。

"我可以" 的态度

EDDY KRYGIEL，美国绿色建筑协会成员，LEEDAP
建筑师
HNTB 建筑
BIM
Wiley 出版的《绿色 BIM—采用建筑信息模型的可持续设计成功实践》（Green BIM：Successful Sustainable Design with Building Information Modeling）* 一书的联合作者

你是绿色 BIM 与 Revit Architecture 领域领先的专家之一，您是怎样取得这方面成就的？

> 简短的答案吗？不想让地球被不良建筑充斥（无论从美学还是环境影响方面），另外也希望在舒适性的提升上做出一些改变。有的人就是喜欢不断尝试来寻找正确的道路。我倾向于如果做了一件事情，那么下次一定会把它做得更好、更绿色。我的努力加上有幸可以和这个行业真正

的思维领导者一起合作，当绿色不再是一种颜色或客户的要求时，它意味着我们该如何做这件事。一旦它成为你生活方式的一部分，日常的设计决策会变得更容易直观判断。

绿色 BIM 和 Revit 的优缺点是什么？ BIM 如何最好的为一体化设计服务？

> 不要把 BIM 或 Revit 看做是一种软件，而是将他们看成一种工具。在你的设计工具箱中有很多工具可以在设计、建设和运营管理的不同阶段使用。它会使你和团队成员，或公司，或建筑顾问或建筑所有者沟通中发生的失误减到最低。BIM 模型不仅仅是一张图片——这是一个信息丰富的建筑虚拟模型。它提供了一种全新的方式沟通设计目的、理念，通过它可以让你和其他所有项目的利息相关者交流信息时把因曲解造成的错误降到最低。但就像一体化设计中，你必须愿意和更大的团队共享模型，那些不愿分享模型副本的公司，

---

* 此书中文版由中国建筑工业出版于 2016 年出版。——编者注

将会错失很多 BIM 在项目中本应起到的作用。

能否根据您曾经选择项目的总结给出一些好的经验呢？

> 我曾经参与过格林斯堡的重建工作，那是堪萨斯的一个被 F5 飓风摧毁的小镇。他们决定从房屋到学校到市政

厅的所有建筑都以可持续理念重建，而我很幸运能为其效劳。从节约水资源到脱离公用电网，并确保镇上的建筑足够强健可以应对另一场自然灾害，如果还有的话。这不是在等待大型灾害，而更多的是用来应对日常问题。他们跟我说锻炼也是如此。

超越表面

BRAD CLARK
建筑师
BNIM

对于绿色 BIM，你会怎样描述？

> "绿色建筑信息模型"是在描述一个思考建筑设计的过程或方法，它意味着运用一套综合的建筑几何和元数据还有建筑信息的合集。这种数据的综合属性使建筑设计团队可以模拟现实场景和预测结果，从而为可持续性设计

更好的提供信息。

作为 BIM Experts 和 BIM for Owners 的成员，这个群体中有什么耐人寻味的对话吗？

> 我最感兴趣的莫过于对 BIM 为建筑所有者们提供价值的深入探讨，不管是短期的设计和施工阶段还是长期的建筑使用和维护。我可以看到在未来的十年中 BIM 将在后者上有更加广泛的应用。

关于建筑信息模型（BIM）和能源模型资源请参看本书第 264 页。

地点 / 位置

关注建筑场地和位置的包括几个典型的建筑领域：城市规划、土木工程、景观建筑、建筑总承包。这部分工作可能会有土木工程师与景观建筑师一起规划雨水排流，以建造植被洼地这一方式解决雨水过滤问题；承包商会根据以往最佳实践经验对设计进行补充，比如施工阶段的雨水侵蚀和沉降可以通过纤维辊（在圆形多孔套筒中的秸秆）或稻草包得到控制。那些专注于场地的专业人士包括：

树艺家

绿色或植被屋顶专家

事实上，还有很多类型的场地专家，他们都对构筑绿色建筑场地发挥了重要的作用。我们可以看两个具体场地问题，在这些问题中都需要场地专家的介入：热岛效应问题中涉及到的建筑元素，如屋面、路面等的覆土问题；棕地修复问题中对污染土壤的研究。

文化加速器

CHRISTINE（CHRIS）PAUL

Golder Associates, Inc. 负责人

环境修复是扭转环境破坏的实践做法，一般来说（环境）破坏发生在建筑工地。你觉得近几年对市场的整顿是否带来一些变化呢？如果有，这些又是如何做到的呢？

> 环境整治市场已经日趋成熟。大体上来说，人们变得更乐于去管理环境，这使得需要治理的地下水或者土壤地块的数量大大减少。那些仍然需要治理的地块大多属于遗留问题，比如旧的、废弃的制造工厂，或对这些废弃的地块重新加以利用。

环境治理正变得越来越市场化，尽管科技和分析技术正在不断提高，对风险评估的了解也在不断深入，但水涨船高，这些都使 Golder 团队对自己有了更高的要求，创新和展示我们在这些领域的卓越成就。

热岛效应

热岛效应是指发达地区与欠发达地区存在的温差——有时多达 6-8℃。[1] 这是一个问题，因为它影响了自然环境，改变了天气模式和水的温度．做个简单的类比，假设在炎热的夏天太阳，相同条件下的一辆白色轿车与一辆黑色的轿车，黑色轿车获取热量显然更高。把同样的类比转化成所有建筑场地都有的两个水平面：地面和屋顶。根据区域气候，为了减少热岛效应，项目团队会设计浅色、反光的路面铺设和屋顶材料以确保其表面比深色材料获取的热量要少。在绝大多数的温暖气候区，轻颜色的材料会减少热量的吸收，更容易达到降温的需求。

棕地修复

　　修复是指改造现存的包含（或认为包含）有害材料的废弃场地。比如针对旧钢铁场的受污染土壤，修复专家会决定如何移走这些土壤；或是针对拥有地下储罐加油站的修复需要封装处理。修复的过程使这些地方可以重新使用，避免开发新的绿地（未开发的通常仍处于自然状态的土地），同时也修复并绿化了一片污染区域。

图片：溪木镇 100 号，亚特兰大，佐治亚州（LEED EB Certified）
本图拍摄于一个阳台
公司：John Portman & Associates
摄影：MICHAEL PORTMAN

您会怎样向那些不太熟悉凉爽表层（屋顶/地面）的人解释这一概念？

　　夏季城市热岛效应是由深色的、干燥城市表面吸收太阳热能引起的。阳光被黑色的路面和屋顶吸收后又把热量传递给空气（空气本身会吸收很少热量，但当流经较热表层时可以被加热）。

　　凉爽表层的目标就是使城市在夏季变得凉爽。一种方法是减少建筑物和路面对太阳光的吸收，而减少对光能吸收的最简单方法就是用可以大量反射太阳光浅色材料（如白色屋顶）替换原先会大量吸热的深色材料（如黑色或灰色屋顶）。

　　有趣的是，我们可以看到的只是一少部分光。浅色表面可以保持凉爽的秘密在于，它可以反射掉所有可见的和不可见的阳光。然而，当出于审美或为了减少亮度的因素需要采用深色表面时，可以使用一种特殊的"凉爽颜色"材料。这种材料通过反射那些不可见光以保持适度凉爽。

　　——Haley Gilbert，劳伦斯伯克利国家实验室，环境能源技术部，热岛小组，主要研究助理

创造性奖励

DAVID WINSLOW, GZA

Geoenvironmental, Inc. 副总裁

你会怎样说明你的工作？你的"典型工作日"是什么样的？

> 我通常告诉人们我的工作是评估和清理与曾经工业相关的受污染土壤和地下水。通常情况下，我负责监督调查，确定该地块在工业污染前的水文地质条件和受污染程度。根据这些，我们设计并采取措施处理污染，保护人类健康和环境安全。在过去的几年里，我们在这项工作中增加了一个被称为"绿色补救"的组成部分。我们尽量使用绿色环保原则设计调查和修复方案，从而减少能源的使用和温室气体的排放。

您的工作内容是如何与项目团队中的这些成员相结合的：城市规划师，土木工程师、建筑师、景观建筑师，绿色建筑顾问及其他人？

> 我们与项目团队中的其他成员一起工作。例如，我们会与土木工程师来权衡雨水管理问题以限制其渗透出污染区。我们也曾经与土木工程师一起将雨水贮留池纳入地下水修复方案。我们与建筑师一起，讨论设计中的建筑功能，保护居住者远离可能存在的残留污染物，这些都是需要在棕地开发中管理到位的。我们与绿色建筑顾问一起将环境治理、改善室内空气质量纳入 LEED 认证程序。土壤与地下水的污染与修复可能对基础设计和土方工程的施工产生影响。例如，防水材料需要考虑其与污染物的兼容性我们还帮助进行项目中土壤的重新利用，通过确定哪种和哪里的是可以再利用的，当出现额外的工程调控时（如：覆盖轻微污染土的沥青、混凝土、或是两英尺的清洁填充物），也要被纳入再利用规划中。

针对绿建修复方向的专业人士，您会有什么样的建议呢？

> 这是一个新的领域，所以会蕴藏很多机会。我会鼓励那些刚踏入这个领域的科学家和工程师们积极主动，拥有创新精神。那些入行已久的工程师和科学家可能对绿建修复不会做过多的思考。你可以打开他们的眼睛，可以对一些日常做法提出建议，让一个项目变的绿色环保。例如，在我曾经参与过的一个项目中，初级工程师们都自愿拼车到项目地块，他们更喜欢租一个小经济车而不是一辆大卡车或 SUV。然后我们就将其作为标准操作程序（SOP）纳入到我们绿色修复程序中。多进行创造性和绿色思维，然后向高级设计工程师们提出你的想法。

最大化净生态效益

JEFF PAUL

Golder Associates, Inc. 负责人

为什么说绿色治理工程对公众和开发商非常重要呢？

> 绿色治理对公众来说是非常重要的，因为地球上的资源是有限的，我们既不应该为了治理环境而损害人类也不该为了人类而危害环境。对于大多开发商们来说它可能只是一种很好的宣传方式，但我也知道一些人还将它作为一种生活方式。开发商希望改善土地和结构，逐渐他们也意识到在这样做的同时还可以增加净环境收益，即使这方面需要一部分费用他们也乐于这样做。

您会给致力于绿地修复方向的专业人士什么样的建议呢？

获取一个低能场地修复专业或可以应用于这一专业的其他领域的硕士或博士学位。

常见的网站资源

环境保护局：热岛效应

www.epa.gov/heatisland/mitigation/coolroofs.htm

伯克利劳伦斯国家实验室，热岛小组

http://heatisland.lbl.gov/

可持续发展场地动议

www.sustainablesites.org/

美国环保署，棕地和土地修复

www.epa.gov/brownfields/

水

关于水的现有具体专业有很多种，包括建筑内部和外部。内部水专家（如水暖工程师）可以在健身房、厨房、休息室或卫生间内设计低流水槽、淋雨和厕所，以及其他节水装置，他们可能还会考虑将（黑水和灰水）再利用，作为洗涤衣物和洗碗之用。另一方面，外部水专家（如土木工程师和景观设计师）需要考虑建筑外部和围绕场地中水的使用和管理，如雨水管理，植被（hardscapes），美化景观。

其他可能被绿色建筑协会征调协助具体项目的水专家还包括：

生态学家

灌溉顾问

海洋专家

雨水收集顾问

湿地专家

节约型园林专家

例如，一部分的水储蓄可以通过管道设备来实现。

在建筑物中，室内管道设备在水的储存方面可以贡献很大作用。此外，建筑中 15% 的能源使用是对水的加热。[2] EPA 创建了作为一种方式来帮助保护美国的水资源，并且可以给人一个简单的方法来识别节水型产品，住宅，和服务——WaterSense。所有拥有 WaterSense 标识的产品和住宅都经过了 EPA 标准

WaterSense 标志

的认证（所有 WaterSense 商品都比 1992 年能源法案条款中规定的高效 20%），包括水效率和性能方面的条款，测试也是认证流程的一部分，所有 WaterSense 的固定装置都通过独立实验室的第三方认证。[3]

这个程序对于那些想要将节水效率整合纳入其项目的消费者和绿色建筑专业人士是非常有帮助的；在我国所有程序当中，它是这类型的唯一一例。目前，一系列拥有 WaterSense 标识的产品得到认证，包括住宅用马桶，龙头 / 龙头配件，小便池和沐浴喷头。在不久的将来，基于天气的灌溉控制器也将在此行列。还有一个"水预算工具"可以让园林设计者和其他室外空间设计者以地区用水需求为考量因素，创建更加生态的园林体系。[4]

无论水资源的利用是在室外还是室内，我们对于水资源利用时的一个关键原则是，我们应该清楚地认识和理解这一宝贵资源的周期性和与其他资源的相互联系。

同一个水资源

JASON LEDERER, CPESC, LEED AP

BSC Group　高级水资源专家

什么方法使您成为一个杰出的高级资源科学家的，这又是如何与绿色建筑联系起来的呢？你会向别人推荐这些方法和资源吗？如果不，您会给他们什么样的建议呢？

> 我之前作为一名地质学家，相关的经历教会我如何通过广角镜头看世界。大陆、海洋和行星，这些都是以百万或兆或亿年为单位来描述，这帮助我理解了从微观到行星的数量级。作为这其中的一个物种，我们的日常生存完全依赖于自然系统，它为我们提供空气、水、能量等，而这些都是相互联系的。地球实际上是一个封闭的系统，除了辐射热没有其他能量形式的输入或输出。在我的职业生涯中，我趋向于水资源管理领域，并迅速认识到，一个干净和充足的水资源供应直接受我们对待地球上各流域的态度影响。此外，我在中西部地区完成研究生教育时，通过了解第一手资料，才知道在洪水或大规模侵蚀等问题面前人类群体是多么的脆弱。

为了了解一个项目是如何有助或破坏自然环境的，关键是要知道我们的地球是如何"工作"的，和所有它复杂的反馈和周期一起。选址、场地开发、雨洪管理、水资源利用效率和其项目设计的方面等，施工和维护是直接与场地地质和我们星球固有的自然运行过程有关。

通常，项目只在场地范围实施，但重要的是我们要意识到所有对于场地的影响将会逐渐向更大的领域扩散。绿色建筑的原则是将这些更广范围的影响考虑在内，通过具体实践来达到限制和减少水的消耗量及污水，碳排放量，更有效地处理雨水输出和提高能源效率。

你会怎样说明你的工作？你的"典型工作日"是什么样的？

> 我的典型工作日是多种多样的。现在，我做了很多环境许可方面的工作。在设计过程中，考虑项目所面临的监管问题是非常重要的。你在河流、湿地或其他环境敏感地区附近居住过么？这些地区的管辖权有的归属于本地，有的是国家或联邦环境局，所以在设计还没有深入之前考虑这些是非常重要的，因为这个项目很有可能不被允许建设。

我正在进行的其他工作还有：帮助国家运输部门进行一个项目的防侵蚀和沉积物控制现场指导，对各种规模的基础设施项目（包括新的和重建的）提供规划、环境监测等。我还对河流进行评估，开发可持续性的洪雨管理方法，管理各类项目，这些项目的设计团队会包括经过建筑师、工程师、其他科学家和承包商等很多跨学科的专业人士。

您的工作内容是如何与项目团队中的这些人员相结合的：城市规划师、土木工程工程师、建筑师、景观设计师和其他相关人员？

> 之前甚至开始考虑场地设计，第一次针对场地的设计清单和分析是必要的，例如土地、水资源、植被覆盖，屋顶的倾角以及所有可能影响到设计和建造完成度的关键部件的各个方面。我常常以这种方式在设计的第一线工作。但是我同样越来越多的需要参与到项目的雨洪管理，并且

高点公园提供的雨洪管理系统，游廊，坐落在交通便捷的，充满活力的公共娱乐场所。高点社区公园，西雅图，华盛顿（绿色建筑，三星级）。公司名称及照片来源：MITHUN

直接与工程师和景观设计师一起去研发模拟自然雨水特征的设计方法，设计充分的排水系统，完善或者提高生态结构与功能，并且从美学的角度满足其扩展价值。

尽管作为一个科学家，我同样代表着设计团队的一部分，帮助团队从概念规划到技术细部的各个环节完善场地的水资源管理。这里面包含了雨洪管理、雨水回收、水土流失和泥沙控制（包括了建造期间和建造完成两个阶段），以及生态修复。

讲述故事

LAUREN E. GRAHAM LEED AP **EP**

本科毕业

什么原因让你选择了绿色建筑作为职业（或者志愿者）？

> 当我中学毕业以后，我开始关注于将水资源管理作为我人生追求的事业。作为志愿者，我工作于绿色建筑行业，这为我带来了一个虽然没有建筑学或者工程背景就可以进入可持续领域的机会。我对绿色建筑设计以及利用自然资源去创造更好建筑环境非常感兴趣。并且以志愿者的身份在 USGBC 承担项目经理及绿色建筑顾问的工作。

对于那些正在考虑进入绿色建筑领域的学生，你会给他们什么样的建议？

> 我建议同学们不要去担心他们没有建筑学背景、工程背景或者建造管理背景的问题。在绿色建筑领域有很大的空间为非传统社会科学的人们创造持续的事业生涯。他们同样可以考虑尝试进入这个领域。如果你的目标是一个过渡性的短期职位，例如大学毕业后第一份工作继而转向其他事业，或者你还在犹豫自己是否真的准备好从事这个领域的工作，你可以尝试先争取拿到一个认证或者合格鉴定，以此来提高你的技能并且让你在其他的求职者中脱颖而出。无论是哪一种方式，你都需要仔细考虑如何通过故事的讲述表达出你在这个领域表达对可持续的热情。

有什么可怕的绿色现实问题让你夜不能寐？你将如何解决？

> 一个开放的消防栓在水泵全压力的情况下每分钟大约放出 1000 加仑的水。这足以在 11 小时内填满一个奥运会尺度的游泳池。太平洋的垃圾带也是非常可拍的，它是小型和微型塑料袋碎片的集聚，随着时间的推移，在海洋中不断的旋转堆积，估测目前它整个体量已经是两倍大的得克萨斯州。

水资源

加州水资源部

    www.water.ca.gov/urbanwatermanagement/

环境保护署：节水

www.epa.gov/watersense/

水效率联盟

www.allianceforwaterefficiency.org/

H₂O 的表现

DAVID SHERIDAN, PhD, LEED AP BD+C
水体治疗

请简要介绍一下你的教育背景和经历。

> 我本科的专业是土木工程，研究生学习环境污染控制，博士研究在环境工程领域。此外，我有 25 年的市政水体与废水管理系统的工程咨询经验。我目前从事引导项目设计和建造团队申请 LEED 项目认证的工作，帮助他们在合理的经济层面上，提早关注具有高性能，可持续效益的 LEED 认证建筑。我为项目提供水效率和能源效率的技术输入。

你认为在绿色建筑领域，什么类型的性能标准和规范最能够达到节约水资源的目的？

> 了解建筑对水资源的实际需求量是至关重要的。在给排水管道系统的不同部位设计并安装流量计量表，可以监控各个部位系统的用水情况，并且不会造成过多的花费。分项计量表给负责运行管理的员工提供了一个有效的系统表现和潜在水源浪费的信息系统。

高性能表现的计量表还可以发展用于用水设备和卫生器具。EPA 的项目"水能效之星"（WaterSense）提供了水资源利用性能表现的有价值信息。制造商也共同参与提供有价值的信息，引导设计团队选择用水设备和卫生器具。

水体利用：水池是另一个重要的景观要素。设计理念是利用水体降低建筑周边的空气温度。Energy Complex, 曼谷，泰国（LEED CS 铂金级）。公司：Architect 49. Owner：Energy Complex Co.,Ltd。照片：2011 年，ENERGY COMPLEX

能源

高效的利用能源是目前提取出的最重要的环境问题关注点，包括生物、污染、不可再生能源、排放、全球变暖以及其他潜在影响的其中之一。所有的不可再生能源，例如石油、天然气、核能的利用都会由于破坏了场地周边的自然栖息地以及释放温室气体而导致场地退化的环境问题。

根据美国能源部的统计，建筑消耗了大约 39% 的能源，占据了 74% 的美国电力年产量。矿物燃料是美国的主要能量来源，不但资源有限而且会产生污染排放。因此，绿色建筑的能源目标就是关注建筑的能源消耗总量需求，并且关注将其转化为清洁的、可再生的能源的可能。

由于严峻的能源问题，能源在绿色建筑评价标准体系中占有重要的权重。例如在 LEED 评价体系中，能源和大气的单项在 2009 年的版本中占有最重的权重分值，总分 110 分里，该项占到了 35 分。在强调建筑与能耗的情况下，比起其他章节来讲，这一章节提供了更多探索深入的绿色能源的专业机会。

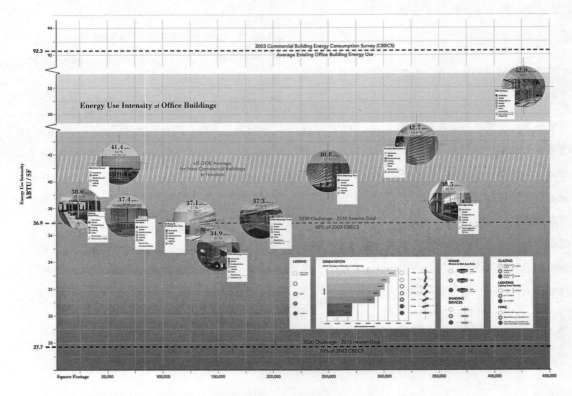

柯克西项目的能源性能指标。公司名称及图片来源：2009 年柯克西（KIRKSEY）

为什么能源如此重要？

> 由于全球变暖（气候变化）已经成为了一个重要的问题，并且其成因是由于能源的利用，因此可持续的问题90%是一个能源的问题。

制造产品和材料商对推销绿色产品非常感兴趣。因此我们常听到建筑可持续的很多方面。它不只是"漂绿"这个问题，而且他们关注的问题和领域没有太大的差别。

因此，如果我们不解决能源这个重大的问题，其他因素不会产生这么大的影响。我相信我们需要懂得绿色建筑的专业人士，他们拥有知识、技能和意识去解决大量减少能源消耗问题的需要。特别重要的是理解太阳能的应答设计，因为它将最大可能地节约建筑的能耗。

——Norbert M. Lechner, LEED AP, 奥本大学教授、建筑师。著作《热，冷，光——建筑师的设计方法》（Heating, Cooling, Lighting：Design Methods for Architects）

本土与西方

MARCUS SHEFFER, LEED AP BD+C, LEED Fellow
President
能源机遇，Inc. /a 7group 公司

你成为能源及绿色建筑专家的发展路径是怎样的？

> 我经常被误认为是一个工程师，事实上我并没有经过专业的训练。我最早的学习训练是生态与环境学，从这个角度来看，我总是接近我的整个职业生涯（生活）。在中学时我读过 Amory Lovins 的《软能源道路》，受到了他的启发，我从事了能源效率和可再生能源领域的工作。我们产生和消耗的能源的方式要远远大于人类其他活动方式对环境影响（也许除了农业领域，这也是我的一个强烈的兴趣），因此这看起来是一个有价值的行为。我很有幸在国家出资的一个区域能源中心实习，毕业以后全职在那里工作。在 PA 能源办公室工作了 12 年，从事对外延伸工作（工作坊、节能评估以及在没有网络的时间为感兴趣的市民提供信息）。1993 年，我成立了自己的公司——能源机遇公司，帮助非营利组织减少能源消耗（在这个方面，我目前还在执行一个项目）。在 20 世纪 90 年代中期，我很幸运的参与了 LEED 认证最早的 12 个先锋项目之一。在第一座建筑之后，我完成了一系列绿色建筑项目，这些项目的联系成为了 7group 公司成立的种子。一系列视频记录使 7group 在 USGBC 的平台上走向国际视野，我也因此从事了咨询和志愿者的多项工作角色。最值得一提的是，最初的 7group 合作伙伴之一 Scot Horst，现在已经是 USGBC 中 LEED 的高级 VP。

雇用一个能源和绿色建筑专家的三个重要的特征是什么？

> 开放的思想、敢于挑战传统思维和坚定的环境道德标准。优秀的数学技能会有所帮助，但是由于需求量不会太大因此并非硬性指标，会不断地随着人心的变化而变化。

是否可以给那些正在尝试得到绿色能源认证的人一些建议？

> 不要用工程师的思维，在大脑里面形成整体的思路。

能源专家关注于增加绿色建筑的能源效率以及可再生的资源。由于这个领域的广度和深度，有大量不同类型的能源专家，包括例如：

建筑自动化专家

自然采光专家

能耗模拟专家

照明咨询

建筑朝向和室外构造会很大程度上在建筑的能源系统，包括供热、制冷、照明等方面影响建筑的能耗效率。

大河能源总部办公楼，Maple Grove，明尼苏达州(LEED NC 铂金级)。公司：Perkins + Will
摄影：© LUCIE MARUSIN

　　新建建筑的能源利用不同于既有建筑，其新建的能源系统可以从项目的最开端就设计得更为高效。而既有建筑往往是基于某一个时期的能耗标准，其结果可能已经过期无效，低效率的系统甚至可能比它所处的时代更不能源友好，或者存在其他的现实问题。在能源的分类方面，我们将为新建建筑和既有建筑分别整理类型、专家和工具。

新建建筑的能源

　　一些关键步骤和工具可以帮助绿色建筑专家评价新建建筑建筑性能和能源系统表现。需要专家掌握的最为常见的两个能源评估过程和工具包括：

能耗模拟

自然采光设计和模拟

能耗模拟

　　模拟专家利用计算机软件模拟目标建筑全年的能源使用情况，在建筑设计阶段和建造阶段，利用场地朝向、室外表皮材料、保温材料、屋顶、开窗洞口、隔热和反光构造、能源资源系统等参数来评价和校正建筑设计。项目的模拟帮助专家局部调整建筑设计，增强建筑的能源效率，并且权衡他们的决定（例如自然采光的进入量或者全生命周期的经济花费），还能够对比绿色建筑规范的最低要求，评价目标建筑潜在的节能能力。能耗模拟专家通常是工程公司、咨询顾问公司或者独立工作的暖通、电气和给排水（MEP）专业的人员。

请详细解释一下能耗模拟？

　　> 能耗模拟是一个复杂的过程，但呈现出一个简单的结论：建筑预期消耗多少能源？单位时间对能源的峰值需求是多少（例如一个小时、一个月、一年等等）？一个模拟能耗的模型涉及大量的相互影响的变量因子，包括照明、暖通空调设备、用电设备负荷（例如电脑、电梯），以及热水供暖系统。

　　模拟的结果在决定建筑的朝向以及与同样功能和尺度的建筑对比下，决定建筑消耗需求起到了非常有效的作用。能耗模型在选择提高能源效率的策略方面也非常有效。

　　——Gregg Liddick, LEED AP BD+C, GDL 经理，**可持续咨询顾问**

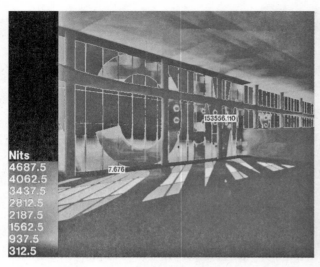

眩光案例 1 市中心的 YMCA，休斯敦，得克萨斯州（LEED NC 金级）。公司及照片提供：2009 年柯克西

眩光案例 2 市中心的 YMCA，休斯敦，得克萨斯州（LEED NC 金级）。公司及照片提供：2009 年柯克西

市中心的 YMCA，休斯敦，得克萨斯州（LEED NC 金级）。公司：柯克西。照片提供：2010 年 JOE AKER

市中心的 YMCA, 休斯敦 , 得克萨斯州 (LEED NC 金级)。公司 : 柯克西。照片提供 : 2010 JOE AKER

过程

能耗建模是一个很好的例子，其中一个综合的方法可以是最富有成效的优化能源效率。理想的建筑方案是设计团队在设计之初就开始能耗模拟，建筑师和暖通工程师（或者能耗模拟的人）是早期设计过程的关键角色的其中之一。在项目初期，模拟会影响到一些大的设计概念，例如建筑的层数、建筑面积。设计团队随之决定场地选择、建筑的朝向、窗户的位置、类型和尺寸以及人工照明的方式。在设计后期，一个好的模型将包括两种不同的目标比较：满足最低规范要求的情况以及最大的能源效率情况。在整个的项目阶段，还需要考虑建筑全生命周期的花费。全生命周期的成本核算或者全寿命成本体现出所有者的总体出资情况。例如，更高效率的暖通空调系统可能会提高项目初投资的成本，但是如果在建筑全生命周期的维度考虑，总的费用可能在项目长期的运行能耗费用中，体现出更低的价值投入。

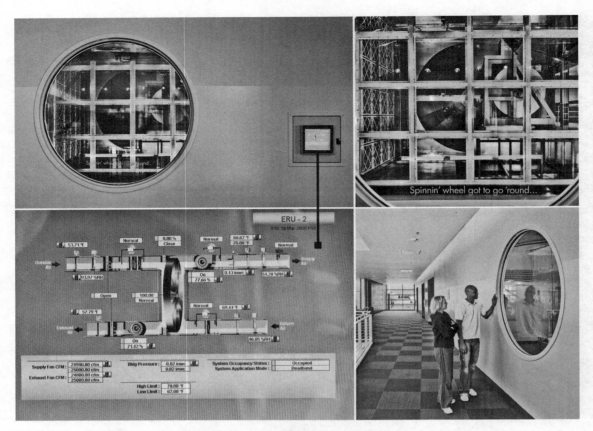

奥龙尼学院纽瓦克健康科学中心＋技术熔轮，纽瓦克市，美国加利福尼亚州（LEED NC 铂金级）。公司：Perkins+Will, Inc.
照片：PERKINS+WILL, INC.

需要纳入能耗模拟模型的信息类型：

位置：气候、朝向

建筑外部：屋顶、开窗、保温

室内：照明、暖通空调、用电设备（或者墙壁提供的电量）

系统：暖通空调系统、热水系统、特殊系统

计划：照明、暖通及使用者

通常情况下，在模拟的过程当中，录入信息的不准确会导致错误的预测。其中一个关键的错误是模拟结果大于必要预测的系统容量，结果导致暖通空调系统和其他系统的容量尺寸大于实际需求，继而增加了经济成本和环境的影响。正因如此，项目团队反复核查录入的数据以确保准确的预测就显得十分重要。

有目标的过程

迈克尔·J·霍尔兹、美国建筑师学会会员，建筑注册委员会会员，LEED AP，LightLouver 有限责任公司创始人和负责人

作为一个能耗专家和建筑师，你觉得最好的实现能效最大化的方法 / 步骤是什么？

> 比尔·考迪尔，美国建筑师学会会员，Caudill Rowlett Scott 创始人及主席说过："伟大的设计师创造伟大的建筑"，在他的许可下，我在比尔的话基础上做一个延伸："伟大的设计师在伟大的设计过程中创造伟大的建筑。"比尔和我都认识到设计团队合作一个具有创意的设计过程的重要性。比尔坚信应当把所有的关系部分，包括所有者、使用者、设计团队、建设团队以及其他股东聚在一起，共同协作确定设计的挑战、机会和解决的办法，共同的发展协商确定设计的方向。比尔将这些密集的工作会议称为"寮屋"会议，可能持续几天或者几个星期。"寮屋"会议的主要方面是需要清楚的确定设计目标的共识，并且承诺找到设计的策略解决这些目标。非常明确的是，所有者和设计团队也认可，可持续设计目标是实现这些的第一步，也是驱动创新思想去解决在项目约束计划、场地、进度和预算内满足所有设计目标的核心。

第二个关键的最佳做法是有一个倡导者，以实现商定的能源和环境设计目标。这个倡导者或者倡导团队需要是建筑设计团队、建造团队、所有者团队或者专家咨询团队的一员，例如可持续设计咨询顾问。

哪一个能源 / 自然采光模拟的工具 / 资源你觉得最有用？为什么？

> 选择能耗或者自然采光模拟工具的最重要的一个因素是需要被检验的设计策略的特征。模拟工具不能产生创新或者更为恰当的替代策略。它们只是在评估替代设计策略的性能表现应对一系列设计标准时体现出作用。

挑战在于预测设计策略模型在合理的设计阶段的细部等级的准确性。模型的细部等级可以有所不同，在初步设计阶段、设计深化阶段或者建造阶段也很有可能会不同。因此，模拟的工具或许也是不同的，或者说模型工具所能表达的细部等级是不同的。一个广泛适应于能耗和自然采光的工具可以适用于整个设计团队。在这些工具方面，美国能源部网站提供了一个好的信息资源：http://apps1.eere.energy.gov/buildings/tools_directory/subjects_sub.cfm.

从我个人的角度，我更倾向于细部模拟的工具，因为它可以明确的模拟一个替代设计策略的特殊部分或者特征，而且还能够在设计的初期设计精度不足的情况下使用。在自然采光的模拟工具方面，软件 Radiance 是世界上最好的一种。在能耗模拟方面，有很多现有的工具，例如 IES 虚拟幻境，TRNSYS，EnergyPlus，IDA/ICE。与模拟软件一样重要的是，使用模拟软件的人，因为能耗和日照模拟是一门艺术，也是一门精确的科学。

请给出一些确保能耗和日照模拟成功的秘诀。

> 能耗和日照模拟通常是为了告知设计以作决策。因此，在开始任何模拟工作之前，做能耗和日照分析的工作者应当与设计团队一起重审设计的目标和环境设计的标准，并且回顾一下准备被评价的替代策略。分析者必须充分理解设计团队所提出的方案中涉及的思考和任何有关设计团队对设计方案的关注或问题。

另一个回答此问题的方面，是先要问问"什么是模拟的目的？"例如如果模拟的目的是计算设计方案项目的节能量，那么则需要建立一个参考模型（例如满足最低规范要求的建筑），以便于比较参考模型与设计方案的能耗表现。同样，建筑模拟可以优化设计方案，例如优化窗户的性能，评价不同保温材料的性能，检验不同的暖通空调系统对建筑的影响等等。这些"参数敏感性研究"是非常有意义的，能够帮助设计团队调整设计方案策略。

基于你工程、环境研究和设计咨询的背景，你推荐什么样的标准给可持续建筑专业人士，用以评估最好的工具？

> 很多因素影响到模拟工具的适应性，因此可持续建筑专业人士应当在选择设计或者分析工具的时候考虑以下几点因素：

- 具体的策略或用于评估的策略
- 使用工具的具体的设计阶段
- 使用者对具体评估策略的知识程度
- 应答设计值希望得到的答案所需要的模拟细部等级
- 用户输入的复杂性和使用该工具的用户获取此输入信息的能力
- 与其他设计文件、工具的整合程度，例如 CAD 或者 BIM
- 工具的成本
- 工具结果输出的清晰度和有用程度

工具

能耗模拟工具（软件）的范围包括了能力、工作水平和关注重点。一些工具需要大量的录入数据，花费很长时间进入系统。能耗模拟工具可以大致分为两个主要类型。

能耗模拟工具的第一个类型是筛选和经济评估工具，两者都是典型的以预算为目的。筛选项目包括 FRESA 和 FEDS；经济评估工具包括建筑全生命周期成本测算（BLCC）以及 Quick BLCCT。

另一类能耗模拟工具是给建筑和工程团队用于整个设计流程来使用。这些工具可以适用于新建建筑以及既有建筑的改造。这些工具由多个公司或者团体开发拥有，有个人公司也有暖通空调设备的制造商，还包括公共事业公司和政府部门。每一个工具都有其优势和局限。建筑专业人士需要了解能耗模拟工具的关键方面，并且具有为在手项目建议最好的模拟工具的能力。非常受欢迎的建筑和工程设计工具包括 ENERGY-10, Building Design Advisor, 以及 Energy Scheming。一些暖通空调的主要负荷和容量的模拟软件包括 TRACE,DOE-2, BLAST, VisualDOE, 以及 EnergyPlus。事实上，尽管仍然有很多未知的因素，ENERGY-10 可以在设计的最初阶段快速为设计团队提供反馈。

　　无论使用哪一种特定的能耗模拟软件，它们也都仅仅能够预测或者估算全年的能耗需求，但不能精确地给出整个建筑的能耗情况。此外，一些不可控的因素，例如建造延期、剧烈的天气变化、使用者的波动以及维护计划，都会影响到实际的能源系统，而这些都是模拟无法预测的因素。

请提供影响优化建筑能耗模拟成功与否的三个重要的建议或者工具。

　　> 建议 1：经验问题。充分掌握那些需要仔细斟酌和可以快速逼近的时间的重要性以及得到真实和有价值结果的经济成本效率。例如需要准确的模拟窗户但是没有必要把太多的精力放在外饰面层上。

　　建议 2：尝试建立一个你常规使用的基本方法，例如剑魔总是开始于南立面，此后总是顺时针建立其他各个立面。

　　建议 3：你不必为了洞悉有价值的建筑表现而在建筑能耗模拟的所有方面都成为专家。例如一个建筑师缺乏暖通空调选择默认设备标准的经验，但仍然可以利用模型去优化建筑表皮。

　　——Mike Barcik, LEED AP BD+C，Southface 能源研究所，技术服务主任

　　> 在工具方面，可能最受欢迎并且最强大的能耗模拟软件应该是 eQUEST（www.doe2.com）。这是一个前端的软件包，在 DOE-2 能耗模拟"引擎"的基础上发展而来的，由美国能源部免费向全世界开放的软件。

　　一些能耗模拟的博客和邮件提供给使用者用以共享思想，解决问题，保持最新的进展。交流的内容往往有趣而且信息丰富。

　　能耗模拟者会极大地受益于基础的暖通空调物理知识的理解、技术、系统类型以及各种设备的构成。

　　——Jeff G. Ross-Bain, PE, LEED AP BD+C, BEMP, Ross-Bain 绿色建筑负责人

能耗模拟及建筑整合模拟（BUILDING INTEGRATED MODELING，BIM）资源

美国节能经济委员会：

www.aceee.org/topics/building-modeling-and-simulation

美国采暖，制冷与空调工程师学会：

www.ashrae.org/

Bentley

www.bentley.com/en-US/Promo/High+Performance+Building+Design/

智慧建筑联盟

www.buildingsmartalliance.org/index.php/projects/

Digital Alchemy

www.digitalalchemypro.com/

建筑环境新闻，"建筑信息模型及绿色建筑"

www.buildinggreen.com/auth/article.cfm/2007/5/1/Building-Information-Modeling

-and-Green-Design/

建筑性能模拟国际会议学术委员会（IBPSA）：

www.ibpsa.org/

国家建筑科学研究所（NIST）一 整体建筑设计指南（WBDG）：

能耗分析软件：www.wbdg.org/resources/energyanalysis.php

美国能源信息管理局（US EIA）商业建筑能耗调查（CBECS）：

www.eia.gov/emeu/cbecs/

整体建筑设计指南：BIM 图书馆

www.wbdg.org/bim/bim_libraries.php?l=d

能量计量 +IT 先锋

KEVIN SETTLEMYRE, LEED AP, BD+C, ID+C,
Sustainable IQ 主席

绿色建筑和信息技术的交集非常有趣。你是如何看待将两个职业道路更好地整合？

> 作为项目团队、所有者、建筑运行者更加熟知我们不仅仅是设计，还包括了在建筑全生命周期的监测、反馈和建筑表现自动化，这两个领域将持续地整合路径并超越创新。这可能看起来不一样，但我们只是在冰山一角"利用信息"：

在设计过程中，模拟分析不同的类型。

在试运行阶段，校正能耗模型，提供信息帮助建筑运行阶段做控制决策。

在运行阶段，利用准确的运行数据反映出建筑控制是如何在实际运行状态下影响性能表现。

利用建筑信息模型（BIM）建立建筑能耗模型（BEM）仍然存在着在不同工具之间几何尺度转化的挑战，更不用说，如何在转换的模型之间传递更有趣的信息。美国能源部意识到了两者之间的鸿沟，并且开始了一个互通性研究项目，开发工具平台加强 BIM 与 BEM 之间的转译。这只是问题的一个关键部分，但仅仅是一部分。

除了能耗模拟，还有大量的模拟可以利用中心模型的信息发展分析，不仅让团队看到不同类型的性能设计，还包括随着时间的推移所表现出的性能。当前，在建筑设计和生命周期中，工具的开发工作都在独立进行，但是把他们利用连接结合起来仍处于起步阶段。

采光设计

采光设计促使太阳自然光摄入建筑，减少对人工照明的需求，是一个照明咨询师、项目工程师或者绿色建筑咨询师的典型工作内容。日照分析可以整合到建筑信息模型（BIM）当中，作为整体能耗分析的一部分。事实上，利用自然采光策略减少人工照明，还能够直接减少建筑制冷能耗的 10% ~ 20%。创造良好的自然采光需要结合实践，通过使用高效能的窗户以及配置了智能控制、能够根据太阳光线的条件调整人工照明和遮阳设备的天窗。一个良好的集成设计同样还考虑了当地的气候条件、场地朝向，优化自然采光和得热，将这些因素纳入室内外建筑部品的设计，包括室外遮阳、窗户玻璃的类型以及室内相关的涂料颜色。

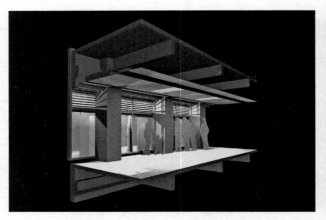

杜克能源中心的自然采光研究（LEED CS 铂金）。图片来源：tvsdesign/
DAVID BROWN

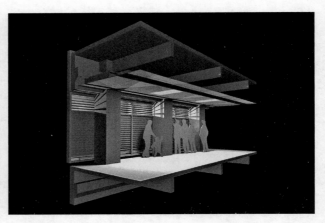

杜克能源中心的自然采光研究（LEED CS 铂金）。图片来源：tvsdesign/
DAVID BROWN

你如何描述建筑自然采光的原则？

> 建筑自然采光是有目的的利用太阳光满足室内建筑环境的照明需求，在这个定义里面的关键词是"有目的的"和"照明需求"。"有目的的"指收集或者防止太阳光实现建筑照明的特定意图。"照明需求"指的是自然采光设计的策略必须要定性和定量的达到照明设计标准。结合在一起，这些词汇表达出当建筑师希望利用太阳光作为室内主要的采光来源时需要面对的设计挑战。例如眩光和日光分布不足，这些具体的设计挑战是建筑师必须要面对和解决的问题。

建立一个高效的自然 / 人工采光的设计策略解决这些挑战，需要恰当的设计和整合影响建筑遮光及采光分布的元素和组件。

——Michael J. Holtz, FAIA, NCARB, LEED AP,
LightLouver 有限责任公司创始人及负责人

佐治亚州昆内特学院学术中心，劳伦斯维尔，GA：天窗。建筑师：John
Portman 及合伙人。图片由约翰·波特曼及合伙人提供

联系建筑与自然

吉尔达格利什，LEEDAPBD + C

主席

达格利什采光

您是如何成为一个采光咨询顾问的？

> 首先，我完成了建筑工程学位。很多大师级别的采光顾问一开始也只是达到建筑的程度。作为一名大学生，我有幸在采光咨询公司实习，Steven Ternoey，友邦保险，正是在这里我爱上这个职业。后来成为了一名照明和电源工程师，并工作了很多年，然后创立一家建筑公司，之后为能源建模者。我发现那个时代需要采光专家，现在我拥有了自己的公司，也为建筑学的研究生上采光课。

您如何定义采光设计呢？

> 对这一问题有很多种答案。有些人说它创造了建筑和点亮了设计"在这里日光灯是主要的灯光形式"或"关掉电灯，居住者是快乐的"。大多数时候我是这样解释的，用最好的方法为一栋建筑带来自然光线而且能高效地利用灯光。

我咨询了关于建设方向、窗口大小和选择、遮阳设计、采光重定向设备、天窗、室内装饰、电气照明和照明控件。并检查所有这些东西在加热和冷却建筑，电照明使用对居住者的热舒适，视觉舒适的影响。采光设计有别于电气照明设计，采光设计是一个动态源，每一天、每一个小时、每一年都在变化。在采光方面，眩光是最大的困扰，而在电灯照明中，黑暗是最大的困扰——所以解决这两个问题也是紧要的。

集成设计过程是如何协助采光设计的？

> 集成设计过程（IDP）是最好的方式，它能够涵盖与采光设计关联的初始费用。理想情况下，良好的采光设计可在加热和制冷建筑中降低建筑的电力负荷，也可以减少热负荷。可以通过相应地缩小机械系统减少初始成本。在正确地执行集成设计过程中，工程师与建筑师、业主、采光设计师和电气照明设计师可以共同参与信息交流，所以他们有信心减小机械系统尺寸。理想情况下，IDP 合同也会签署这些缔约以使他们都同意要完全地分开，并同等地为整个项目结果负责。

什么是您"转到"软件工具和采光建模的资源——为什么？

> 虽然我很乐意尝试新的 ElumTools，但目前我单独使用草图大师并与 AGI32 联合，我也使用太阳路径图，照度计和亮度计。太阳路径图可帮助我计算出固定的遮阳设备，照度计和亮度计帮我向别人解释数字模拟现实生活中的意思是什么。

对于现有建筑物您可以说出评价照明水平 ——什么是最佳工具和过程？

> 在我看来，人类的眼睛是评价照明水平的最好工具。如果居住者有眩光问题，这里就需要加以纠正。如果居住者说没有足够的光线，这也是需要予以纠正的，但它可能不意味着需要更多的光。

采光资源

（北美）北美照明工程协会：

　　www.iesna.org/

软件

照明公司分析师

AGi32：

　　www.agi32.com/

Lambda 研究

TracePro

　　http：//lambdares.com/lighting/

亮度：

　　http：//radsite.lbl.gov/radiance/HOME.html

美国能源部：能源效率及可再生能源——建筑能源

软件工具目录：

　　http：//apps1.eere.energy.gov/buildings/tools_

　　directory/subjects.cfm/pagename=subjects/

　　pagename_menu = materials_components/

　　pagename_submenu = lighting_systems

整个建筑设计指南：采光

　　www.wbdg.org/resources/daylighting.php

现有建筑能源

有几个关键过程和工具，绿色建筑专业人士可以用来评估现有建筑中实际的能源利用率。三个最热门的能源流程和工具，经常需要专家对现有建筑物做评估：

能源审计

能源之星

楼宇自动化系统（BAS）

能源审计

通常由 MEP 工程师或委员会代理（或独立能源审计专家），能源审计调查现有建筑物的能源系统，确认他们正在以最佳效率执行——如果不是这样，就由专家们提供建议，以支撑现有系统。能源审计通常根据美国环境保护署执行（EPA）能源之星计划，能源标准具体问题和建筑使用能源的具体要求，一旦空间在能源之星达到最低门限，建筑被授予行业公认的美国环保署能源之星。ASHRAE 是另一个资源，提供了能源审计级别：

级别 1：基本建筑实地考察和水电费的评估

级别 2：按能量消费与成本 / 效益分析的选项分类的建筑能源消耗更详细的评估

级别 3：一步超越级别 2，探讨选项的成本效益

能源审计是什么？

> "审计"一词的内涵一般是不积极的；但是，能源审计能够产生一些非常有用的结果。全面的能源审计可完成两个主要任务：（1）分析一栋建筑的能源消耗，被能源最终用途打破（如照明、室内球迷、空间冷却、插上荷载等）。与一个类似使用类型和大小的建筑物作比较。

（2）它表明潜在的能源效率措施会随着他们预期储蓄

（在能量和成本两者中）和投资回报。在能量审计完成后，即使没有涉足建筑，收件人也应有一个关于建设运作方式的想法。

——葛雷格利，LEEDAPBD + C，经理 GDL 可持续发展顾问

你在能源审计过程中，使用什么工具，为什么？

> 卷尺、计算器、"迷你"计算机 / 平板计算机或审计表格，四合一螺丝刀，电压表（理想情况下探究热的仪器）和 CB 收音机（如果是大建筑）都只是一些必要的工具，帮助您收集重要站点数据。

例如，如果建筑工程师不在你的现场，或如果维修人

员最近有改变，可能没有人来告诉你正在使用什么类型的灯泡。你就必须卸下盖和手动检查一些照明灯具。

——杰西·卡罗斯，LEED 绿色协会，领航长，煽动可持续发展

成功进程的三个秘诀是什么或能源审计的一些最佳做法？

> 制备及规划：收集和研究建筑图纸，实用程序数据和在进行现场检查之前的彻底居住者调查是非常、非常重要的。在你进入这个网站之前，材料审查将允许您识别可能出现的问题。这样一来，在通用设备以外检查和计数，在网站上的时间就可以专注于寻找效率低下或功能障碍的

原因。

成功进程的三个秘诀或能源审计的一些最佳做法是什么？（续）

> 一般情况下，应该处理非常准确和彻底的建设审计。具体的细节和实例如下：

实用程序数据：进行现场审核之前总是检索、编译和分析 12—24 个月的水电费

建筑图纸：事先研究建筑图纸对审计员来说的两个优点：首先，你将会更熟悉一般布局和位置的重要检验领域例如机械室。第二，你将能够识别建设使用中或原始设计设备的任何变化。

建筑围护结构：当在现场时，一定要做彻底的建筑维护结构检查。

特别注意在建筑上的污渍，建筑缝，任何建筑附近的积水，通风出口等等。

通常情况下，分析师/审计员变得太专注于明显的能量消耗过程以至于忘记分析"盒子"中的所有设备。请记住，这是建设审计。建筑是一个系统，能源只是系统需要的"食物"。平衡的空气流、低水分和正压是另一个构成健康建设的重要成分。因此，例如，看到霉菌生长在建筑外部更大的可能是水分的原因属于建筑密封内的问题。

——杰西·卡罗斯，LEED 绿色协会，领航长，煽动**可持续发展**

能源审计资源

ASHRAE 能源审计

http://ashrae.org/

能源之星

最受欢迎的能源之星标签不仅适用于您的计算机和洗碗机，但也从建筑物或整栋楼的投资组合方面相关。2010 年，超过 6000 栋建筑完成了能源之星的认证，这从去年开始增长了 60%。由美国环境保护署（EPA）定义的，运行项目的组织，为了符合能源之星资格，建筑物或制造厂必须赢得 75 分或更高对 EPA 的 1–100 能源的性能规模，指示该设施性能优于至少 75% 的全国范围内的类似建筑物。能源之星能源性能规模在操作条件、区域天气数据和其他重要的考虑因素占据不同的比例。

美国环保署提供一个免费的工具，称为"投资组合管理器"，可以输入能源和水的信息并能够快速评估一个建筑（或整个投资组合）如何执行满分 100 分的能源之星。分数应该由任一注册建筑师或许可工程师[18] 验证。另一个有用的免费工具是"目标检索器"，便于设计师和业主在建筑设计阶段预测能源使用情况。[19]

能源之星资源

www.energystar.gov/index.cfm?c=business.bus_index

你如何找到制冷与空调工程师协会实地考察审计和能源之星评级对进程提供价值？

> 了解如何执行基地建设，和在你的整体建筑性能中处理任何效率低下的建筑是至关重要的。在 ASHRAE90.1 2007 和 ASHRAE62.1，沿着在能源之星投资组合管理中跟踪您的建筑，是今天可供业主选择的几个进程和工具。

——伊莱恩·埃，饭田，LEEDAPBD + C、O + M, ID + C, 校长，绿色建筑服务人员

楼宇自动化系统

一个楼宇自控系统（BAS）是基于计算机的系统，微调建筑节能的目标和居住者舒适度。一个 BAS 系统可以控制暖通空调、照明、水和其他建筑系统。它通过三机制：传感器、控制的设备和控制器实现。设备经理和操作人员为每个输入优化设定值，BAS 系统作为监视机制，如果超出预定的范围之外，就会完成警报。BAS 也涵盖趋势数据和建筑营业时间的时间表。能源审计、能源之星和楼宇自动化系统是所有 MEP 工程师和委托代理使用的进程和工具，以及对现有的建筑审查能源效率。

对可变制冷剂流量系统的监测和控制站，该系统为第一层服务（LEEDNC 铂金）。公司：Richard Wittschiebe Hand。持有者和照片：制冷与空调工程师协会

楼宇自控系统（BAS）如何协助绿色设计？你一般能推荐些什么资源？

> 楼宇自动化系统（BAS）对建筑系统运营商来说是很好的工具，可以控制、监视和提高建筑暖通空调系统操作。系统提供了自动或手动功能去调整系统运行温度和操作计划并提供直接的系统性能视觉反馈结果。对业务数据的监测和趋势分析不仅可以通过优化这些参数提高系统效率，他们可以自定义居住者所需的舒适度。除了暖通空调系统的运行，BAS 系统可以集成其他系统如照明控制。现代的 BAS 系统操作员不再局限于现场的工作站，由于这些系统现在可通过网络从远程位置访问——任何远程位置来说对多个系统操作和排除故障是有益的。

一个精心安装和编程系统将有利于建筑项目系统的生命周期运营。

——史蒂文·布鲁尔，PE，LEEDAP，合作伙伴，巴雷特伍德亚德 & 同伙

> 楼宇自控系统范围从简单的可编程的恒温器和光开关传感器到完成建设管理系统。常见的暖通空调系统应用包括入住时间、温度挫折、空间温度限制、设备分期策略和监测设备的性能。在电气系统中，BAS 可通过入住感应器及日光控件划分照明系统、电能质量监测、计量和需求限制策略。在住宅用水系统中，BAS 可以减少加热水能源使用和监视水的使用量。其他正在实施的战略包括智能电梯技术，优化出租车运行和等待时间。随着技术变得更主流和成本降低，其他应用程序也会有某种程度的发展，会使建筑物更加绿色。一个基于网络类型的楼宇自动化系统图案的图形和能够利用下拉式菜单或树状层次结构看起来更简单和直观。

——保利诺·吉姆，LEEDAPBD + C，机械工程师，混合励磁同步发电机

调试桥

第三方的评价和服务关于确定是否建筑物的能源系统正常执行以及是否像正如他们设计的涵盖范围的调试代理那样执行。

完成建设后，虽然大多数的调试都会发生在建筑生命周期的各个阶段，调试在理想的情况下执行，所以从新建设到现有的建设它创建了一个理论桥梁。第三方专家确认业主的目标被实现，这一点是相一致的。追求绿色评级像 LEED 认证的项目，从一开始需要一个基本水平的调试。一些必须的条件，调试代理早期从事这个过程去审查业主的项目要求并监测设计图纸和规范发展。

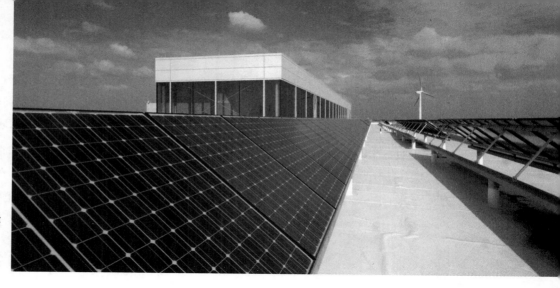

大河能源总部，枫园，明尼苏达州（LEEDNC铂金级）。公司：帕金斯＋威尔
照片：©LUCIE MARUSIN

后来在施工过程中，委托代理将确认暖通空调、照明及其他能源系统正在根据业主的意愿安装，同时检查所有系统一旦安装是否能正常运行。

"进行试运行的组织声称，业主可以入住的第一个五年内操作达到节约 4 美元，每 1 美元作为投资在试运行上的直接结果——优秀投资回报。"[20] 通过整体建筑设计指南，中国建筑科学研究所的一个项目可以看出。许多建筑类型，如政府、医院、大学校园等在试运行上面投资，他们因此获得长期好处。如果某个东西设计或安装不正确，调试代理能"抓住"这些错误，并在问题变严重或金融影响出现之前纠正他们。委托代理也经常为正在进行内部监测的系统从事培训现场设施管理团队。

当一座建筑完成和施工完毕后，会对现有的结构还有其他种类进行调试。两个最流行的类型是系统再调试和基于试运行的监测。

目标守护者

罗伯特（杰克）·梅雷迪思，PE，LEEDAPBD＋C 创始人兼总裁 HGBC 健康绿色建筑顾问有限公司

你日常的角色和职责是什么？

> 在绿色建筑工业中，我的主要角色是 LEED 调试权威专家之一，这基本上意味着质量控制（QC）。这 QC 的角色是非常广泛的，从项目最早阶段通过设计和施工到建筑运行。

LEED 调试权威专家的任务是确保业主得到业主想要的形式。我主要的作用之一是确保设计和施工团队理解业主期待着的是什么。

调试权威专家所需成功的最重要的技能属性是什么？

>LEED 调试权威（LCA）应在建筑工程经验不论在设计和建筑操作还是建筑系统中有较强的技术背景。LCAs 应该进行良好的沟通，能够促进有争议的和对抗性的大组讨论。他们必须乐于规划，审查其他人的工作，以一种详细而专业的态度做报告。他们也必须乐于注重细节，顽强地下定决心解决令人费解的结果和情况，他们必须能够在侵略性的环境下承受工作压力。在忽视这些"小"的问题的情况下，建筑必须可以如期地随时入住。

下一代能源

净零能源大厦（NZEB）

下一代的建筑更进一步提高能源效率。除了节省能源，这些新的尖端项目产生与他们每年使用过程中产生一样多的能量，使他们能量使用形式为"网零"。为了达到这一点，这些建筑大多数经常使用最佳实践节能战略并与一种可再生能源结合，但是可再生能源现场可能会没有。虽然这些建筑物仍与电网相连（在这种情况下可再生能源供应不可用），零排放能源建筑要走向最终能源独立都是必要的一步。[21]

可承受性能单项陪审员，Ric Licata，FAIA，正在位于华盛顿特区的新泽西团队住宅设备间中为美国能源部太阳能十项全能竞赛的建造做最后的调试。
照片来源：STEFANO DALTERA / 美国能源部太阳能十项全能竞赛

标题这一倡议的是净零能源商业建设倡议，这一部分的更大努力由美国能源部创建以满足能源独立与 2007 年的安全法案，致力于"到 2025 年实现市场净零建筑物"。[22] 商业建筑市场通常遵循联邦政府领导。联邦行政命令 13514 授权进入规划在 2020 年或其后的所有新联邦建设旨在到 2030 年满足净零能源目标。此外，行政命令规定，到 2015 年，至少有 15% 的现有建筑物（超过 5000 毛平方英尺）满足联邦领导的高性能可持续建筑的指导原则，遵守每年朝着 100% 的方向前进。[23]

复制种子

净零法院

密苏里州圣路易斯市

HOK

视觉 + 挑战

由 HOK 领导的综合设计团队和能源与采光顾问 Weidt 集团，承诺到十个月虚拟设计创建市场率，和在圣路易斯为甲级商业写字楼设计零排放。

解决方案 + 战略

能源

创建迭代虚拟建筑模型和在设计的每一步测量性能，随着可再生能源满足的平衡，导致在一个解决方案中通过提高效率的措施实现 73% 的能量使用。

该程序被组织成两个 4 级，300 英尺长办公室酒吧，并在链接东－西方向加入了两个近乎 60 英尺宽的美化庭院。南、北外立面优化视觉和绝缘不透明区域的采光轴，利用自然光线同时保持一个高性能的包络线。东和西立面本质上都是固体，在较低的太阳角度下阻止眩光和增加建筑皮肤的平均阻值。

在南部的门面，真空太阳能热水管的面板为建筑提供了一种独特的美学和热源。屋顶在南部倾斜 10° 并采用太阳能光伏发电和在绝缘屋顶上用太阳能热板 R-30。设计解决方案广泛的使用自然光线。

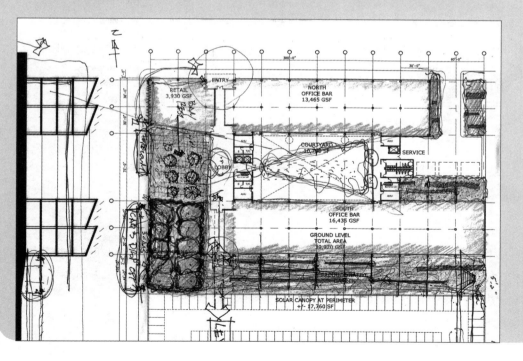

HOK 的净零法院大楼：计划的花园排放量办公大楼（旨在满足原型零的标准）。公司和图像：HOK

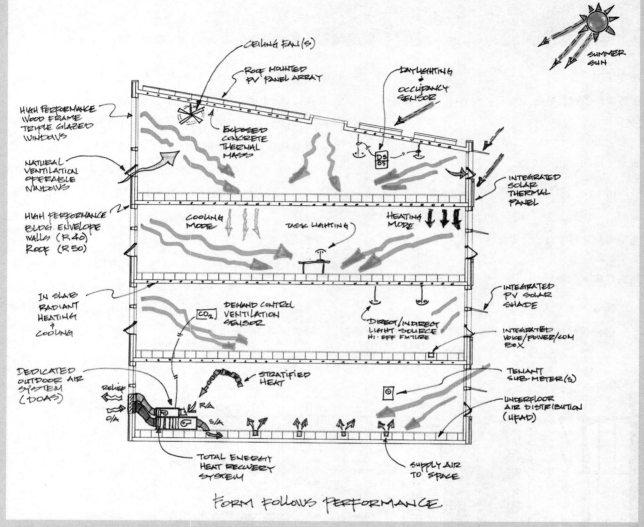

净零法院大楼：形式服从性能（原型旨在满足净零标准）。公司和图片：HOK

　　在体量、方向、楼层与楼层间的高度、窗口大小、玻璃和美化环境质量这些功能被优化以确保大厦可以在白天无电照明。因为建筑解决方案大大降低暖通空调载荷，团队是能够设计出集成地板送风（下送风空调）的板坯辐射加热和冷却系统。当辐射加热和冷却系统为空间提供温度控制，空气处理系统主要只提供通风，因而能使规模大幅缩水。

净零法院建筑：净零法院大楼
与安排南倾斜的屋顶（原型设计以满足
净零标准）。公司和图片：HOK

净零法院建筑：水墙在院子里的花园（原
型设计以满足净零标准）。公司和图片：
HOK

净零法院的集成设计通过能效的战略减少了76%碳排放量，相比传统办公室建设仅轻微的减少第一次成本。为了提供持续的清洁能源达到零碳排放，团队需要制定现场可再生能源系统，包括约51800平方英尺的屋顶和壁挂式太阳能光伏板以及在建筑南部立面和屋顶安装15000平方英尺的太阳能热管。

投资回收期

如果燃料以每年 4% 增长，超过总体膨胀的花费，相比 LEED 认证基线建设，要达到碳中立的投资回报需要十二年的时间。但是相比今天在电力更昂贵的许多其他领域国家，投资回收期将会少于十年。该项目创建了一个设计原型和可复制的过程，为创造可支付的零碳排放建筑在世界各地的区域。

碳平衡

碳平衡的建筑物不使用任何化石燃料，但相反纳入可再生能源（太阳能、风等），因此在这些使用煤、石油、天然气和其他化石燃料作为能源来源的标准厂房中，不产生温室气体（GHG）排放。在碳平衡的建筑物中，或就地或异地可以产生能量。理想情况下，如果一座建筑利用可再生能源作为其唯一的能量来源，它能同时达到纯零和碳平衡的状态。

到 2030 年的建筑

2002 年，建筑师 EdMazria 开发 2030 年挑战作为他非营利组织的架构的一部分。对在气候变化方面建筑行业消极影响的响应，2030 年的挑战是为建筑界专业人士自愿承诺实现以下目标，正如组织所述：

- 所有新建筑物，新进展以及重大整修的设计应能满足化石燃料，温室气体排放，能源消耗性能标准的 60% 以下的该建筑类型区域（或国家）的平均水平。
- 应每年改建最低限度，同等数量的现有建筑面积，以满足化石燃料，温室气体排放，能源消耗性能标准的 60% 的该建筑类型区域（或国家）的平均水平。
- 为所有新建筑和翻修建筑的化石燃料减少标准应增加到：
  - 2015 年的 70%；
  - 2020 年的 80%；
  - 2025 年的 90%；
  - 2030 年达到碳平衡（使用没有化石燃料温室气体排放的能源来运行建筑）。

这些目标可以通过实施创新可持续发展的设计战略，现场可再生发电和 / 或购买（最高 20%）可再生能源来实现。

2030 年挑战得到了回响支持，许多大型实体签署了承诺，包括美国的建筑师学会（AIA）研究所，美国市长会议，美国绿色建筑委员会（USGBC）和几个大型建筑公司，如坤龙建筑设计公司、HOK、帕金斯 + 威尔和美国史密斯集团。甚至有一定数量的国家签署了 2030 年挑战，以及启发了几项可持续联邦任务。

工具的创建者

凯文 SETTLEMYRE，LEEDAP，BD + C，ID + C，
主席
可持续的智商

建模和其他工具可以如何协助净零和碳平衡的建筑物？

> 这与说一个团队正在努力建设碳平衡建筑是一回事；也是要做的另一件事情。碳平衡设计是一个有意义的高杆，要实现这一目标依赖于项目团队成员大量的创意。工具可以协助一体化进程，允许项目团队在较早阶段和大多的更短时间期间去"量化影响"他们的设计观点。我们正在开发的这些工具，其中方案之一是看用户可以如何交互和在一个车间开发仿真，设置探讨大设计行为，同时证明也对暖通空调系统类型有影响。当项目团队希望需要它来做出决定时，这些工具可以通过提供性能数据启用更多的创新设计。我们正在努力以减少碳平衡设计的奥秘。

对于绿色建筑关于未来的能源设计，你的想法是什么，特别是关系到净零，碳平衡设计和 2030 年的建筑？

> 随着从实体，如美国绿色建筑委员会，ASHRAE 和联邦和州政府对绿色建筑不断增加的重视，在不久的将来，很多一般建筑施工的建筑，机械，电气和管道组件将接近根本无法加以改进的效能水平，这是不是不可能的。举一个例子：它总是会消耗能量来产生光子，因此期望未来的照明水平有待完成零能量输入这并不合理。虽然利用现场可再生能源和购买可再生能源额度是一种抵消能源消耗的方式，从某种程度上说，他们不能解决这个问题，甚至他们以能量消耗是第一次发生的来掩盖这个原因。在我看来，下一个绿色建筑能源设计的成功浪潮，产生于企业界如何看待审美和他们所占据的建筑物的功能的转变上。热力学定律将只允许冷水机组是高效的，从而减少暖通空调能源消费以满足 2030 年建筑的一些严格要求，这样会牺牲建筑的舒适度感觉，可能能达到这个点，他们将违反当前通风和热舒适标准。但没有人说它很容易。

——詹姆斯·汉森，P.E、LEEDAP，资深协理 GHT 有限公司

对于绿色建筑关于未来的能源设计，你的想法是什么，特别是关系到净零，碳平衡设计和 2030 年的建筑？（续）

> 对于许多今天建造的建筑来说净零在技术上是完全可行的。我们有一个建筑已经达到 7 年的零排放和几个目前在设计阶段的建筑。由于土地配置和分区，相比其他建筑，有一些建筑类型达到净零排放更具挑战性。然而，最大障碍是可再生能源的成本，因为所有建筑物在某些时段或运行的模式下将都需要一些外部的援助。

——DavidA.Eijadi，FAIA，LEEDAPBD + C，**极限宽指标组**

> 我认为在缩减能源消耗与达到这个点上已经强调了很多次了——这将继续下去。展望未来，我看到为碳平衡和净零能源建筑发展从现场发电到提供必要的偏移量。技术和定价的太阳能光伏和微型燃气轮机将这些技术带到更多的绿色建筑中。寻求新的动力配电方法包括减少交流到直流转换损失的直流系统。

——Patrick · A · Kunze，体育，LEEDAP，校长，GHT 有限

> 过去十年向我们证明了建筑净零和低能耗建筑是很容易可以实现的。现在的挑战是，正如我们看到的，使用集成的设计创建低能耗建筑，这体现了优雅、激发访客和住客，并使经济最大化。德国"Passivhaus ™"系统已经表明，在住宅和其他建筑表皮为主的建筑类型中，几乎可以消除建筑供暖和冷却系统。这种技术之后可以为以建筑表皮为主的建筑产生最低的寿命周期费用。扩展这种超低能源类型的思维到所有建筑类型，在达到有挑战性的建筑性能目标如 2030 年挑战的目标，是下一步要做的。

——Galen Staengl，PE，LEEDBD + C，校长，Staengl 工程

下一代能源资源

ASHRAE2020 年远景规划：www.ashrae.org/aboutus/page/248

建筑 2030：www.architecture2030.org/

无碳：www.carbonfund.org/

美国能源部：零能耗建筑：http://zeb.buildinggreen.com/

能源和基础设施

下一代能源建筑物关注能量来自哪里和持有的最大的一个愿景是能源效率，现场或异地可再生能源或甚至创造能源返回到电网。一大堆的绿色专业人士专注于如何创造能量和如何将相关的基础设施提供给建筑物：

生物质 / 沼气专家

碳会计 / 足迹专家

地热专家

绿色电源专家

水电专家

太阳能电力或光伏电池专家

风动力专家

与现代信息技术重叠的一个新兴领域的能量分布之间的关系称为"智能电网"。

> **你能描述智能电网和电力 2.0，以及在这方面你为未来的预测吗？**

> 电力显然是世界的经济命脉和我们国家"电气化"理所当然地被评为最高的"20 世纪的工程成就"由国家工程院院士。电网的初始目标，始于 20 世纪初，在我国各地提供现成的和便宜的电力——这项工作已经完成 50 多年了。但由于一些相互关联的原因，很小的创新已由像电力一样便宜的公司包含，电力商品是通过垄断提供给被动的买家。与电信不同和信息技术行业不同，电力公司投资很少去刺激创新和拥抱替代电力的形式和用途。在它的基本形式中，"智能电网"是 21 世纪的综合，数字通信到 20 世纪电力系统网络。与能力、可靠性、环境责任、气候变化和需要减少对国外石油（例如，电动汽车）的依赖有关的挑战，电网需要有现代技术嵌入整个系统。这将允许电力的创新浪潮，创新也能使电力 2.0，智能电网版去实现其目标和支持可持续的（清洁能源）我们国家的和其他世界的经济发展。

——格雷格 ·奥布莱恩、LEEDAPBD ＋ C、高级副总裁，清洁能源、Grubb &Ellis

> 由于智能电网解决方案，在他们与电力的关系上，消费者会看到许多积极的变化。智能电网给消费者提供机会成为生产消费者——生产和聪明消费电力。

你能描述智能电网和电力 2.0，以及在这方面你为未来的预测吗？（续）

智能电网不能创造能源效率，但这些技术、应用程序和服务是减少总体消费电力的重要的策略。将这些结合在一起，智能网格和能源效率措施减少整体能源消耗，减少 CO_2 排放量，和提高我们的能源安全。

——Christine Hertzog，Smart Grid Library 总经理，第三版《Smart Grid Dictionary》的作者

已获得许可使用 Smart Grid Dictionary 中的定义。

如前所述，能源经常被当做温室气体排放和气候变化的主要贡献者。抵消这些排放影响的方法之一就是通过碳补偿。

碳补偿

碳补偿是一种通过购买来达到的平衡作为温室气体的碳排放行为。通过购买等量的碳补偿来减少碳足迹。

碳补偿访谈

马克·拉克鲁瓦，LEED AP
业务发展执行副总裁（美国）
The CarbonNeutral Company

请问您是怎样一步步做到 CarbonNeutral 公司目前职位的？

> 回望过去，我才意识到自己是何其幸运，能够作为一分子为这样一个组织效力。在这里，首先意识到可持续发展的是我们的创始人兼董事长！Ray 向大家传递的信息很简单，正如他所说的："加入我们，一起踏上更加可持续发展之旅。"我做到了，并且要感谢他，因为我的生活从此发生了改变。我自学了可持续发展专业，如饥似渴的阅读着每一本关于这方面的书籍。作为一个热情、坦诚的可持续转变者，我快速的在这家公司找到了这方面的职位。它不仅是全球可持续发展理事会成员，并且一直担任 InterfaceFABRIC 全球可持续发展的执行副总裁。我的岗位职责是全面负责推行 Interface 可持续发展的七条战线。

在参与 Interface 可持续发展领导工作的五年后（工作内容包括气候和可再生能源），一个在气候方面的机会偶然使我来到了 The CarbonNeutral 公司。

你如何形容"碳补偿"？

> 碳补偿是为了减少某处温室气体排放而购买的可以抵消同等碳排放量的补偿方式，并将所支付的资金用于减少或避免温室气体的排放。

这些可以通过多种方式和技术来完成，包括可再生能源，能源效率，甲烷捕获，以及植树造林。

碳补偿是量化并以吨为单位出售二氧化碳（CO_2e），购买一吨的碳补偿意味着大气中将会比之前减少一吨的二氧化碳含量。举个例子，比如将燃煤电站更换为太阳能或水力发电的项目。碳补偿通常是企业能够实现深度减排的最快方式，它也常常会带来一些相关利益，比如通过增加就业机会、社区发展项目以及培训等来支持生物多样性和可持续发展事业。

只要气候变化还被人们所重视，在全球经济背景下对质量补偿基金和永久减排方面的投资，具体在什么地方减排是不重要的。实际情况是，工业化国家中使用的很大一部分产品来自于全球供应链，其排放的排放量从本质上来说是全球化的。

在寻求碳足迹／管理方面有哪些好的实践方案？

> 为了让碳补偿变得更加可信，他们必须满足由外部标准机构制定的严格的质量标准，包括提供能够证明补偿是额外发生的证据（也就是说减排有可能并没有动用碳补偿资金），如果有类似于双重收费，或是其项目存在持久性（就其声称的减排部分而言）和渗漏（一个区域的减排不会导致其他地区排放量的增加）等问题，那么这些公司将被迫永久的离开这个市场。

为了确保碳补偿的质量和完整，已经有一套稳健的包含标准，检验流程，以及注册的方案在运作。高质量的碳补偿是通过 Carbon Standard（VCS），Gold Standard，Climate Action Registry（CAR），Green-e Climate 和 Clean Development Mechanism（CDM）验证的。

这些标准中的每一条都有具体的要求，以确保产生的减排是真实的、可衡量的、持久的并且是额外产生的。国际碳减排及碳补偿联盟（ICROA）独立验证了其中的每一条以确保这些标准足够严格。

对绿色建筑专业人士来说，在碳行业中有哪些好的工具？

> 像大多数商业流程一样，就像那句话说的"能衡量的东西就能管理"，这也能够运用在碳管理上面。绿色建筑专业人士必须要考虑在建筑中使用的材料和流程所涉及的碳排放量和在持续运作中产生的碳排放量。

近年来，已经研发出许多用于测量这些材料中所含碳强度的工具。最值得注意的是，BSI 开发的 Publicly Available Specification（PAS）2050，以及世界资源研究所和世界可持续发展商业理事会联合发布的产品计算和报告标准。在缺乏质量数据的情况下，绿色建筑专业人士可以考虑以下因素：

能源效率（需求）

适当的耐久性

与城市公共交通设施的距离

低碳的替换方案

循环再生

重复使用材料

对于大多数传统建筑而言，碳排放需求最终会超过其碳排放量。绿色建筑人士应该尽量缩短其项目的排放生命周期，具体可以通过以下来达到优化的目的：

位置

足迹

定向

外层

系统

碳资源

碳自由：www.carbonfund.org/

碳排放计算器：www.epa.gov/cleanenergy/energy-and-you/how-clean.html

碳足迹计算器：www.carbonneutral.com/carbon-calculators/

温室气体议定书：www.ghgprotocol.org

常用能源资源

美国采暖、制冷和空调工程师：www.ashrae.org

绿色电子程序及资源解决方案中心（Center for Resource Solutions, Green-e Program）：www.green-e.org

美国能源部

　　能源效率及可再生能源：Commercial Building Initiative Partnerships, Research, Resources：www1.eere.energy.gov/buildings/commercial_initiative/

美国能源部

　　能源效率及可再生能源：Commercial Building Initiative Partnerships, Research, Resources：www1.eere.energy.gov/education/clean_energy_jobs.html

美国能源部

　　能源效率与可再生能源办公室：Building Technologies Program：www.eere.energy.gov/buildings

美国环保署能源之星：www.energystar.gov/index.cfm?c=business.bus_index

新建筑研究所：www.newbuildings.org

材料

　　建筑是由许多不同的材料组成——包括内部和外部，有道路、屋顶、门窗、外墙、内墙、地板、顶棚、涂料、地毯、硬表面地面、墙体装饰、家具以及木工。这些材料是如何被获取、制造、运输、包装、安装、以及根据安装和在其使用寿命结束后的处理或回收的评估，这些都是评估的重要因素。这确实是一个复杂的问题。材料专家的种类包括：

　　环境产品声明（EPD）专家

　　空气质量排放测试人员

　　温室气体议定书专家

　　生命周期分析（LCA）专家

　　整修 / 资源重用专家

　　第三方认证机构

　　毒性专家

　　废品转移 / 回收专家

　　这些专业人士为材料的选择提供了关键性的支持和帮助。

　　到目前为止，我们已将看到了与建筑环境相关的每个种类所独有的特征：

　　场地周边外表

　　内外水循环

　　新能源和现有能源

　　最后两类——材料和室内空气质量，将在从设计到施工再到运营的整体建筑生命周期中具体探讨。

Mohawk Chicago Showroom 的酒吧休闲区域 , Chicago, IL（ LEED CI Gold ）.
公司：Envision Design. 摄影：ERIC LAIGNEL

设计中的材料

绿色建筑项目的团队成员——建筑师、室内设计师、承包商——都应对建筑产品做一个全方位的绿色审核，并且要将每种变数也考虑进去。这里面比较重要的包括：

- 生命安全
- 功能／性能
- 耐久性
- 成本
- 从开始至完成间相隔的时间
- 维修

应该把这些因素与绿色标准一起进行权衡考量，因为如果失败是由于这些原因造成的，那么可以由一些不那么环保的方案代替。

绿色专业人士在设计阶段正在考虑建设的是：

- 选择绿色建材
- 避免"漂绿"营销策略
- 对建筑材料的认证评估
- 减少、再利用、回收材料
- 关注健康并降低产品毒性
- 理解并应用建筑材料的生命周期分析

由于公众对环保好处理解的日益加深，市场上越来越多的产品都开始声称自己绿色环保，尽管这些产品中许多根本没有绿色属性或是用其中一部分的绿色属性代替全部，这种行为称之为"漂绿"，它们的制造商通常都会对夸大或不能准确描述自己产品的环保能力和属性。[28]

"漂绿"也有其乐观一面，至少它激发了市场中对于各种声称的可持续属性真实性建立一些标准和细则。这些标准有几种形式：多产品认证、标识、标准、以及许许多多应用于建筑行业的常常令人困惑和感到混淆冲突的信息。下面是关于一些标准的讨论，以及他们如何在绿色建筑决策被很好的利用。

> **您是否能推荐一些材料选择工具，或是用于精细查找时的一些标准？**

> 因为我的隔壁曾经就是 McDonough Braungart Design Chemistry（MBDC），这使我占尽优势，所以每当我在绿色设计中遇到化学大学课本也无法解答的问题时，我都可以跑到 MBDC 去请教一些科学大师，问问他们我是否应该避免使用某种化学物质。那些与 MBDC 为邻的日子早已一去不复返，但现在也有许许多多绿色建筑材料的认证可供选择。

我第一个接触的材料研究和评论的资源是在 BuildingGreen's GreenSpec and Green Product。BuildingGreen 是一家独立运作的公司，并且已经有 20 年的历史，是绿色建筑市场的先驱。

Pharos 是一个相对较新的绿色材料数据库，其重点是透明度，材料组成数据和材料生命周期。我对其数据的深度非常感兴趣。

EcoScorecard 有一个不断增长的制造商的数据库，制造商们会将已经编辑好的数据提交到服务器以方便地方性绿色产品。对于想要寻找大量建筑和内部相关产品的人来说，它是一个非常便利的资源。

还有许多其他我觉得非常不错的第三方认证，但都是关于某个具体材料特性的——比如 GREENGUARD 是关于室内环境质量，GoodWeave 是关于非童工手工地毯。BuildingGreen 在绿色建筑产品方面有一份非常精彩的白皮书，叫作《绿色建筑产品认证：获取所需》（Green Building Product Certifications: Getting What You Need）。对于那些刚刚开始进入绿色建筑的人来说，这些资源应该时刻在手边，对于那些像我们这样早已进入绿色建筑领域的人来说，它会是一个很好的桌面参考。

——莎朗·安德伍德，LEEDAPBD + C 绿色建筑顾问、作家，Virginia Chapter of ASID 行政人员

> 对于了解或进行认证来说，范围是非常重要的。项目范围提供了对标准或认证具体涵盖内容的理解。如果你不知道它包含什么，那你很可能会把时间浪费在一些没有意义的东西上，而这对制造商来说是非常不利的。生命周期也值得重视，尤其当你在协议中想要用认证来保护相关权益，并且希望与其相关的方方面面都能得到从摇篮到坟墓式的处理时。虽然现在仍旧忽视生命周期的人并不多，但是很明显，大家对于生命周期似乎都在以完全不同的方式在进行着，这在一定程度上来说是存在问题的。

我要补充的一个新的范围——人类健康方面——这些大部分都是以列表的方式存在的。虽然这不是解决人类健康问题最可取的手段，但它确实出现在许多认证系统中，因为它比起采取基于风险甚至是基于危险的评估来说相对容易一些。

我很欣赏对透明度的着眼，然而遗憾的是，我并没有看到太多需要公布结果的认证。这主要取决于行业和其对于信息披露的普遍接纳水平。如果行业没有这方面的意愿，那么作为一个认证者，会出现想要透明化却得不到任何帮助的情况，因为这样会导致客户缺乏。随着环保署的崛起，透明度会逐渐呈现出新的面貌。

——保罗·弗斯，UL Environment 经理

我们如何摆脱漂绿？

> 我们可能永远无法摆脱"漂绿"行为，但或许我们不应该为其花费太多时间，反而应该感到庆幸。也许它是衡量成功的标准。这或许是一种衡量成功与否的标准吧。只要那些商品牌和产品的领导者们能够拥有一批正规的市场营销人员，那么他们也能被视为负责任制造业的典型。但是对漂绿的关注和重视也非常有趣，保罗和我很早以前就讨论过关于建立一个网站来做这件事，但由于我们的日常工作原因不得不作罢。漂绿对于绿色建筑市场来说既不公平，其手法也很拙劣，它终究只能存在于环保群体中的一小部分。

关于"漂绿"也有需要绝对重视的点。这里说一家无法提及名称的公司，其由于缺乏环保产品信息的公开和公司环保行动而被一主流设备集团除名。他们对此的反应是为其公司开发一个环保品牌作为其公司的环保活动，但很不幸的是，他们合作的组织（Earth First）已被 FBI 列为国内恐怖分子。而他们给 A&D 社区寄去的一本全彩，内容欢快的谈话录式的宣传册也石沉大海没有得到任何反应。

现在让我们再来一起看看好的一面。Herman Miller 在传达他们行动和引导相关指标方面做的非常出色，Interface, Tandus, Mohawk 和 Shaw 在地板方面也做的非常优秀。有很多品牌都考虑到了环境方面的控制。因此，让我们把那些像恶劣的深夜广一般的漂绿者剔除，而对其 BS 中的优秀表现者授予勋章。这样不仅我们能获得一些认知上的满足感，也可以让不良行为有自我改正的机会。

——马丁·弗莱厄蒂，Communications, SmartBIM 高级副总裁

材料认证

以下是关于各种类型建筑产品的第三方认证，从粘合剂到石膏墙板中的可再生物质，可以说较为全面了。

森林管理委员会（FSC）（只有森林产品）

国家自然科学基金会（NSF）

科学认证系统（SCS）

UL 环境（ULE）

虽然有些许差别，但这些组织团体都在透明度和标准化方面有着良好的信誉。这个列表只列出了几种主要的，并不代表所有材料属性的认证机构。

认证

当你广泛查阅各类材料认证后，通常会发现下列情况：

- 一个具有多种性能要求的单一标准
- 基于特定类型产品（地毯，油漆等）的多个标准——而这些标准都存在于一个认证体系中
- 由独立第三方管理的行业协会或行业相关认证

无论如何，第三方认证对于公正性而言是非常重要的，因此下面列出了一些可供选择的认证：

- EcoLogo/Environmental Choice
- Environmentally Preferred Products（EPP）
- SmaRT Consensus Sustainable Product Standards
- Cradle to Cradle（C2C）Certified^{CM} Program

一个有公信力的认证可以检验绿色建筑产品是否符合诸如可回收材料、减少毒素以及对材料生命周期的考虑等的这些环保目标。

你创立了 GREENGUARD（第三方认证）和 Air Quality Sciences（检测）——能否跟我们说说这两者之间的差别和相似之处？

>Air Quality Sciences, Inc.（AQS）是一家科学的测试和咨询公司，致力于研究室内污染和用于建筑建造、装潢和运营的产品。AQS 拥有世界上最大的环境舱测试实验室，用于测量产品的化学性质和颗粒排放。

GREENGUARD 环境研究所是一个非营利的第三方机构，它为产品和建筑的 IAQ 可接受性确立了标准，并为制造商和建筑所有者提供认证过程，以确保他们的产品和建筑物符合这些标准。他们二者一起都在为寻找更安全的产品解决方案而努力。

——玛丽莲·布莱克博士，GREENGUARD Environmental Institute 创始人

切入点——减少 / 再利用 / 回收利用

对于理解绿色材料来说，切入点是减少、再利用、回收利用，就像我们教给孩子们的"回收三角符号"，首先要减少，然后重复利用，最后回收再利用。[29] 相对来说回收是容易理解的，但它实际上是材料使用三角符号中的最后一步。如果产品不能减少或重复使用，那么替代方案则是回收。

从更广阔的角度来看，采取第一步"减少"，并考虑建筑将用怎样的材料或产品进行建造，他们对环境又有哪些影响，这是非常重要的。在所有涉及材料使用的建筑项目中，我们首先要问的问题是：我们需要这座建筑么？我们能否减少平方英尺数或减少房间数？对于较小的规模——我们需要这种建筑产品或材料么？有时这是一个很有挑战性的问题，因为建筑专业人员的本职是建造。但是，就像好的艺术和歌曲一样，适当的留白往往能使其具有更佳的艺术性。

如果对这些问题的回答是确定要建造，那么就是绿色建筑专业人士发挥作用的时候了，他们可以对现有的空间或设计所涉及材料以及施工流程进行再利用指导。对材料在其原有或新功能中的再利用可以减少许多环境影响，包括原材料的提取、制造、能源和水的使用、运输、安装和运营 / 直到产品寿命终结等。比如一扇门也可以当做桌面面板进行再利用，而自然做旧也会别有一番韵味的。

需要注意的是，必须确认再利用的过程和结果不会造成不必要的生态影响，这点非常重要。也就是说，如果重新使用门板意味着必须用有毒性的清漆翻新，或者重新制作的过程中涉及有害或是高能耗的造作，然后装船运往海外或由卡车运往全国各地——那么这扇门就不能成为一个良好重复利用的绿色产品的案例。

如果我们不能减少或重复使用，那么最终的考虑就是回收。关于回收内容，有一个规范环境标志和申报的国际标准，ISO14021-1999。[30] 回收内容通常是常见的材料误用成分。为了支持设计和建筑，联邦法规还专门制定了一份"使用环境营销索赔指南"（Guides for the Use of Environmental Marketing Claims）。[31]

回收利用

材料通常包含两种模式的可回收内容——消费前和消费后。消费前回收是指从其他制造商的废品清单中购买材料。比如制造商 A 需要木屑并从制造商 B 那里购得。但这并不包括那些在制造过程中产生的可以进行再利用的废料。关于此类回收有另外一个类似的术语——后工业化（Post-Industrial）。

消费后回收——比如你有一个铝汽水罐，也喝完了里面最后一滴。如果你回收这个铝罐，它会返回到铝回收流水线并做成其他的铝制品，如汽车零件或装饰件。

绿色建筑专业人士也应该考虑材料的整个生命周期，包括他们在运输中的包装以及使用寿命结束后的回收再利用、堆肥潜力，或是最后的手段——垃圾填埋。举个例子，用毯子包裹来代替家具在运输或移动中的包装，毯子可以重复使用。注意这里的环境性能和耐久性能本质上是联系在一起的，因为很多典型的要扔掉的或可回收的产品都是绿色的。理想情况下，目标是拥有长期使用"性能"的产品或是无污染的产品。

毒性

在绿色建筑材料认证中，毒性很少被提及，但事实上，大多数情况下，各种材料对人的潜在毒性程度在美国是不受管制的。然而，有毒物质存在在许多常见的建筑材料中，如密封胶、阻燃剂、及其他成品，像安装人员、施工人员、以及建筑使用者他们暴露在有毒物质中的时间越长，潜在的副作用危害就越大。[32] 此外，有毒物质在遇火后会燃烧，产生额外或是新的毒素。对有毒材料来说需要特别关注的是免疫系统敏感的人，如儿童、老年人，以及那些可能有疾病的人，所以通常医疗保健设施会特别关注绿色建筑材料的这一领域。

你对于室内材料未来的趋势有什么预测？

> 人们已经越来越多的意识到消费品和建筑材料的危害。PVC、贡、卤化阻燃剂、邻苯二甲酸盐、氯化塑料、脲甲醛，这些都会造成严重的健康问题，设计师应该意识到并寻找安全的替代品。现在有越来越多的工具：红名单、预防列表、新的 LEED 评分都可以用来应对建筑中的化学问题。

新的"健康产品声明"有助于澄清产品中究竟是否含有有害成分，而 Pharos 使用这些信息来建立一个化工产品的评分系统。对于设计者和专家来说鼓励这些安全工具的开发和使用是他们义不容辞的责任。

——Penny Bonda, FASID, LEED AP ID+C, Ecoimpact Consulting 合伙人，《Sustainable Commercial Interiors》一书作者

知识透明度

BILL WALSH

Healthy Building Network 执行董事

你认为 Pharos 作为绿色建筑工具怎么样？

> Pharos 项目，其核心是一场建材市场的透明化运动。这是一个为用户找到最好的材料来满足其当前需求和持久价值观的工具，一个用来帮助减少"漂绿"行为的工具，一个可供用户讨论用什么、怎么样才能使产品真正绿色的平台空间，最重要的是，它是一个可以供制造商们展示并证明自己最具环保、健康和社会公平性的实践平台。

Pharos 在线工具的主要部分是建筑产品库（BPL）以及

化学和材料库（CML），两者都可通过订阅获取。BPL 的每个产品都会有不同的环境和健康影响类别得分。详细的产品包括化学和材料成分，并链接到各自的 CML。CML 的健康危害信息来自超过 25 个权威国家和国际机构，包括超过 10000 种化学品和材料。

产品的 Pharos 分析是否科学？

> 关于框架结构的描述可以通过访问网站获取：www.pharosproject.net/framework/index/，网站框架部分有详细的评分协议可供参考。

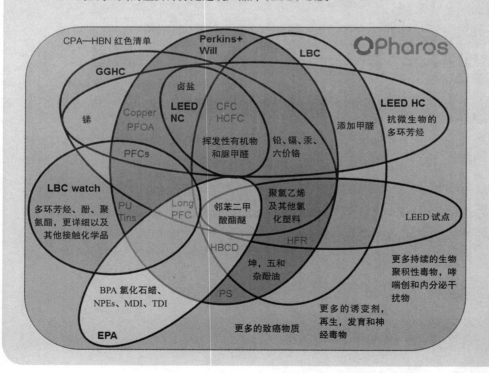

一系列**绿色建筑**项目所关注的**化 学 品**。图 片：2011 HEALTHY BUILDING NETWORK

Pharos 目前评分的产品分布在五大领域：挥发性有机化合物（VOCs），用户有毒物质，制造和社区有毒物质，可再生材料使用，可再生能源。

Pharos 对比生命周期评估如何？

> Pharos 不能与现有的第三方认证产品竞争，而是帮助你理解如何更好地进行产品选择。不同的认证解决产品的健康和环境影响的不同方面，而 Pharos 能将所有这些聚在一起带来全方位的视角。Pharos 框架评分的不同认证标准都通过了严谨的标准和独立的认证过程，并提供系统之间的比较。Pharos 每一步骤的评分描述都会给出不同的认证如何影响产品的评分。

LCA 工具有望对一些产品的影响提供判断，如能源使用和气候变化，但从业人员一直在努力寻找用 LCA 工具来有效解决人类健康的方式。Pharos 采用基于风险评估协议的稳健框架（也被 GreenScreen ™用于 Safer Chemicals 和环境项目的 EPA's Design），可以处理产品材料内容和上游工厂所用的化学物质对人类健康影响。评估比其他目前可用的认证系统更加透明化，所有数据和评分协议都会完全公开。Pharos 的化学和材料库也为制造商和终端用户提供了 Pharos 产品库外的化学制品选择危害的评估和对比。另外，Pharos 还对可再生产品（如可持续采伐的木材）的采购提供评估认证，这是 LCA 所没有的。

主流替代品

PAULA VAUGHAN, LEED AP BD+C

Perkins+Will（P+W）可持续发展行动联合总监

您怎样描述 P+W 预防清单？为什么 P+W 会决定做这个？

> 预防清单的开发是基于我们对于有害于人类、动物和环境的产品不应该被用于我们项目的信念，为了这个目的，我们不断地搜寻信息来告诉我们的客户、顾问和可用

替代品行业，使他们能够做出明智的决定。为了不使用含有这些物质的产品，我们会寻找替代品，并符合预防原则，努力应对报告的健康影响，从而保护我们和后代的健康。该数据库主要是从我们的纽约办事处发展而来，并专注于医疗保健项目的环境健康。多年来，我们已经看到了它作为行业优势的重要性，所以需要将它免费提供给所有对建筑材料的健康影响感兴趣的人们。

TRANSPARENCY + > ● ● ● Q

Precautionary list

ALPHABETICAL   CATEGORY   HEALTH EFFECTS   DIVISIONS AND SECTIONS

Substances

Arsenic	Bisphenol A (BPA)	Bromochlorodifluoromethane	Cadmium
Chlorinated Polyethylene (CPE)	Chlorinated Polyvinyl Chloride (CPVC)	Chlorofluorocarbons (CFC)	Chloroprene (2-CHLOR-1,3-BUTADIENE)
Chlorosulfonated Polyethylene (CSPE)	Copper (for Exterior Material)	Creosote	Halogenated Flame Retardants (HFR) &
Hexavalent Chromium (VI)	Hydrochlorofluorocarbons (HCFC)	Lead	Mercury
Organostannic Compounds also known as Tin	Pentachlorophenol	Perfluorocarbons (PFC)	Phthalates
Polystyrene	Polyurethane Foam	Polyvinyl Chloride (PVC)	Urea-Formaldehyde (HCHO)
Volatile Organic Compounds (VOCs)			

Chlorinated Polyethylene (CPE)   CAS#63231-66-3

Where is it Commonly Found?

Geomembranes, wire and cable jacketing.

HEALTH EFFECTS

Like all other chlorinated materials, is associated with the known carcinogen dioxin, and other POP (persistent organic pollutants), and PBT (persistent bio- accumulative toxins).

What are its known health effects?

Carcinogen

Developmental Toxicant (P65)

What are its suspected health effects?

Cardiovascular or Blood Toxicant

Endocrine Toxicant (P65)

Gastrointestinal or Liver Toxicant (P65)

Immunotoxicant (P65)

Kidney Toxicant (BKH) (IL-EPA) (JNIHS) (KEIT) (WWF)

Neurotoxicant (EPA-HEN) (OEHHA-CREL) (RTECS)

Reproductive Toxicant (OEHHA-CREL) (RTECS)

Respiratory Toxicant (RTECS)

Skin or Sense Organ Toxicant (RTECS)

How is it Categorized?

Chlorinated Polymers

What is it's Origin?

One of the 11,000± chlorinated organic compounds that have been widely used since World War II.

Divisions and Sections

Div 07 Drainage Panel

Div 32 Playground Protective Surfacing

Div 33 Utilities

General Reference

http://www.healthybuilding.net/target_materials.html

Perkins+Will 预防清单网站。图片由 COURTESY OF PERKINS+WILL, INC. 提供

自从创建预防清单以来，你认为最有趣的发现是什么？

> 许多制造商不知道自己产品中包含什么，这并不是说他们一定是在骗人，但在很多情况下，他们只是从不过问。所以我们行业应该要求更加透明的产品曝光，使大家能够做出通往健康建筑的好的选择。

在这过程中有哪些特别的经验或教训想要分享给大家？

> 当我们在选择和指定项目的建筑材料时所做的决定，对那些建造、使用，和维护该项目的人员都会产生非常直接的影响。

TRANSPARENCY

"When an activity raises threats of harm to human health or the environment, precautionary measures should be taken even if some cause and effect relationships are not fully established scientifically."

— The Wingspread Conference on **the Precautionary Principle** was convened by the Science and Environmental Health Network, 1998.

What can I find?

THE PRECAUTIONARY LIST

Substances compiled here have been classified by regulatory entities as being harmful to the health of humans and/or the environment. An evolving list that is updated as new data comes to light, this tool encourages the user to employ the precautionary principle while uncovering building products that may contain these substances and identifying potential alternative products.

ASTHMA TRIGGER + ASTHMAGENS IN THE BUILT ENVIRONMENT

Substances on this list have been identified as Asthmagens found in our built environment. This list brings awareness on the causes of the disease and helps users make informed decisions on design and construction with respect to building products. This list was compiled from third-party, government and academic sources.

FLAME RETARDANTS

This list catalogues flame retardants found in the built environment from organic to inorganic, brominated to halogenated as well as those that are naturally occurring. A comprehensive list providing in-depth knowledge of flame retardants, this tool helps users understand not only where flame retardants are found in the built environment, but also their subsequent health effects.

WHITE PAPERS

A growing number of resources on material health can be found at this link, ranging from Perkins+Will white papers on Fly Ash and Asthma, to video interviews of Robin Guenther and Peter Busby.

Perkins+Will 预防清单网站。图片由 COURTESY OF PERKINS+WILL, INC. 提供

　　在一些像学校或医院这样的地方，使用者可能更加年幼或是更易受到危害，对他们的影响就会更大。作为建筑设计专业人士，我们有责任去了解使用的产品中包含哪些物质，以及这些物质对健康有何影响。

相关资源

ECC Corporation（ECCC）Hazardous-Substance-Free Mark：www.ecccorp.org/

Pharos Project：http：//pharosproject.net/

Perkins+Will 预防清单：http：//transparency.perkinswill.com/

新一代材料

许多良好的绿色材料准则、认证和第三方检验，以及减少、再利用、回收、毒性物质替代品都已在本书中讨论过了。未来的材料选择取决于增加透明度和对生命周期的理解。这个交叉点指向一些整体工具如环境产品声明（EPDs）和生命周期评估（LCA），包括第三方的核实和验证。

环境产品声明（EPDs）

Green Standard 是一个非营利性组织，他们为制造商提供符合 ISO 标志的环境产品声明（EPD）。

为达到 ISO 要求，EPD 必须满足以下三个标准：

1. 使用相关产品类型的产品类别规则

2. 基于产品生命周期评估（LCA）

3. 提供 EPD 报告认证并由外部专家签字确认

总之，EPD 是搜寻科学可靠且透明的产品性能信息以考察产品环境属性的一个来源，且已通过了有资质的第三方认证。[33]

LCA

生命周期思维是评估建筑和产品最全面的一种方式，因为它注重从"摇篮到摇篮"的各个方面。[34]"生命周期"这个名字可以理解为"生命的循环"，想想建筑师如何在材料生产和使用的基础上建筑的：

- 原材料的提取

- 材料的装配或制造

- 建筑材料的包装和运输

- 现场安装材料

- 建筑材料的使用和操作

- 材料的维护

- 材料的修复或更换

- 使用寿命结束

这种连续的循环展示了产品和建筑整体生命的跨度，从创造到拆卸，生命周期思想表明过程中每一步会带来的影响——原料提取、能源／水的使用，以及人类健康的影响。

LCA/ 概念发展史

在 20 世纪 60 年代末，国际公认的生命周期评估（LCA）已被开发并不断完善。[35]

在 2002 年，McDonough Braungart Design Chemistry（MBDC）的建筑师 William McDonough 在他与德国生态化学博士 Michael Braungart 联合撰写的《Cradle to Cradle》一书中提到了一个关键的概念：重塑我们做事的方式。[36] 这本书的概念是关于建造或创建建材周期性的过程，即废弃物（生命结束）=（或成为）食物（下一个生命的资源），而传统的线性模型整个过程是以废品或垃圾填埋场作为结束。一个进步的生命周期过程中，是没有废弃物概念的——材料要么继续在工业世界中循环，要么通过堆肥回到生物世界。生命周期过程可以应用与任何简单的建筑产品或组装产品以及整个建筑。

挑战

LCA 的一些挑战在于数据假设与计算方法的不一致，以及需要找到一种简便的方法将结果传达到

建筑产品生命周期评估流程图。图片由 ATHENA SUSTAINABLE MATERIALS INSTITUTE 提供

大众消费市场。此外，由于缺乏数据，许多对健康和环境的影响难以被量化。为了进一步增加混合的复杂性，当一个产品是良性的，说明在其"生命"的一个阶段是好的绿色选择，而如果将其推后至稍后的阶段，它可能就成为糟糕的选择。比如铅涂料或石棉，当他们降解或是以任何形式被干扰这两者都可能是极其危险的——但如果不受感染，这些材料对环境和健康的影响会小很多。

然而另一个挑战是时间。有些产品在设计和 / 或生产中是绿色的，但在运行时就是非绿色，或是反之亦然。一个重要的例子是安装无水小便器需要繁琐的维护工序，有时维护这些设备的人员可能未经充分训练，无水小便器或许会成为一个伟大的绿色节水装置，但如果不好好维护会产生刺鼻的气味，可能也会因此被其他使用水的设施所取代。

你如何定义生命周期评估，对它又有怎样的预测？

> 生命周期大致涉及设计重点的上游和下游过程中的几个阶段,这些阶段在直接设计之外,因此除非有明确要求,否则可以省略。例如,可持续发展的设计需要考虑各个过程的影响,不仅在生命存续中还包括其结束时。通常情况下,材料获取和转化中生命周期的影响远远大于材料转化成最终产品的生命周期过程。

因此,可持续过程设计的最佳实践是考虑生命周期的所有阶段,这就需要对上游和下游的输入和输出过程进行追踪。它还要求,任何产品过程都要考虑在内,包括在其使用阶段和报废阶段,以及投入生产过程的影响。

——Professor Matthew J. Realff, Georgia Institute of Technology 化学与生物分子工程学院博士

> 生命周期评价是一种量化产品或服务的整个生命周期的潜在环境影响,包括原料获取、加工、制造、使用和维护、报废管理、运输。当我第一次在密歇根大学的一个工业生态课程中知道 LCA 的概念时,我对于选择环保产品的整个视角都随之改变了。影响最大的往往是看不到的,比如,加热水所需的能量,清洗陶瓷咖啡杯所需的水等等。LCA 是通过材料的选择影响产品设计的重要工具,也是为消费者提供决定备选方案主要环境影响的有力工具。

——Melissa Vernon, LEED AP BD+C, InterfaceFLOR

可持续战略总监

> LCA 背后的倡议是美妙的。比如,我要比较两个产品并能提出建议其中一个比另一个更加环保,这种想法是理想化的,现实情况却比这复杂得多。目前,"环境影响"没有公认的行业标准这是非常重要的一点,这些差异以及一致性的缺乏,数据输入的整体可靠性等等,都意味着不同的分析会出现不同的最终结果。

我认为对于评价产品来说 LCA 可能会是一个非常宝贵的工具,但我们现在还没达到这种水平,我觉得它在市场开始将其作为整体决策的一种资源之前,作为一门学科它需要更加成熟化一些。

——Carlie Bullock-Jones, ASID, LEED AP BD+C & ID+C, Ecoworks Studio 所有人

> LCA 是你看待环境影响的整体视角,它就像是一个对于影响细节的快照——在哪里发生的,根本原因又是什么。你能想象腿部骨折去看医生,医生不是先拍 X 光片看看是哪里受损或需要做什么,而是直接对你开始治疗。这种没有初步检查便开始治疗的行为可能会导致更多危害。同样,LCA 提供各种信息也是以一种恰当和透明的方式对产品进行诊断。

——Paul Firth, UL Environment 经理

如果我们扩大这个概念，从一个产品（小便器）到更大的规模（建筑），在其设计和建设的过程中运用优化绿色实践，但建筑的运营阶段也会对环境造成危害，所以显而易见，在建筑或产品的"生命周期"的任何阶段都有可能发生好的和坏的影响。因此，重要的是，考虑到在所有生命阶段罕见或不可预见的情况，生命周期视角应该用于产品或建筑评估。

LCA 的当前趋势及未来

LCA 最近的一次大的发展是在预计在下一版的 LEED 试点信用库中会加入 LCA 评分。[37] 这是一个生命周期概念进入设计行业的切入点，以致于像建筑师、工程师和室内设计师这样的执业者可能会开始以产品的全部影响作为使用的考量因素。

有个关于软木或是竹制地板的例子，软木是一种可快速再生的天然物品，具有快速的再生周期，因此，在不到十年内它就可以恢复到原来的状态。这听起来像一个伟大的绿色产品么？没错，它确实是。然而，从生命周期的角度来看，软木等产品的原材料通常来自西班牙，所以在考虑不同产品间的取舍时远距离运输必然会消耗的化石燃料也要被考虑进来。

虽然在设计过程中选择绿色材料是至关重要的，但还有很多建筑生命的其他阶段也会对环境产生影响。

实质的沟通

STEVEN R. BAER, LEED AP BD+C

PE International Inc. & Five Winds Strategic Consulting

高级顾问

您是如何成为可持续发展专家的，能说下自己在这条道路上的教育和经验吗？

> 我获取的是化学工程的学士和硕士学位，所以就继续在以下领域从事专业工作：制造管理，产品开发，之后在一家大型建材生产商做市场营销。总的来说，重要的是了解如何将可持续行为与商业上的成功建立联系，并利用三重底线作为决策方法。

如何评价一个产品的"绿色因素"？

> 使用可以被量化进入环境产品声明（EPD）的生命周期评估（LCA）是评估一件产品环境影响的良好方法。

如果有人想要进入绿色材料领用，你会推荐的经验类型有哪些？

首先了解企业如何运作和赚钱；

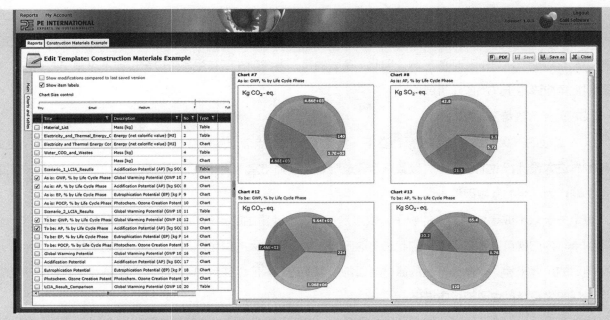

PE International's GaBi i-report 建筑材料的预期环境影响评估举例。图片：PE INTERNATIONAL

理解宏观经济学；

必须了解消费者的消费动机以及监管要求；

了解 LCA，包括它的好处；

系统思维——必须了解每个产品是如何与它周围系统相互联系的，没有任何一件产品是独立存在的（比如，了解汽车需要了解轮胎或燃料）。

你会给希望成为绿色材料专家的人怎样的建议？

了解产品系统；

了解生命周期在决策中的意义；

了解三重底线原则；

意识到理论上的抽象的决策有时并不实用。

生命周期分析工具资源

The Athena Institute's EcoCalculator：www.athenasmi.org/tools/ecoCalculator/index.html

Carnegie Mellon University Green Design Institute Economic Input-Output Life Cycle Assessment（EIO-LCA）：www.eiolca.net/

PE International GaBi Software：

    www.gabi-software.com/index.php?id=7427

沟通工具

PAUL FIRTH

UL Environment

经理

你会怎样向不熟悉 LCA 概念的人描述它？

> 对于不了解可持续发展的人来说，LCA 会是相当陌生的。如果要解释的话我会尝试用一个周围的或是人们方便理解的产品举例说明。然后我会提示他们，产品不是来源于商店，而是在其他的某处制造，而制造业，特别是塑料行业，是从开采石油等资源开始的。然后，通过诸多个生产步骤这些资源被用来生产出各种产品，而这些产品会出售，被人使用，并最终被处理。这种处理可以通过某种形式的回收，但更通常的方式是去往垃圾填埋场。此外，所有这些步骤中还涉及运输环节。至此，我们了解了这个产品的整个生命过程，从原料提取到最终处理，每个环节都在对环境产生着影响。生命周期评估是一个这样的框架，它使你能够将所有这些贯穿产品生命周期的影响考虑进去，从摇篮到坟墓。

对于产品制造商和专业人士（设计师 / 建筑师）双方来说，EPD 和 LCA 各有哪些利弊？

LCAs 和制造商：

> 对于制造商来说，使用 LCA 的好处似乎已被广泛讨论，而大部分的利益在于通过 LCA 被公众了解。许多人只要听说哪家制造商使用 LCA 便会立即觉得他们比其他同行更先进在可持续方向走得更远。

它的缺点是，从资源角度来说在工具、小组或是时间上都需要付出大量努力，包括人力和财力（尽管发展使得这些比几年前要轻松一些）。另外如果从业者不太有经验，可能会在沟通和执行中出现困难。

LCAs 和专业人士：

大多数专家希望看到制造商为他们的产品使用 LCA，但是，对 LCA 信息的获取是一个两难问题。我曾经每周都会收到一些要求从专业人士到"把我们的 LCA 给他们"，作为他们建议请求的一部分。我会在电话里询问他们最需要的是什么，因为大多数专业人士都不明白 LCA 是一个很长的报告，他们并不了解其中的每个部分。现在，虽然专业人士的知识量在扩大，但问题仍然存在。这是一个伟大的工具，但缺乏一致性、结构和同行评审，所以结果可信度不高。我认为 LCA（甚至 EPDs）还存在很多问题没有得到完美的解决。但这不是一个问题，更像是一个误解。这就是为什么 I 型和 III 型结合使用是最好的方法。

EPDs：

EPDs 和 LCA 一样存在诸多缺点有待解决，缺乏一致性和结构，如何传递结果。为了简单明了，我会在这里列出一些我经常使用的谈话要点：

它可以作为一个管理工具，为制造商、采购商、机构组织的采购、产品设计师、营销策略等等提供帮助——通过检测产品数据和应用成果来达到改善环境的目的。

这是一个为专业人士打造的评估工具，同时也可以作为决策工具和检测环境信息。

由于 LCA 结果的一致性和可靠性问题，关于其是否能够作为政府、商业和机构的采购工具仍在讨论中。

由于可以传播环境信息和产品标准，所以它也被视为消费者和消费群体的行动工具。

最后，由于可以提供综合环境信息的资源，所以它也是一个在制造商、供应商、批发商、采购商、承包商、专业人士，以及其他用户之间的沟通工具。

对比 LCA，EPDs 的一个最大的缺点在于没有解决自身性能。他们不是为了与代表环保的 EcoLabels 竞争。正如我所提到的，最大的好处是当你把更好环保与生命周期透明度（I 型和 III 型）结合，你就会得到最好的结果："我很好，这就是为什么我很好。"

作为一个产品制造商，请说说 EPP 和 EPD/LCA 是如何与你的工作相关的。

> 了解 LCA 对人们进入可持续发展领域来说非常重要。我们认为这是一个综合的、基础的工具，可以帮助人们从多方面了解产品和过程中的性能，并不断地为这个领域提供敏锐洞察力。

说到地毯，INVISTA 会用大局方法来帮助理解产品对我们生活和环境的真正影响，因为我们相信，那些没有为长期性能考虑的设计产品会最终影响我们生活的质量。无论是更换产品或对地球的影响来说这都是一件麻烦且颇耗成本的事，所以长期性能不应被忽视。INVISTA 自 2002年起多次取得 EPP（环保首选产品）认证通过 SCS（科学认证体系）。该认证是基于 13101 号行政令（后被 13423 号行政令取代），当与服务于同一目的的竞争产品对比时，它承认在对健康和环境上拥有较小或减少影响的产品。该认证是有 NSF-140 认可（可持续地毯评估标准）作为地毯包含材质的重要评估。

——Diane O'Sullivan，INVISTA 全球市场总监

小的启示

DEBORAH DUNNING

Sphere-E LLC 创始人兼 CEO

The Green Standard 创始人兼总监

你有两个关键的角色——Sphere-E LLC 的创始人兼 CEO 同时也是 The Green Standard 的创始人兼总监。这些角色在你的职业生涯中是如何发挥作用的?

> 在这两个角色中,我都在从事与 "ying"(帮助制造商开发质量性能数据)和 "yang"(为买方提供选择最环保产品的有效工具)的工作。与如此多的领导者一起致力于确保我们的环境健康是一项伟大的壮举。

BRIGHT GREEN, BRIGHT FUTURE 运动在美国首先推出了第一个 EPD 系统。你认为它为什么非常重要? EPD 的优势在哪里?

> 2008 年 Green Standard 为了建筑产品启动了美国第一个 EPD 计划,相信这个基于全球环境专家们联合开发的标准并面向全球的生态标签对于制造商和产品购买者来说应该都是非常有价值的。最近,联邦机构将 LCA 纳入他们的采购流程被证明是正确的,美国绿色建筑委员会已经发布将选择拥有 LCAs 的产品作为 LEED 试点评分范围,拥有 EPDs 的产品将获得双倍评分。

Green Standard 如何确定使用 GaBi 4(由 PE Americas 颁发许可)作为选择的 LCA 工具?

> Green Standard 推荐使用 GaBi 软件用于开发产品和服务 LCAs,因为它具有最全面的基础数据库,并被认为是世界上最高效的 LCA 软件。这些都是重要的特性,因为数据的质量至关重要。"垃圾进,垃圾出"说明必须使用高质量的工具来开发 LCAs,并将它们应用于形成关键决策。PE International,是一家开发和维护 "GaBi" 的咨询公司,在 LCAs 和 EPDs 方面被公认为是世界上最好的公司。

生命周期资源

Athena 可持续发展材料研究院: http://athenasmi.org/index.html

The Green Standard: Environmental Product Declarations, Free Trial of GaBi 4:

http://thegreenstandard.org/LCA_software.html

建筑材料

　　承包商在采购绿色材料中发挥着非常重要的作用，因为他们连接着设计和制造商，使蓝图最终成为现实。因此，承包商需要权衡绿色材料各个方面的优缺点——符合设计需求的审美/性能、成本、交货时间，以及许多绿色标准，如回收内容、区域交通和认证。

　　在施工过程中，一个关键的材料影响在于场地的建筑垃圾以及如何管理和从垃圾填埋场运送到适当的回收地区。这对于装修项目或是拆除建筑物时显得非常重要。关于良好的建筑废弃物管理应该是这样的：

　　建筑废弃物管理（CWM）计划

　　选择 CWM 搬运人员处理混合废料或单独场地

　　培训施工团队，从主管到每个分包商

　　一致追踪法

　　另一个帮助承包商挑选良好的材料的做法是有一个好的网络资源，如采购再生或翻新材料和家具。

装修材料

　　建筑物建成后，设施管理人员会购买建筑运行和管理所需的材料。这些产品是一种持续耗材，如纸巾和办公室用纸，当然也包括耐用商品的长期购买，如家具和设备。无论什么类型的产品，所有的采购都应考虑到绿色最佳实践过程，如第三方验证，以及对实践或正在进行的项目的优化管理，如回收利用照明、设备和其他废弃物。

一般材料资源

建筑材料回收协会：www.cdrecycling.org

Building Green, Inc.：Greenspec：www.buildinggreen.com

BuildingGreen, Inc.，绿色建筑产品认证：Getting What You Need（published 2011）

美国森林管理委员会：www.fscus.org/green_building

Green Building Alliance's Green Product Labeling Grid

Interiors & Sources EcoLibrary Matrix

CARE 是什么？

>CARE 是一个全国性组织，致力于让二手地毯远离垃圾填埋场，他们的成员会协力进行废旧地毯的回收利用。通过回收地毯，我们节省了垃圾填埋场的空间和自然资源，回收地毯也为当地社区带来了超过 1000 份绿色工作。CARE 成员是创新的企业家，成功的商人，和充满能量和活力的人！

地毯的回收过程是怎样的？ CARE 所做的事会有什么样的影响？

> 一旦地毯到达其使用寿命，就会被从家中和建筑物中移出。地毯的再生使用的收集器时按纤维类型分类（即尼龙 6、尼龙 6-6、聚酯、聚丙烯、羊毛等）。然后处理工作开始，通过如粉碎、剪切等程序，地毯纤维（绒的一面）会从底部被分离。之后地毯纤维被进一步净化和分离，除去尽可能多的灰和其他非纤维材料，

接着是将材料制成颗粒状，然后就会变成可以重新利用的地毯，或用作工程树脂。你知道么，福特汽车公司 2009 年投入了超过 400 万英镑用于汽车中的回收地毯，并通过更换发动机部分远离原始材料？汽车制造商在四种车型中的气缸盖一直采用来自废旧地毯的尼龙：Escape、Fusion、Mustang 和 F-150。

从 2002-2010 年，我们 CARE 的成员已经从垃圾填埋场转移了超过 20 亿英镑的地毯。通过转移回收所有这些地毯，CARE 成员帮助减少了对环境的影响，并节约了 1000 万立方米的垃圾填埋空间，节约的热量足够每年加热超过 111000 个家庭，同时也实现节水超 60 亿加仑。这是一种我们可以引以为傲的环保储蓄。

——Georgina Sikorski，Carpet America Recovery Effort（CARE）执行董事

室内空气质量

美国环保署报告称室内环境的污染浓度可能会比室外高出 2-5 倍——有时甚至超过一百倍。[38] 特别是室内空气质量（IAQ）是主要是由能源产品排放的烟雾和其他使空气糟糕的副产品所影响。建筑材料也在制造、运输和安装时释放排放物。所有这些排放导致空气质量变差，从而直接影响那些哮喘及呼吸相关疾病人群的健康。

图片为佐治亚电力幼儿中心阳光未来教室（Leed NC 黄金级）。公司：Heery International。图片来源：DAN GRILLET

室内空气品质直接影响住户的舒适度及幸福感。要管理空气质量的关键做法之一就是通过源头控制，改进通风或过滤系统。然而，如果建筑中的材料散发出气体或挥发性有机物（VOCs），建筑物内的空气质量也会很差。[39] 那些通过屋顶或建筑物外墙漏水及渗水的不良建筑，也可能滋生致病的霉菌。[40] 空气质量差也会导致诸如病态建筑综合征（SBS）等更严重的问题。SBS 是一种由建筑中的某些材料（空气导管或高放射性材料）引起的疾病，症状范围从头痛到呼吸问题。[41] 虽然优质的空气质量有利于形成好的健康和生活方式，但空气质量差也可能是一个责任风险，所以在企业层面改善室内空气也是明智的选择。在核心建设团队，机械工程师和承包商都需要在设计和建造中将空气质量因素考虑在内。也有一些专家专注于特定的空气质量问题。这些专家包括：

空气质量建筑现场测试人员

空气质量产品测试仪

绿色家政／清洁产品专家和测试员

毒性专家

鼓舞人心的目的

DR. MARILYN BLACK

GREENGUARD Environmental Institute 创始人

你是如何成为卓越的空气质量专家？你会向其他人推荐这条道路和资源吗？如果不，你会有怎样的推荐？

> 我所有的学位都是化学专业，所以我理解化学物质对人类健康的影响。我的第一份工作是研究二噁英，这让我明白了低浓度的化学物质也会对人类健康造成严重的损害。从那时起，我致力于研究工业化学品，了解他们对人类健康的影响，并帮助制造商减少对其的使用或寻找替代品，从而为市场创造更安全的产品。我选择了化学而不是医学，我也会推荐这条道路。因为它使我能够更深入的理解化学物质和它们的机制，从而更好地找到解决化学伤害的方法。

你平时的工作日常是怎样的？能否描述下您的"典型工作日"？

> 作为空气质量科学和 GREENGUARD 环境研究所的创始人，我有许多角色，从进行产品的化学分析到研究建筑物中的空气质量。像大多数企业家一样，我所做的都是需要我做的。我的典型工作日就是充满了会议，帮助员工们完成他们的工作，包括为希望获得 GREENGUARD 认证的制造商提供方案，或评估产品毒性，浏览研究报告，协助准备介绍我们服务和价值主张的营销材料，又或者帮助准备说明建筑物中良好室内空气质量的重要性的培训课程。我超过一半的时间都花在与制造商的交谈或是拜访上，帮

助他们了解如何创造更安全的产品，或在专业会议上与机构组织探讨良好室内空气的重要性以及实现途径。

你的工作与其他设计和建筑行业人员（比如建筑师、室内设计师、工程师、绿色建筑顾问等）是如何互动的，哪些人最常与你的团队打交道？

> 我们每天与建筑师、室内设计师、建筑工程师和绿色顾问打交道——他们都在致力于通过可持续设计来实现高性能建筑。在 GREENGUARD 环境研究院，我们主要与建筑师、设计师和绿色顾问合作，他们主要负责设计健康建筑并指定建筑材料和家具已实现各项环保目标。在 AQS，我们的主要与建筑工程师和绿色顾问合作，他们想要了解如何寻找无毒材料以及如何通过运营实现良好的室内空气质量。

对于未来的建筑内空间质量，什么问题是你最担心的？你认为最鼓舞人心的又是什么？

> 我们为人们呼吸净化的空气提供帮助。看到我们和家人都在呼吸的空气中有成百上千种不同化学物质，这些混合物的变化经常令我感到害怕。人们花费在室内的时间超过了90%，他们希望空气质量是安全无危害的。但我们使用工业化学产品时并没有充分了解它们对室内空气质量的影响。这样，随着用于制造产品和材料的化学物质的快速变化，广泛的全球供应链会带来很多未知的风险。我们已经认识到了这一问题，于是这就为知识、改变和风险管理原则工作带来了鼓舞人心的目的。

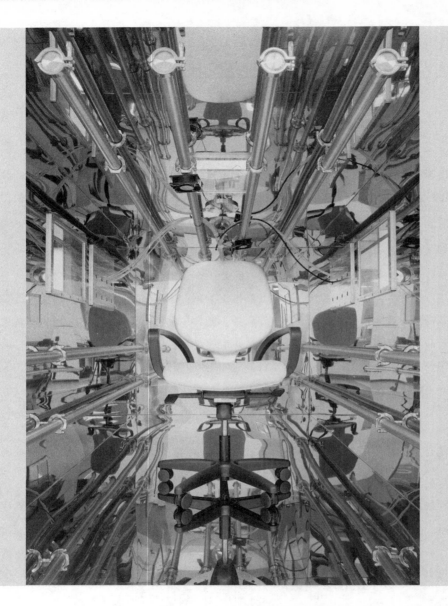

AQS 的中间仓，用来评估商品和消费品，如家具。照片: RON BLUNT PHOTOGRAPHY FOR AIR QUALITY SCIENCE

建造阶段的室内空气质量

防止污染物进入是创造良好空气质量的最简单和最首要的目标之一。通常，我们进入一栋建筑需要首先去除鞋底的污垢，这是最简单的步骤，可以通过安装脚踏格栅或地垫实现减少室内空气污染物。

然后，如果污染物已经进入了空间，摆脱它们最好的方法是什么？监测、过滤、增加通风 / 排气是三个提高空气质量的主要途径。以下是一些例子：

- 二氧化碳监测仪
- 开窗进行自然通风并进行监测
- 通过机械通风控制增加通风
- 通过分离排气在封闭空间将污染物分离
- 通过 HVAC 设备更加精细的过滤器捕捉较小的颗粒

良好的空气质量和光照设计建筑的设计、施工和运营的整个阶段。在接下来的部分，会有关于每个阶段如何提高室内空气质量实践的细节说明。

设计阶段的室内空气质量

绿色建筑专业人士在设计阶段主要关注的重点是在指定建筑材料时减少污染物和潜在有毒物质的使用。许多包括材料部分之前的认证提供了各种排放测试和认证选项。此外，还有仅专注于空气质量的优秀第三方认证：

- GREENGUARD 环境研究院
- 室内环境的科学认证系统

一个行业中特别突出的标准——California Section 01350，它是几个认证和评级系统的坚实参考。总的来说，在考虑空气质量和产品的排放量时，会涉及一个常见的术语 VOC，也就是所排放的挥发性有机化合物。[42]"新车的味道"或新漆过房间的刺鼻气味都表明 VOC 的排放很可能超出了健康水平。幸运的是，市场对低 VOC 产品需求的责任已经存在，如低 VOC 涂料、地毯、家具等。

施工阶段的室内空气质量

在施工过程中力求优质空气质量的关键在于依照钣金及空调承包商协会（SMACNA）关于室内空气质量管理计划的指导。建筑行业已经响应了这一基于 LEED 和其他系统的标准，因此许多承包商将此作为"实践标准"，指导提供了五个流程步骤：

施工中的暖通空调保护

施工过程中的空气污染源控制

施工中的道路中断

施工中的清理

施工过程中的物料调度 [43]

在施工结束时，使用绿色产品进行最后的清理工作也非常重要。一个将重点放在空气质量上的环保运作策略是将绿色清洁融入低排放的清洁产品或设备。Green Seal 就是一个经过第三方室内空气认证的绿色清洁产品。

Green Seal 访谈

CHARLOTTE PEYRAUD，LEED Green Associate
Green Seal 市场营销与推广主管

你会怎样形容 Green Seal ？

> Green Seal 是一个独立的非营利组织，成立于 1989 年，致力于市场中环保产品和服务的识别、激励和推广。

Green Seal 的使命：Green Seal 是一个非营利环保组织，采用先进科学流程努力为消费者、购买者和公司创造一个更具可持续性的世界。

为什么像 ISO 这类标准在绿色清洁领域非常重要？

> Green Seal 的标准和认证都达到 ISO 14020（环保标识原则）和 14024（I 型环保标识原则和程序）的要求。

这是很重要的，因为它要确保一下的检查和平衡是否就绪：

避免财务利益冲突（认证必须通过获取，不能购买）

基于多准则标准的认证 [Green Seal 标准拥有基于多个环保属性的标准（例如，不仅仅是能源效率或生物降解性），这是基于生命周期评价的种类，包括对人类健康的影响、生态、可持续发展生产和包装的可持续性。]

性能要求（包括严格的标准，以确保产品使用性能的有效性）

现场审核（验证产品 / 服务是否符合标准）

为什么持续的监测、审查和整体过程对于 Green Seal 来说如此重要？

> 根据美国环保署，任何第三方认证应包括生产现场或服务设施的现场审核，以确保产品或服务已实际符合认证要求。

> 你觉得在场地使用 IAQ 管理计划是否常见？什么样的团队协作和资源对于 IAQ 管理计划的成功实施最有帮助？

> 作为室内承包商，我们通常会规定建筑管理团队和建筑工程师使用室内空气质量（IAQ）管理计划。

IAQ 管理计划的基本步骤如下：

a. 确认所有潜在的污染物和污染物

b. 确认保护与预防方法

  - 目前条件

  - 施工流程

  - 建筑垃圾

c. 材料的储存与处理

d. 清理

e. 冲洗

f. 空气检测

适当的安排和项目分段有助于许多 IAQ 任务的完成，所有与项目涉及的人员都有义务分享专业知识以保护施工中和施工后的工作场地。

——Charles P. Sharitz，LEED Green Associate，Humphries & Company 副总裁

如果需要在施工结束后使用入住前提高内部空气质量，可以采用的方法就是"冲洗"，让大量特定温度和湿度范围的外部空气在预定阶段时间通过建筑空间。最好是在冲洗完成后安装所有材料，包括家具。这个过程"空气进出"空间，可以起到清除所有排放的理想效果。另一种选择是聘请空气质量测试专家用检测仪来测试空间空气质量。值得注意的是，有时即使空间设计者都是用的是低排放材料，仍然有可能因为预料之外的排放源而无法通过测试，比如常见的像肥皂或家具。

使用阶段中的室内空气质量

一旦建筑开始投入使用，营造良好室内空气质量的另一个关键是日常维护和清洁时的绿色环保方式。以下是几个很好的绿色维护方法：

使用环境负责任的冰雪去除剂

害虫综合治理（IPM）

在建筑的运营阶段（在全部初始建设已经完成之后），当产品被购买或是设备更新、升级时，购买决策应当遵循独立第三方材料方面以生命周期为基础的指导纲要。

入住 / 使用后的空气质量

在使用后调查有一个关键流程可能未被充分利用，而它会揭示出令人难以置信的结果——特别是在空气质量和日光方面——在这些例子中所有建筑类型中居住使用者的舒适度都是非常重要的因素。以下是一些好的室内环境有助于人们居住和工作的例子：

公司办公室——员工工作效率更高，病假更少。

学校——学生测试成绩更好并且减少旷课。

零售——店铺会有更高的营业额。

酒店——好的室内环境质量（IEQ）可以缓解由霉菌引起的风险，并提供噪声控制。

医疗保健——好的 IEQ 可以减少病例并增加房间的周转率。

研究证实了所有这些例子，一些使用后期调查也进一步情调了证实结果。[44] 这些调查的另一个优点是，它为设施经理提供反馈和调整建筑必要元素的能力。例如，若某些地方太热或太冷，可以为用户安装更好的控制装置。

此外，这些例子还关系到金融三重底线原则。2009 年，总务管理局（GSA）制作的一份题为 GSA 建筑节约能源和提高性能：七大有效节约成本策略。通过这项研究获得一个相关的发现，是这样一个例子，其中 GSA 定期更换空调过滤器，并拥有高性能的过滤器。成本的节约可以是 HVAC（财务）拥有双倍的性能并为使用者带来更高的空气质量舒适度（社会）。这一方法可以每年节约 1080 万千瓦时的能源（kWh）。[45]

一般室内空气品质资源

美国加热、制冷和空调工程师协会：www.ashrae.org

加利福尼亚资源回收与回收部，California Section 01350：

　　www.calrecycle.ca.gov/greenbuilding/Specs/Section01350/#Criteria_

建筑环境中心：www.cbesurvey.org

GREENGUARD 环境研究所：www.greenguard.org/en/indoorAirQuality.aspx

Green Seal：www.greenseal.org/

科学认证体系（SCS）Indoor Advantage：

　　www.scscertified.com/gbc/indooradvantage.php

钣金及空调承包商协会，Inc.（SMACNA）：

　　www.smacna.org

南海岸空气质量管理区（SCAQMD）：www.aqmd.gov

美国绿色建筑委员会对使用者满意度、健康和生产力的研究：

　　www.usgbc.org/DisplayPage.aspx?CMSPageID=77#occupant

美国环境保护署，建筑空气质量：建筑业主和设施管理者指南：

　　www.epa.gov/iaq/largebldgs/baqtoc.html

整体建筑设计导则，提高室内环境质量（IEQ）：

　　www.wbdg.org/design/ieq.php

注　释

1. 美国环境保护署，"什么是城市热岛？"www.epa.gov/heatisland/about/ index.htm，访问日期 2011 年 10 月 14 日。

2. 美国环境保护署，"建筑及其对环境的影响：统计汇总"2009-4-22 修订，www.epa.gov/greenbuilding/pubs/gbstats.pdf，访问日期 2011 年 10 月 14 日。

3. 美国环境保护署，"什么是 WaterSense？"www.epa.gov/watersense/about_us/what_is_ws.html，访问日期 2011 年 10 月 14 日。

4. 美国环境保护署，"EPA WaterSense：水预算工具快速入门指南，"www.epa.gov/watersense/docs/water_budget_quick_start_final508.pdf，访问日期 2011 年 10 月 14 日。

5. 美国环境保护署，"为什么需要绿色建筑？"www.epa.gov/

greenbuilding/pubs/whybuild.htm，访问日期 2011 年 10 月 14 日。

6. BetterBricks，"Life-Cycle Cost Analysis versus Simple Payback – Why，When，How，"www.betterbricks.com/graphics/assets/documents/BB_CostAnalysis_WWW.pdf，访问日期 2011 年 10 月 14 日。

7. Richard Paradis，"Energy Analysis Tools，"section B，"Match Tools to Task，"Whole Building Design Guide，www.wbdg.org/resources/energyanalysis.php，访问日期 2011 年 10 月 14 日。

8. Richard Paradis，"Energy Analysis Tools，"sections C–G，Whole Building Design Guide，www.wbdg.org/resources/energyanalysis.php，访问日期 2011 年 10 月 14 日。

9. Dana K. Smith and Alan Edgar，"Building Information Modeling（BIM），"Whole Building Design Guide，www.wbdg.org/bim/bim.php，访问日期 2011 年 10 月 14 日。

10. Steve Jones，"New Report Discusses Convergence of Two Major Construction Industry Trends，"AZoBuild，www.azobuild.com/news.asp?newsID=11609，访问日期 2011 年 10 月 14 日。

11. McGraw-Hill Construction SmartMarket Report，Green BIM：How Building Information Modeling is Contributing to Green Design and Construction，2010，http：//images.autodesk.com/adsk/files/mhc_green_bim_smartmarket_report_（2010）.pdf，访问日期 2011 年 10 月 14 日。

12. 全国建筑科学研究院，整体建筑设计指南，NIBS BIM Initiatives："Building Smart Alliance Including International（IAI）Sites，"2010-6-26，www.wbdg.org/bim/nibs_bim.php，访问日期 2011 年 10 月 14 日。

13. 整体建筑设计指南，"采光，"最后更新日期 2011-8-29last，www.wbdg.org/resources/daylighting.php，访问日期 2012 年 3 月 1 日。

14. 环境保护署，能源之星"建筑 & 植物"www.energystar.gov/index.cfm?c=business.bus_index，访问日期 2011 年 10 月 3 日。

15. American Society of Heating，Refrigerating and Air-Conditioning Engineers，Procedures for Commercial Building Energy Audits，www.techstreet.com/cgi-bin/detail?product_id=1703613&utm_source=certification&utm_medium=BEAP&utm_campaign=procedures_cbea_firsted&ashrae_auth_token=，访问日期 2011 年 10 月 3 日。

16. 能源之星，美国环境保护署与能源部门联合项目，"ENERGY STAR Overview of 2010 Achievements，"www.energystar.gov/ia/partners/publications/pubdocs/2010%20CPPD%204pgr.pdf，访问日期 2011 年 10 月 14 日。

17. 能源之星，美国环境保护署与能源部门联合项目，"Portfolio Manager Overview，"www.energystar.gov/index.cfm?c=evaluate_performance.bus_portfoliomanager，访问日期 2011 年 10 月 14 日。

18. 同上。

19. 同上。

20. 整体建筑设计指导项目管理委员会，"Building Commissioning，"最后更新于 2010-6-21，www.wbdg.org/project/buildingcomm.php，访问日期 2011 年 10 月 3 日。

21. 美国能源部，"Net-Zero Energy Commercial Building Initiative，"http：//www1.eere.energy.gov/buildings/initiative.html，访问日期 2011 年 10 月 14 日。

22. 2007 能源独立和安全法案（EISA），422 节，http：//www1.eere.energy.gov/buildings/appliance_standards/commercial/pdfs/eisa_2007.pdf，访问日期 2012 年 2 月 15 日。

23. Whole Building Design Guide，Executive Orders（EO）：EO13514 Federal Leadership in Environmental，Energy，and Economic Performance（Part 7），2009-10-8，www.wbdg.org/ccb/browse_doc.php?d=8151，访问日期 2011 年 10 月 14 日。

24. Paul Schwer，"Carbon Neutral and Net Zero：The Case for Net Zero Energy Buildings，"BetterBricks，www.betterbricks.com/design-construction/reading/carbon-neutral-and-net-zero，访问日期 2011 年 10 月 14 日。

25. Architecture 2030，The 2030 Challenge，http：//architecture2030.org/2030_challenge/the_2030_challenge，访问日期 2011 年 10 月 14 日。

26. Architecture 2030，The 2030 Challenge：Adopters，http：//architecture2030.org/2030_challenge/adopters，访问日期 2011 年 10 月 14 日。

27. Paul Schwer，"Carbon Neutral and Net Zero：The Case for Net Zero Energy Buildings，"BetterBricks，www.betterbricks.com/design-construction/reading/carbon-neutral-and-net-zero，访问日期 2011 年 10 月 14 日。

28. U.S. Environmental Protection Agency，Green Building，Top Green Home Terms：Greenwashing，www.epa.gov/greenhomes/

TopGreenHomeTerms.htm，访问日期 2011 年 10 月 14 日。

29. 美国环境保护署，"Wastes - Resource Conservation - Reduce，Reuse，Recycle，"www.epa.gov/epawaste/conserve/rrr/index.htm，访问日期 2011 年 10 月 14 日。

30. International Organization for Standardization，"ISO 14021-1999 Environmental Labels and Declarations，"www.iso.org/iso/catalogue_detail.htm?csnumber=23146，访问日期 2011 年 10 月 14 日。

31. Code of Federal Regulations，Title 16–Commercial Practices，Chapter 1–Federal Trade Commission，Part 260–Guides for the Use of Environmental Marketing Claims，http：//ecfr.gpoaccess.gov/cgi/t/text/text-idxc=ecfr&sid=b2333ddf96abf25788ef3037ffcfb40a&tpl=/ecfrbrowse/Title16/16cfr260_main_02.tpl，访问日期 2011 年 10 月 14 日。

32. GREENGUARD Environmental Institute，"Health Impacts，"www.greenguard.org/en/indoorAirQuality/iaq_healthImpacts.aspx，访问日期 2011 年 10 月 14 日。

33. The Green Standard，"What are EPDs？"http：//thegreenstandard.org/EPD_System.html，访问日期 2011 年 10 月 16 日。

34. William McDonough and Michael Braungart，Cradle to Cradle：Remaking the Way We Make Things，New York：North Point Press，2002，www.mcdonough.com/cradle_to_cradle.htm，访问日期 2011 年 10 月 14 日。

35. U.S. Green Building Council，"Getting LCA into LEED：A Backgrounder on the First LCA Pilot Credit for LEED，"November 2008，www.analyticawebplayer.com/GreenBuildings18/client/LCA%20credit%20backgrounder%20Nov13c11.pdf，访问日期 2011 年 10 月 15 日。

36. William McDonough and Michael Braungart，Cradle to Cradle：Remaking the Way We Make Things，New York：North Point Press，2002，www.mcdonough.com/cradle_to_cradle.htm，访问日期 2011 年 10 月 14 日。

37. U.S. Green Building Council，LEED Pilot Credit Library，"Pilot Credit 1：Life Cycle Assessment of Building Assemblies and Materials，"www.usgbc.org/ShowFile.aspx?DocumentID=6350，访问日期 2011 年 10 月 15 日。

38. U.S. Environmental Protection Agency，"An Introduction to Indoor Air Quality（IAQ），"www.epa.gov/iaq/ia-intro.html，访问日期 2011 年 10 月 15 日。

39. U.S. Environmental Protection Agency，"Glossary of Terms Definition of Volatile Organic Compound，"http：//www.epa.gov/iaq/glossary.html#V，访问日期 2011 年 10 月 15 日。

40. U.S. Environmental Protection Agency，"The Key to Mold Control is Moisture Control，"www.epa.gov/mold/index.html，访问日期 2011 年 10 月 3 日。

41. U.S. Environmental Protection Agency，"Glossary of Terms：Sick Building Syndrome（SBS），"www.epa.gov/iaq/glossary.html#S，访问日期 2011 年 10 月 3 日。

42. U.S. Environmental Protection Agency，"Glossary of Terms Definition of Volatile Organic Compound，"http：//www.epa.gov/iaq/glossary.html#V，访问日期 2011 年 10 月 15 日。

43. Sheet Metal and Air Conditioning Contractors' National Association（SMACNA），IAQ Guidelines for Occupied Buildings Under Construction，2007 年第二版，www.smacna.org/bookstore/index.cfm?fuseaction=search_results&keyword=IAQ%20Guidelines%20for%20Occupied%20Buildings%20Under%20Construction%2C%202nd%20Edition，访问日期 2011 年 10 月 15 日。

44. S. Abbaszadeh，L. Zagreus，D. Lehrer and C. Huizenga，"Occupant Satisfaction with Indoor Environmental Quality in Green Buildings，"Proceedings，Healthy Buildings 2006，Lisbon，Vol. III，365–370. Santa Cruz，CA：International Society of Indoor Air Quality and Climate，2006，www.cbe.berkeley.edu/research/pdf_files/Abbaszadeh_HB2006.pdf，访问日期 2011 年 10 月 15 日。

45. General Services Administration Public Building Service，Applied Research Program，"Energy Savings and Performance Gains in GSA Buildings：Seven Cost-Effective Strategies，"March 2009，www.wbdg.org/research/energyefficiency.php?a=11，访问日期 2011 年 10 月 15 日。

第八章
绿色建筑业务

对于一个公司或任何组织来说，没有比其最终目的更重要的战略问题了。对于那些认为企业的存在只是为了营利的人，我建议他们重新考虑。盈利固然存在。当然，必须是最高的存在，但公司还需要更加崇高的目标。

——Ray Anderson（Interface Carpet 的创始人，作家，著名工业生态和可持续商业人士）

当经济探讨涉及到绿色建筑业务时没有什么是不重要的。正如 Brighter Planet 的首席执行官 Patti Prairie 写道的："在一个相对温和的短期宏观经济预测背景下，市场预测者预测那些拥有持续发展服务，市场价值达数十亿美元的企业持续增长率将到达两位数。可持续发展是美国目前的一项庞大业务，它的发展和成熟在未来几年将塑造我们对于其他业务的行为方式。"[1]

事实上，一系列的迹象都表明，该领域重要性在迅速发展，在世界金融市场的地位也在不断上升。专门的教育领域，职业位置，风险缓解，和经济投资——这些可持续发展意识的新领域都在不断创造着快速发展的新纪录。

本章探讨了全球绿色企业的快速发展，看着这一领域的职业在不断发展，如首席可持续发展官和绿色金融专家，以及当谈到可持续发展背后的领导、风险、经济细节时需要绿色建筑专业人士牢记的整体的领导问题。

绿色讨论缺少什么？

> 钱——如何为开发者获取收益——是绿色建筑讨论中缺失的部分。

——Brian C. Small，LEED AP BD+C，City of Jacksonville 城市规划师

> 这是一个人类的问题，而不是一个左或右的政治问题，因为它将对在这个地球上的每一个生命产生影响。我们都需要空气来呼吸，需要水，需要有营养的土壤来生产食物。我讨厌人们总是逃避这些问题，因为这些问题是我们可以解决的。

我认为，财政上的异议让许多人不再接受它是我们向前必要一步这样的事实。绿色并不意味着昂贵，很多替代品都拥有价格优势。再利用前考虑回收循环使用。古董是最原始的"绿色"家具！

——Stephanie Walker，The Flooring Gallery 室内设计师

> 如果我们禁止使用塑料袋呢？如果我们的法律禁止丢弃任何一个可回收产品呢？如果我帮助公司节约纸张，回收利用，减少浪费，我没有获得额外的一毛钱，那么我的动机是什么？在我们看到更大的成功之前，这些都是需要回答的问题。

——Ryan R. Murphy，Associate AIA，CDT，LEED AP BD+C

> Frank 关于社会公平和多样性的对话，这些对其拥护者组织和终端用户们又意味着什么。

——Katherine Darnstadt，AIA，LEED AP BD+C，CDT，NCARB，Latent Design 创始人兼首席设计设

华盛顿特区，APCO Worldwide 总部，餐厅区域楼梯特征
公司：Envision Design。照片：ERIC LAIGNEL

首席可持续发展官（CSO）

这一切都纳入了公司的一揽子规划，使得这个计划在今天的市场上将拥有巨大的价值。Eugene Linden，一位作家在对于气候变化时写道："首席可持续发展官听起来像麦片一样黏糊糊的。但他们的崛起表明，公司终于意识到可持续性和效率的齐头并进。"[2]

阿拉斯加航空公司、福特、星巴克、艾伯森等公司董事会都拥有首席可持续发展官，而且这个名单还在不断扩大。一项最近的研究，《The State of the CSO：An Evolving Profile》，由 Footprint Talent 的 Eryn Emerich 和 WAP Sustainability Consulting 的 William Paddock 联合出品并发表，其中对于超过 250 家大型

公司的绿色方面研究发现可持续性已经被 65% 的相关企业列入战略关注前十榜。也许更能说明问题的是，这些企业一半以上内部都有包含"可持续性"的职位名称——而这个数字预计在未来五年将上升到 80%。此外，由于绝大多数的 CSO 直接向 CEO 或董事会报告工作，也使这个职位成为公司的行政领导之一。CSOs 为企业建立了整体环境影响的长远规划，这些影响涉及建筑投资组合，运输供应链，内部流程，以及等等更多。[3]

首席可持续发展官或可持续发展总监，需要从根本上对公司的环境影响，规划和足迹负责。CSO 的使命是负责公司履行其环保责任的具体方法，减少公司对全球生态系统的负面影响。CSO 作为一个负责任的企业公民，同时也会为公司寻找和开拓新的方法以完成这些使命，因为这关系到当前和未来的利润。[4] 在行政层面，通常它和首席执行官（CEO）和首席财务官（CFO）拥有同样的企业影响力，但仍有大多数的全球最大企业没有设立 CSO 职位——包括谷歌、西门子、强生、杜邦、UPS。[5] "CSO 头衔的出现表明将可持续发展作为企业战略核心的趋势正在不断增长"，Frank O'Brien-Bernini，Owens Corning 公司 CSO，这样说道，"像所有'首席'角色一样，关键在于对功能的卓越程度拥有明确责任……有高度、广度、深度的可持续发展视角对于需要作出关键决策和设置战略方向的行政领导团队是不可或缺的。"[6] 以长期和短期公司目标考虑，CSO 创建的是将绿色技术和沟通技巧融入整体组织中的可持续发展整体视角。这明确了可持续发展需要行政层面的领导，意味着 CSO 通常能够帮助全面整体绿色的理念融入公司各个领域，包括内部和外部运营，财务，社会和企业的社会责任，公共关系，投资者关系等等。

类似其他高级管理人员（工商管理硕士，管理水平培训）的教育和培训，"新的环保领袖……执掌着非凡的权力"，纽约时报称，"他们正在探索与供应商和客户建立绿色产品的合作关系——他们也有权关闭这些交易。他们也经常参与决定产品研究和广告活动的投票——通常是决定性的一票。"[7]

白皮书；最近领导思想举例。版权 2011，FOOTPRINT TALENT

O' Melveny：休息区和前台（LEED CI 金）。公司：Gensler。照片：DAVID JOSEPH

第一个首席可持续发展官是杜邦的 Linda J. Fischer，职位任命到 2004 年。[8] 2007 年，拥有 CSO 的世界 500 强公司已经增加到 5%；到 2008 年，这个数字在短短的一年内又增加了一倍达到 10%。随着主流市场越来越多的意识到环境问题，对这些职位的需求也就会增加（相比之下，在 20 世纪 50 年代，500 强企业只有 5% 拥有人力资源部门）。[9]

一种角色，多个名称

由于 CSO 这个职位出现时间较短，比较新，所以关于这个头衔称呼并没有一个行业标准。以下是几个关于这个职位可能出现的叫法举例：

- 首席可持续发展官
- 首席企业社会责任官
- 可持续发展高级副总裁或副总裁
- 社区与环境责任主任
- 可持续发展官员
- 企业社会和环境官员

CSO 的作用

在公司的行政官员中，CSO 的作用都是以每个公司的战略目标为基础制定。像公司的其他领导层一样，CSO 将重点关注公司的利润率和业务的发展，不同的是 CSO 会将可持续发展的理念贯穿其中。虽然 CSO 工作范围会因公司不同而有所变化，但其整体角色通常包括以下主要职责：

- 环境风险评估与降低
- 减少废弃物（材料）
- 遵守环境法规
- 资源的节约与管理（碳，能源，水）
- 产品管理和生命周期足迹
- 新绿色产品线或服务
- 社区参与和志愿服务
- 绿色交流、报告与市场营销策略
- 员工交通计划及激励措施

根据 myfuture.com 所载，首席可持续发展官的全国平均工资（根据工资中值平均水平）大约为 160000 美元。[10] 该网站还展示了就业增长和增长最高地区的说明。对于那些希望快速朝着可持续发展方向前进的公司来说，CSO 就是一个需要设置的重要职位。如果公司无力负担一名全职的 CSO，他们也可以考虑聘请可持续发展顾问或是绿色顾问等临时措施。[11]

O' Melveny：休息区（LEED CI Gold）
公司：Gensler
摄影：DAVID JOSEPH

将问责制作为一个关键指标

CSO 正在快速发展，全国领先的企业社会责任招聘人员，Ellen Weinreb，2010 年曾写过一篇文章，名为《CSO 神话：Weinreb 组定义首席可持续发展官》。Weinreb 指出了这个角色的发展，并认为对这个职位的分析需要建立在三个关键标准上：拥有 CSO 头衔，与公司战略领导者的关系，和在公司 10-K 清单上。10-K 表格根据 SEC（美国证券交易委员会）要求并提供超出通常企业年度报告外的信息，体现问责制，包括薪酬和财务报表。她以这些标准为基础调查了超过 400 名高管，并根据他们的 CSO 状况，最后发现仅有两名高管实际符合最终标准。有一点非常重要，就是财务问责制的组成要将战略领导决策包含进来。然而，也有乐观的一面，Weinreb 预计会出现更多的 CSO 职位涌现，一旦这个职位被正式纳入企业的行政级别，这将预示着可持续发展的理念也会被纳入核心原则。[12]

建成环境中的 CSO

具体来说，CSO 应该如何根据建筑环境本身考虑行事？CSO 通常负责一个公司的建筑投资，包括公司所有的企业办公室、仓库、零售店以及其他存在实体。CSO 需要做的是管理并与那些权衡如何使结构（制热、制冷和其他所有能源考虑）与资源、成本节约，以及员工／客户满意度一起达到效率最大化的监管者共同制定战略。除此之外，CSO 还有其他作用，包括管理公司碳足迹；许多如 CB Richard Ellis 之类的大公司（房地产所有者、运营者、经济人）都会利用国际公认拥有权威历史数据监测的"世界资源研究所（WRI）温室气体协议"，显示进度并设置未来控制和减少碳足迹的目标。CSO 还负责企业社会责任报告，以及涵盖从企业道德与环境管理到安全治理事宜的公司报告。

佐治亚州，亚特兰大，Cooper Carry：等候区（LEED CI Platinum）。公司：Cooper Carry。摄影：GABRIEL BENZUR PHOTOGRAPHY

> **作为一家大公司的可持续发展总监或首席可持续发展官，对你来说最大的挑战是什么？最让你觉得鼓舞的又是什么？**

> 作为 Owens Corning 公司的首席可持续发展官，面临的挑战真的非常多。我们专注于三大领域：运营绿色化，产品绿色化，以及促进能源效率和可再生能源在建筑环境中的普及。在技术方面，面临的挑战主要是围绕发掘能够促成改变的空间与机会——大幅减少我们的环境足迹，明显提高我们产品所具有的相对绿色属性，与客户一起促进能源效率和可再生能源的发展。在领导力与变革管理方面，挑战主要在于挖掘为我们的客户和股东提供价值的机会，并且同时满足对当地和全球可持续发展的现状与未来的要求。对我来说没有什么比一个有伟大想法的团队更能激励我的了，因为有了这些伟大的想法接着就会有明智的决策，好的行动，以及卓越的结果，而这些结果会让员工引以为傲，让客户受到鼓舞，给股东带来收益，也为我们期待的社区变得美好。

——Frank O' Brien-Bernini，Owens Corning **副总裁，首席可持续发展官**

富有远见的拥护者

ERIN MEEZAN

Interface 可持续发展 副总监

注：Erin 效力于 Interface，FLOR，InterfaceFLOR 和 Bentley Prince Street——所有 Interface 公司。为了方便表示，文中所有分支公司都会以"Interface"表示。

你的职业经历非常多样化，包括之前作为说客，佐治亚州能源与环境主管，现在作为 Interface 可持续发展领导者，全球地毯制造商，这些职业经历对你目前的职位有怎样的帮助呢？

> 我认为我一直都是一个美好家园的拥护者——作为说客，和能源办公室主任——这些工作的一个很大的部分都在于推进可持续发展，和发展说服别人认同一些我们需要的观点的能力。这些工作还有另一个相同的部分，就是它们都能在这条道路上提供比其他机构或是公司更加深远的视角。在 Interface 这种预见未来的能力至关重要——我作为说客和在能源办公室时通过不断设定目标来提升自己这方面的能力。未来主义的视角以及宣传是我目前的重要能力，我们在 Interface 坚定的致力于可持续发展，但有时也会与 CEO 就预算、时间以及员工关注重点等问题争论。宣传是这个工作的很大一部分。

您的教育经验显示了环保法律的一种程度。认证指标在可持续发展领域正在成为越来越重要的存在——你的法律专业知识是如何支持你的工作的？

> 在我个人的法律学习中我认为最棒的是我学到了一些关于如何巧妙辩论，如何根据情况举出好的商业案例以及了解如何沟通理念的技巧。这可能与待在一个注重指标刚开始接触可持续理念的机构有所不同，我们是运用指标作为检查的标准——更多的关注点在接下来的一些事情上——如何完成目标，如何定义目标以及如何实现等等。

作为可持续发展副总裁，您会如何描述您的日常角色？您的"典型工作日"是什么样子的？

> 我在公司的角色相当于首席领唱，主要是为 CEO 如何实现公司目标的步骤工作提供咨询。我会花很多时间约 CEO 探讨战略议题，但也会带领团队直接参与全球业务，所以每天几乎有一半的时间是用在构建蓝图，另一半则是在实实在在的项目上，包括从能源到员工积极性等一切有助于达成目标的事宜。为此我必须对各个方面都有所了解，并花时间加以实践。

当为你们 Interface 内部团队招募组员时，哪三个特点是你最看重的？

> 我正在寻找的员工必须是有好奇心，并且愿意不断探索新想法的人；我们正在创造一些规则，因为其涉及到可持续发展所以我们需要探险家。我也会寻找那些对可持续发展议题怀抱激情的人，因为这是他们关心的话题，所以这样的谈话可以让人保持专注、兴奋、并乐于接受和学习新鲜事物。最后，愿意以积极的态度面对挑战也是一个我认为重要的品质；我喜欢雇佣那些敢于挑战我思想和战略的人。

能否就全球变暖、碳减排等问题谈论一下 Interface 的主要目标？

> 将公司变为可持续发展型公司这项任务是艰巨的——不从地球上索取并以恢复为最终目标，作为第一家这样的公司，我们通过行动、人、过程、产品、场地以及预计到 2020 年的利润向整个工业世界展示着可持续发展的方方面面。这样我们就可以通过影响的力量实现环境修复。为了实现这一切，我们已经建立了几个目标：致力实现零浪费，使用百分之百的可再生能源以消除从我们工厂排放的有毒物质（包括世界各地所有设施的碳中和），以全闭环系统经营我们的产品制造，实现可持续的交通解决方案，并使我们的员工也能参与到这项事业中来。关于我们如何实现这些目标，可访问网站 www.interfaceglobal.com/sustainability/Our-Progress.aspx. 查询各类指标及报告。

你怎样预计 CSO 的未来？

> 我认为目前真的这样去做的人要么是专注于创建机构变革，要么只是想要对公关类型角色做简单尝试。但有一天，我们会发现扮演这些角色的人们其实是这场变革的推动者，他们正在努力通过学习和行动使其所在机构发生变化，所以这些人们对于机构变革来说是必不可少的，他们有的或许是机构学习和变革的副总裁。

真理的追寻者

WILLIAM A. FRERKING

Georgia-Pacific LLC 副总裁兼首席可持续发展官

你曾经担任过首席法律顾问和环境律师，这些角色对你目前的职位有何影响？你会向其他人推荐相同的路径或资源吗？如果不，你会有其他什么样的建议？

> 我不相信通过任何一种单一途经就能够使一个人成为一个公司可持续发展的领导力。这取决于公司的性质，以及可持续发展对其行业的意义，和该公司对于可持续发展的努力。

在 Georgia-Pacific，我们的行政领导会将他们认为能够使候选人成功胜任该角色的作用和特点来定义 CSO。我之前作为环境律师的经验往往被认为是一个优势，因为我在这些经历中包含与建筑及领先的法律团队合作的经验，以及合规性和道德能力，还有为各类企业与政府和公共事务打交道的能力。应用于 GP's Market Based Management® 哲学的经验也同样是我选择的一个因素。随着一个新兴领域——如可持续发展——逐渐立足于我们业务运作的基础，而支持这些业务的角色能力和员工群体可能也会变得非常重要。

对于 CSO 的未来您会有怎样的预测？

> 我认为下一代的 CSO 会将重点放在推动竞争优势上，而这需要：

- 与企业战略紧密配合
- 愿意挑战传统理念或成为被挑战者
- 有在没有直接授权的大型机构间活动的能力，以及说服和推动各种变化。
- 在一个充满活力的市场中在可持续发展的三个维度（社会、环境和经济）之间平衡交易的能力。

未来的 CSO 们的优势是可以从其前辈那里学到很多经验和教训，但他们也可能由于早期失败者和某些之前已察觉到的问题而面临机构和市场障碍。

对于想要以 CSO 为职业的人们你有哪些好的建议？

> 做一个真理的追寻者，在你的机构内部以及在社会层面不断挑战现状，追求最优的可持续发展道路。不要在一个特定的问题中抱持自己的观念永远是最正确的，这是一个普遍适用的准则。市场是一个充满活力变化的地方，它能够使今天的传统思维在未来的某一天彻底改变。不要低估全球经济的复杂性，也不要过于相信自己对第二级和第三级产生影响的理解力。

理解的贯穿

PAUL MURRAY

Shaw Industries Group，Inc. 可持续发展和环境事务副总裁

您获得了化学和管理学位，并在密歇根大学和宾夕法尼亚州立大学董事会任职，这些经历都会给予你一些独特的教育视角。那么对于那些想要进入绿色建筑 / 可持续发展相关专业的学生，有什么好的建议吗？

> 尽管在可持续领域寻求大学水准的学位已经可以实现，但我还是喜欢那些拥有多方面才华并具备团队经验的人。概念是可以通过学习获取的，但我们需要的是能做到在教育和个人活动之间达到良好平衡的人。我认为，一个较为基础的科学 / 工程类背景是能够实现平衡的前提，同时还要具有能够看透环境性能背后所蕴含科学的能力。但这些对想要领导企业社会责任的人是个例外。在这种情况下，我可能会倾向于寻找那些拥有较多政治学或其他相关类型学位的人。我几乎不太会聘请没有大学学位的人，至少，这是进入我所在部门的障碍。

这一路走来您是如何不断增加自己环境方面的知识的？

> 我儿子对油漆类化学物品过敏（我曾是一个致力于涂料发展的化学家），这对我和 HMI 创始人的儿子 Max DePree 都产生了很大的影响，他作为 CEO 允许我们成立了 Herman Miller 第一个环境督导委员会。我认为学生 / 未来的可持续发展专业人士需要认识到他们需要将重点放在如何在职业生涯和工作表现之间做出明智 / 平衡的选择。平衡是一个良好可持续发展计划的关键。

你对于目前担任可持续发展和环境事务副总裁一职会有怎样的描述？你的"典型工作日"是怎样的？

> 我的工作实际是分为两个截然不同的部分，但它们在现实中又是紧密相连的。环境事务的作用是为了确保公司继续满足或优于在设计、制造和产品交付环节涉及的环境监管程序。确保这些的唯一途径就是寻求和发现规则——当它们还在各机构处于开发阶段的时候，就要与之合作以确保规则是可持续的。我在可持续业务方面的角色作用之一是帮助并确保 Shaw 在业务中的盈利方式能够同时将公司环境和社会方面的表现推至一个新的高度。我在之前那个问题中提到的平衡在这里真的起到了很大作用。我相信我的角色在本质上是非常具有战略意义的，并且有助于对企业所有角色的贯穿理解，这些都使我们尽可能多的考虑已知的结果，并为公司做出最均衡的选择。

如果需要给像您这样类型的人提出一些建议，具体会有哪些？

> 记得一定要玩得开心。如果你表现得非常辛苦，人们就会认为我们的工作很辛苦，我会试图寻找乐趣，并在认真讨论的中途以开玩笑的方式向新的工作伙伴抛出一些值得思索的问题。人生是短暂的，所以要善加利用，我找到了我热爱的事业，我觉得我应该这样做。

您代表绿色建筑领域一个非常重要的环节：产品制造商。能否对比专家和建筑专业人士说明一下这个行业的特殊性？

> 我们所需要做的是运用各种材料来制造某些东西，

并且必须不断以更加优化的方式来实现这些。专家有助于
创造那些根据预先想好的原则所生产出来材料的需求，同
时也可以关注到一种想法，即在某些情况下，简单地改进
可能更好，而不是仅仅因为所用之物的耐久性或其他方面
的问题而依赖于技术的跃进。

Herman Miller 在洛杉矶的户外庭院展厅（LEED CI Platinum）
公司：tvsdesign。摄影：BRIAN GASSEL

知晓的勇气

DAVID MICHAEL JEROME

Intercontinental Hotel Group（IHG）企业责任高级副总裁

你在之前的职业生涯中担任过很多不同的职位，包括在
InBev 和 GM，以及法律实践等。这些角色对你目前的职
位有哪些影响？你会向其他人推荐类似的路径或资源吗？
如果不，你会有怎样其他的推荐？

> 企业责任（CR）的成功很大程度取决于这些因素：
实现的热情，愿意学习／犯错，以及一些跨职能的业务经
验。CR 虽然仍然被旧有的模式定义着，但即使在其早期
发展阶段，也会明显发现高性能 CR 需要跨越传统机构仓，
同时它也需要企业和其利益相关者工作的同时改变旧有模
板的勇气。所以我认为对于 CR 来说没有一条特定的职业
道路。

您会如何描述目前担任洲际酒店公司高级责任副总裁一职的角色？您的"典型工作日"是怎样的？

> 我认为洲际酒店的 CR 是一个复杂的商业问题。我们认为在 21 世纪，酒店的角色需要考虑如何使其自身更加绿色化，以及如何在商业和说明所运营的行业优化 CR 利益等问题。然后，对于如何更加亲近自然和我们的社区，我们需要在不断的创新和协作中寻找这些问题的答案。用最简单的术语来说，CR 是关于我们如何赚钱，而不是如何花钱。

对于 CSO 的未来您会有怎样的预测？

> 我想大家对 CR 是什么以及如何工作已经有了清楚的认识。我认为它也将成为核心业务战略的一部分，因为只要做得好 CR 便可能为企业和社会实现巨大的价值。我很幸运，在洲际——我们有高级管理人员和董事会层面对我们工作的支持，这有助于我们更快地与洲际的核心业务目标紧密结合。

能否告诉我们一些关于 Green Engage 的事，以及它是如何在您的酒店运作的？

> Green Engage 是一个在线的全系统程序，用于指导我们如何设计、建造和运营酒店。

它非常棒——能够为我们的业主和顾客提供价值。同时事实证明随着时间的推移它也确实使我们的酒店更具效率和价值。

在你的工作中什么是最具挑战性的？什么是最能激励你的？

> 旧的思维模式是我们面临的最大挑战之一，但我们喜欢挑战。我也非常喜欢那些为酒店带来积极影响的主意。例如，帮助我们每个酒店减少 15% 的能源使用相当于节省几百美元和成千上万吨的碳存储。

对于那些希望成为 CSO 的人，你会有哪些好的建议？

> 首先，你需要从如何赚钱的角度考虑问题。在这个基础上再思考如何满足客人和其他利益相关者的需要。

你的业务背景是如何影响你目前在洲际酒店的工作的？

> 因为我们知道有目标和运营压力是什么样的，所以才能更好地开发解决方案，使之有利于我们的企业和社区。

真正的价值

JEAN SAVITSKY, LEED AP BD+C

Jones Lang LaSalle 能源和可持续发展服务 总裁／首席运营官（COO）

你的教育背景是在室内设计，能否讲述一下您是如何从室内设计师走到目前在 Jones Lang LaSalle（JLL）担任 COO 一职的？

> 我在能源和可持续发展方面的工作机会对我目前担任 One Bryant Park 的 Bank of America Tower 项目经理一职起到了相当大的作用。位于 One Bryant Park 的美国银行大厦曾在 LEED NC 试点项目中登记注册，这是 Jones Lang LaSalle 第一次有机会接触绿色建筑并获得认证（该项目注册时间约在 10 年前）。我们的客户开始提出协助 LEED 项目管理的需求，于是 JLL 决定制定一个具体的业务线专门负责提供这种服务。由于之前在 One Bryant Park 项目中的 LEED 认证管理经验，我被要求担任 LEED 项目管理业务的领导。Jones Lang LaSalle 有一个长期的能源实践项目，包括能源获取、组合能源管理、能源预算和能源替代解决方案，随着客户对 LEED 认证需求和兴趣的增长，合并所有单独的业务线，为客户提供一体化的解决方案这将是一个自然发展的方向和趋势。我被要求担任首席运营官一职，因为我了解这项工作的技术层面，同时也有管理和发展业务的经验。

对于想要进入绿色建筑领域的学生，你对他们的教育和经验获取方面有哪些好的建议？

> 拥有工程类，尤其是在机械或电气工程方面的背景将有助于与年轻的专业人士快速进入这个领域。我们发现全国有很多专业都缺乏这方面的熟练技术，而那些拥有技术背景的求职者则会被迅速雇佣，并且供不应求。随着经济化的挑战，客户们变得更加关注项目的可量化收益，以及对有形投资的降低。一个能源专家可以运作一套能源模型，通过在建筑工厂的巡视了解各种设备等等，而对于会计原则有最基本的理解——如净现值和投资回报——将会有助于在竞争中保持优势。我对学生的建议就是尽可能多地获取经验，可以通过实习，也可以是其他可持续发展领域的志愿服务机会（如，LEED 项目的管理工作，或花时间与其他工程师共同进行能源审计等等）。尽管需要为成功设定目标是非常重要的，但通过客户的要求，我们也发现机会通常并不在"软"方面的可持续发展，例如政策等。相反，对于投资和运营费用减少的硬回报，环境方面的挑战已经越来越多的成为关注的重点。

为什么绿色建筑对于房地产受众来说是非常特殊的？你认为最有效的财务论点是什么？

> 绿色建筑最有效的财务论据是一个可量化的，易于

佐治亚州，亚特兰大，LEEDCooper Carry：董事会会议室（LEED CI Platinum）公司：Cooper Carry. 照片：GABRIEL BENZUR PHOTOGRAPHY

理解的，通过"绿色"属性或相关的资本改进获得的预期投资回报，如增加租金，增加续租或更高的资产价值。资本项目可接受的投资回报约为 24 个月，但也有少数例外情况是 36 个月。如果一个改造或绿色项目可以通过节省资金，它就会成为一个对业主与投资者强有力的吸引力。

你通常如何向客户 / 承租人普及绿色设计的优势？你认为他们是否愿意投资绿色房地产？

> 目前，我们有许许多多的客户对于绿色设计和一些

LEED 的相关知识都已非常了解。企业房地产专业人士做了大量自我培训的工作，关于他们对于以可持续和负责人的方式运行建筑需要做些什么以及向其租户普及他们该如何参与这个过程的知识。我们正在努力去做的是提高我们客户对于其他评级系统和选择的意识，如绿色承租人评估，Green Globes 和 ENERGY STAR。我们有时也会遇到误解，有的人认为获得 LEED 认证是非常昂贵的而且是否拥有 LEED 认证对于住户和业主来说并没有任何本质的区别。获得 LEED 认证，或是 LEED 银级认证，不会增加项目

的任何成本，获得 LEED 金级认证只会增加成本的 10%。当我们提出这些成本问题并用以往的多个工程实例证实后，客户们常常会改变他们的想法，并希望获得 LEED 认证。至于租赁率，我们只能看到少数客户会认为一个获得 LEED 认证的建筑会获得较高的租赁率。这些客户通常是大型企业客户，对于企业社会责任声明和发布的可持续发展目标都有着明确的定义，这可能就是目前正在经历的经济挑战的直接影响。

如果有 JLL 内部团队成员招聘，你最看重候选者的哪些特点？

> 如果招聘新的团队成员，我们期待应聘者能具有 LEED 项目和能源实施方面的经验，并且有技术教育背景（最好是工程类，拥有如 CEM，PE，和 / 或 LEED AP 等证书）。另外候选人还需要有较强的表达能力，以便在客户面前以及新业务开发活动中流畅的表达自身观点。

对于那些想要追求 COO 绿色职业的人，您有哪些好的建议？

> 对于任何在能源和可持续发展业务方面工作的人来说，最重要的就是保持对市场中不断涌现和即将涌现的新事物的学习能力。永远走在即将出现的法规、立法、激励政策等的前沿。由于每天都有大量的信息变化发生，所以不断学习显得尤为重要。客户寻求他们的能源和可持续发展顾问通常不是想了解目前的思想或技术，而是希望能通过顾问了解未来，帮助他们收集和掌握大量的信息并与其分享思想的前沿。最终，还是会有非常多的建筑和房地产运营者都会持续认真地去做"正确的事"，但真正影响客户决定的还是经济因素（即投资回报）。

对于那些想要追随你脚步的人，会有哪些建议？

对于成为大公司的首席可持续发展官来说没有一条直达的职业道路。各个企业在可持续发展道路上各有其不同之处，这就需要不同的技能和高管经验来加速这一进程。在 Owens Corning 的绿色化过程中，流程、产品和客户应用中的核心技术是一个巨大的优势，但在此之前领导全球 R&D 功能是其准备阶段。话虽如此，我对有抱负的绿色专业人士的通常建议是：积极好奇并保持对获取相关知识的渴求；热情，但也要少说多听；深入了解你的主张，做到至少可以在五个深度层面进行探讨和争论；最后，需要明确判断可持续发展中明确的错误与正确—科学是不但发展的，你的工作是要将正确的数据 / 分析在正确的时间让公司决策更具可持续发展性。

——Frank O' Brien-Bernini，Owens Corning，**副总裁，首席可持续发展官**

> 能否说明一下您的角色在过去的五年里发生哪些变化以及您对未来的预测？

> 变化最大的是市场的推动力。在过去的 5-10 年，一些领导企业推动着可持续发展，但这些推动并不来自客户群体。而现在，客户群体——包括其他公司和客户——都希望我们能够提供更加可持续的解决方案。很少有人愿意支付更多费用，但如果你能提供一个方案，既满足性能又满足更可持续发展的要求，那么客户会更愿意选择你的产品。

——Dawn Rittenhouse，DuPont，**可持续发展总监**

绿色法律顾问 / 环境律师

随着越来越多的开发者和客户开始理解并逐渐对建筑的绿色化提出要求，关于 LEED 和其他认证规范的误解也随之出现。建筑开发商会向准买家推荐并宣传 LEED 标准和评级，并兜售 LEED 排名市场营销手册。然后，当 LEED 或其他可持续规范不符合规定，或建筑性能不够理想，开发商和购房者就会提出法律诉讼——正如 Battery Park City 中的 Riverhouse 诉讼案（Gidumal v. Site 16/17 Development LLC et al.）[14] 或一个本应获得 LEED 但却没能没有的芝加哥的经济适用房项目，业主把建筑师告上法庭（Bain v. Vertex Architects）。[15] 其他 LEED 相关的案例也都开始出现，从一个电气承包商起诉由于其竞争对手缺乏 LEED 经验造成的不中标，到针对 USGBC 的集体起诉，指控 LEED 建筑不如传统建筑更加节能（Gifford et al. v. USGBC）。[16]

"很多建筑所有者（或其代理人）未能理解 LEED 体系的复杂性，并在提供计划、租赁和其他法律文件中对他们项目的绿色特点中有不当陈述。"Shari Shapiro，一位获得 LEED 认证的律师这样说。"在 Gidumal（加拿大）至少有一起类似的诉讼案已被提交，我认为我届时会看到由承租人和买家提出的类似诉讼。"[17] 此外，作为国家和地区开始实施自己的绿色法规，对这些法规的挑战也开始出现在法庭之上；位于 AHRI 的阿尔伯克基城诉阿尔伯克基和位于 BIA 的华盛顿州诉华盛顿只是两个最近的例子。[18] 很多州将开始通过各项可持续建筑措施，但这往往会遭到其他政府机构或私营企业的反对。

基于这些原因，绿色律师或环境绿色的重要性还将持续升温。大多数这类律师会提供给客户多元化的法律服务，包括可持续项目的融资帮助，可再生能源交易，咨询合同的起草，监管部门许可，土地使用审批，以及合规性问题和合同审查，还有诉讼中的起草相关文件和取证，又或是法院案件管理。

Donald Simon，Wendel，Rosen，Black & Dean 的合作伙伴，创建了下列项目团队需要考虑的清单，包括业主需要为绿色化或 LEED 建筑项目所做的考虑，以及一些建议的合同条款。

业主需要为项目团队所做的考虑

合理分配有绿色建筑经验的项目经理（"PM"），如 LEED AP。合同禁止任何一方在未经业主事先同意的情况下更换 PM。考虑设定因违约或 PM 离开导致的违约金。

考虑要求分包商对适合他们工作范围和符合监管要求的绿色建筑属性有核心替补方案。当总承包商缺乏显著的绿色建筑经验时，这点是非常重要的。

合同条款

在具体实施时使用性能标准（如约定百分之几的建筑垃圾必须从垃圾填埋场转移）。

业主应该禁止设计师或承包商以符合绿色建筑/LEED 要求作为抵抗传统施工和设计要求的理由，如承包商和/或建筑师所建屋顶没能达到业主所需的承受安装太阳能电池板增加重量的要求。相反，要求设计师和承包商在施工前将这些问题提交与业主，这样就会产生责任的转移。

> **您在环境法——特别是绿色建筑这方面是否看到一些将要出现的新趋势？**

在我所接到咨询中最常见的是来自愤怒的业主，他被淹没在由于邻居开发造成的过量雨水中。但当开发商或建筑者注意 LEED 和其他绿色建筑的概念时，他们会采取适当的措施来控制和管理这些雨水，从而大大降低了为此而诉诸法庭的可能，因为明智的雨水管理不会使你的邻居被雨水或是淤泥淹没。

——Jenny R. Culler, Esq., Stack & Associates, P.C.

绿色法律

SUSAN CRAIGHEAD, J.D., LL.M., LEED GREEN ASSOCIATE

Craighead Law

您认为绿色建筑相关的责任风险是否增加了？

> 到目前为止的绿色建筑相关索赔还是比较少的。

然而，绿色建筑专业人士必须认识到，随着绿色建筑需求的增长和国家以及地方监管活动的快速增多，风险也在增加。另一个经常被忽视的领域是与这些项目相关联的知识产权的所有权和使用权。

位于 Herman Miller 的洛杉矶展厅的户外公共空间（LEED CI Platinum）。公司：tvsdesign。摄影：BRIAN GASSEL

对于降低这些风险您有哪些好的建议?

> 通过与你法律顾问的讨论理解这些风险。另外强有力的合同条款应当包括通过详细定义工作范围在所有项目相关人之间明确各自承担的风险。你也应该检查你的专业责任保险政策,排除索赔所产生的保证和担保。

你的合同应该包括提供 LEED 或其他评级系统提供模板不构成担保或保证。

如何改变合同使之应对这些新的潜在风险? 关于责任和损害赔偿限制的免责条款对于这个行业来说已变得非常具体化。合同也必须改变以解决众多的利益相关者在这些项目中的作用,包括建筑师、工程师、建筑商、顾问和建筑所有者。

您认为环境法有哪些新兴的趋势?

> 环境法的重点已经从清洁过度到了可持续发展。这清楚的表明,在国家、州和地方各级中都在不断生根发芽的绿色建筑规范和可持续发展评级系统。国际法也朝着可持续法的方向发展,即国际节能法规(Energy Conservation Code)。

生态法律

ROBERT C. NEWCOMER,ESQ./ LEED AP
The Lang Legal Group LLC

你是否认为绿色建筑相关责任风险增加了?

> 是的,随着绿色建筑的增长,风险也随之增加了。

第一,新材料、产品、设计技术、科技、甚至熟悉的材料或新使用的产品都没有在该领域中实际表现的跟踪记录。此外,大量的联邦刺激资金在短时间内投资各种项目吸引力大量的招投标竞争,使得它将很难对这些项目给定的缩减预算和可用资源保持足够的监管,这在地方一级尤为明显。

第二,通过政府和合同的授权与激励政策引入的新标准必须满足,随着每个新要求的提出,各种风险也会有所增加。政府强制执行包括,如建筑规范等(但不包括由 GSA 或亚特兰大市关于其自身 [公共] 建筑的认证所采用的政策)。

第三,关于绿色建筑的优点很多是非常激动人心的。在许多情况下,这种兴奋是合理的,这类主张陈述清晰证据充足，但在某种情况下，营销炒作也是存在的，至少在一定程度上，是不准确的，误导通常会遭到联邦贸易委员会（FTC）的制裁，它们将客户的预期值提高至某个无法达到的等级（如具体的实现节能目标的维护或操作要求）。

这些增加的风险都与绿色建筑相关，但是，似乎并没有导致实际诉讼的明显增多。由于绿色建筑所固有的协作关系使它在恶化为实际的诉讼案之前更容易成为当事人的争端，而有的当事人可能并不愿意提起诉讼。我听说过一个由于绿色建筑所引起的保险费增加而导致的诉讼案，如果属实，这对于风险增加来说意味着一个更加准确的指示。

对于降低风险您有哪些好的建议？

> 建议如下，没有优先次序：

- 从实用角度来看，聘请一个拥有资质和经验的"绿色"团队，包括设计和施工专业人士和绿色建筑顾问，并在整个项目过程中对他们的角色和责任进行规范和明确。
- 积极咨询绿色建筑法律顾问，了解绿色团队的具体角色和职责，以及如何在合同文件为最能有效控制项目风险的一方明确和分配风险。
- 管理客户期望值，避免模糊和误导的广告和营销产品或服务语言，以及不要随意夸大绿色建筑或项目中所使用材料、产品、技术，以及对无法控制部分（具体包括项目全生命周期的实际性能表现）的优势。
- 考虑能够保护设计、施工和其他绿色建筑专业人士应尽职责所带来的保险责任。

Legally Green™

CAROLYN S. KAPLAN

Nixon Peabody LLP 首席可持续发展官及法律顾问

在 Nixon Peabody 目前所担任职位中你认为最大的挑战和启发分别是什么？

> 建设一个可持续发展的工作场所不是一夜间就能发生的事情，它是一个长期，有时可能是一个需要来自管理者和参与者共同努力的艰巨过程。它以将可持续发展纳入业务战略作为开始，并最终通过组织各个方面的运作而实现。即使一开始便有承诺在先，竞争对资源的需求也会使进度有所减缓，所以专注和耐心是很重要的。我一直鼓励我的同事们可以将可持续发展融入他们的日常中去——作为生活和思考方式的一部分。举个例子，一些人会不断想出各种创新的方式来实现更加可持续化，他们的建议帮助我们可以在减少资源和面临挑战方面做得更好。

NixonPeabody：接待处。在会议中心的房间被透明玻璃隔开，使各个空间的光线和视野都非常开敞。充足的光线，充满故事的羊毛地毯，果园回收的地板，重复利用的玻璃艺术墙，由抢救木材制作的桌子等（LEED CI Certified）。公司：Gensler。摄影：SHERMAN TAKATA

NixonPeabody：会议中心的休息区座位。将会议房间外围设计为休息区域，使其有机会获得好的光线和视野（LEED CI Certified）。公司：Gensler。摄影：SHERMAN TAKATA

对于那些想要追随您脚步人，有哪些好的建议？

> 我不确定培养的目标是否打造严格意义的 CSO。更确切地说，当可持续发展作为所有工作的一个方面时我们才能取得真正的进步。我会建议别人走类似"做自己爱做的事，就像你所做的"这种道路，而不是简单地只成为一个"可持续发展的专业人士。"这是什么意思呢？追求事业要从自己自己的兴趣出发，然后将可持续发展融入你所热爱的事业。参加你所感兴趣的课程并多与教授们互动。找到一个拥有非常吸引你的使命的机构或组织并加入它。尽可能多地阅读，哪怕是一些观念你并不认同的出版物。当机会来临时，愿意及时改变方向。而这些就是我所做的事。

Nixon Peabody 是全球 100 大律师事务所，作为一家律师事务所的 CSO，您是如何影响公司内部，而公司外部的反应如何？

> 通过任命我为 CSO，并启动 Legally Green ™倡议，我们公司的管理沟通努力将可持续发展融入到我们的运营和法律实践中。在内部，我们看到了文化的转变，可持续发展已成为我们业务的一个组成部分，我们需要不断努力提高自己的水平。从外部看，我们会成功地向客户展示我们专家的一面，并且帮助他们理解气候变化和可持续发展需求对企业的影响。我们的 Legally Green 倡议已经收到了我们人员和客户积极的回应。我们成功的最好证据就是我们与法律公司的联系频率，或大或小的律师事务所都希望通过我们寻求关于如何实现可持续发展举措的指导。

绿色法律资源

美国建筑师学会（AIA）关于可持续发展项目的指引（下载免费）

　　http：//info.aia.org/aia/sustainabilityguide.cfm

AIA Document B214-2007 Standard Form of Architects Services：LEED Certification

USGBC Legal Working Group：Lawyers who provide green building counsel

USGBC White Paper *The Legal Risk In"Building Green"*：*New Wine in Old Bottles*? A

　　USGBC Panel Discussion in 2009：

　　www.seyfarth.com/dir_docs/publications/AttorneyPubs/White%20Paper_DBlake.pdf

金融

　　对于环境"绿色"来说同等重要的是美元，或说是绿色建筑专业人士决策方式三重底线中的财务。这是有充分理由的，虽然有些项目业主的动机是为环境"做正确的事"，同样的精神生态理想主义可能并不适用于每个人。据所有制造商、设施经理，或业主的了解，资源高效的设计才是精明设计。此外，可持续发展带来的经济利益使它成为商业和尖端创新技术的引擎，这些都会在未来产生更多的绿色工作。由于其重要性，用金融可持续语言来表达对于任何绿色建筑专业人士来说都是一项重要的技能。

气象频道：LED 灯和演播室灯光加热（LEED NC Gold）。公司：Vocon Architecture。**摄影**：DAN GRILLET

大概念

正如对于所有绿色建筑专业人士来说都有适用的流程和工具，所以全局观适用于金融也是如此。本书中贯穿了许多这类原则。然而下面的部分，能够为绿色建筑带来更清晰的细节关注和复杂的数字。通常来说，需要保持事物的简单性并通过建筑所产生价值的生命周期来方便业主理解投资回报，以及为整个项目设立一个愿景。

重在简单

最好的办法往往是最简单的。在绿色建筑的世界里，有一些"低成本或无成本"战略，如：

- 避免建筑
- 现有设施的再利用。
- 从建筑足迹到能源系统，小且更具效率的东西将更具优势。
- 利用建筑朝向能够最大限度的利用日光并将热增益降到最低。
- 选择对水需求量较小或无需求的景观材料。
- 制定"能源之星"设备或电器。
- 尽量减少人工照明
- 检查水电费账单
- 白天需要保持一部分维修人员

这个基本列表对绿色建筑专业人士来说是一个通常流程。许多这些材料，如"能源之星"，可在无额外费用的情况下实现。其他项目似乎过于简单，比如任命应该多看看他们的水电费账单——但研究表明，正是这些简单的行动往往能够降低运营费用。

其他的解决方案似乎都是违反直觉的，例如，从最基本的理念来看作一个绿色建筑最好的方法是避免实际建筑（such as the most fundamental idea that the best way to make a building green is to refrain from actually building）。Melaver Macintosh 的 Martin Melaver 就基于这个理念创建了一家公司。他说，"几年前，Melaver 公司董事会成员 Ray Anderson，要求我们试着挑战并尝试一种新型的房地产公司：'这可能会是变革性的，'他说，'如果我们的工作生活是建立在我没建造的那些东西智商。'变革确实是需要的。Melaver McIntosh 的成立就是为了贯彻简单原则。"[20]

新的系统的方法

MARTIN MELAVER

Melaver McIntosh 负责人兼创始人

你对未来绿色建筑的生态金融和资本市场重组的新方式有哪些预测?

> 首先,我目前更感兴趣于寻找一条将绿色建筑技术融入到一个更系统或更整体化方法的道路,以达到减少对环境危害的同时获得更多益处的目的,这比建一座建筑甚至是绿色建筑更吸引人。这就意味着要少考虑一座建筑的足迹,多思考如何开发和利用建筑附近的各种资产——能源和水的基础设施,经济/工作发展,多模式运输,等等。

事实上,这就接近于以系统为基础的思维方式,它与金融新方式有很大联系。目前而言,传统的融资模式并不十分有效。在未来的30年中美国大部分的人口将会向提供工作机会/好的生活/玩乐,以及拥有可持续环境的城市迁移,这将是一个非常时刻。现在,这股关于城市生活需求的热潮正在发生,大部分城市都处在近几十年对其城市基础设施的忽视和减少投资,需求增大,但供应严重短缺。这就意味着全国的市政府当局都需要快速掌握如何重建他们城市核心区域以达到大众需求。而这反过来又要求寻找各种创新方式来解决公私伙伴关系。

大部分城市拥有资金但却不知道该如何发展。私营企业掌握着开发的方法,但总体来说却在财力上并不充足。城市了解基础设施,而开发商了解建筑。在城市得以更系统的重建的同时这也是公私伙伴关系发展的最佳时机。对

于建立城市内部的资金机制来说这也是一个很好的时机,这就好像打了类固醇的CDC,它创造一种可以维持持续发展周期同时保持在社区内融资费用的循环贷款机制。

您作为一个绿色建筑所有者和开发商,对于绿色建筑的金融情况有哪些独到的见解?

> 同样,我对这个问题的看法将遵循系统思维路线。曾经的开发商通常拥有一长串需求清单,里面包括他们想要所以愿意开发的项目,而城市可能也在需求这些项目,所以通常会顺从开发商的说服。但现在的情况完全不同了,开发商需要用于项目的金融资源往往只有城市才能提供。这就把市政府放在的掌握全局的位置上,所以他们对于某些特殊发展需要的想法都能够很好的传递出去。它可能是其自身区域能源工厂的特殊发展需求,也可能是提供整个城市三级处理用水的一部分,又或者以某种形式为地方创造就业机会。总之,我认为从私人绿色开发商的角度可以帮助你了解一个城市可以并且应该期望和需求什么,因为他们往往在这方面经验丰富——这与曾经的情形已大不相同。

在你《The Green Building Bottom Line: The Real Cost of Sustainable Building》一书中,对于刚进入绿色建筑领域的新人来说有哪些需要注意的关键点?

> 虽然我可能从未这么简洁地表达过,但我基本工作的前提是好的想法能够有资金支持。如果你正在寻找"有价值的工程师"和一些创新的东西,那么你可能走错方向了。

市场差异化是一个资本市场中的关键因素——也是最创新的方式，如果执行得当，它会成为不一定昂贵但一定是最有利的方式。

Melaver McIntosh 可以在资源识别和可替代资金来源方面帮助客户。那么这些是怎样运作的？

> 我们针对客户有一个三步骤测试：（1）这个项目是否有为市/地区或是行业提供改变的潜力？（2）这个项目是否具备能够成功的资源（不是指大量的资本资源，而是政治、社会等方面）？（3）在 25 年后当我们回望这个项目时，是否会认为它在当时的基础上做出了很大变革？如果我们能满足这三个标准，我们就有理由相信，我们的项目拥有"市场差异化能力"，这样的变化使我们能够在融资队伍中具有显著优势。

回报

有些最直接的金融概念在我们还小的时候就已经被灌输进脑海。比如说你借给（或投资，在兄弟姐妹都非常精明的前提下）你的小妹妹五美元，作为结果，即使作为一个孩子，你想要得到的回报是与投资相等或更具价值的东西。作为一个成年人，道理也是一样：所有的客户都希望得到回报，绿色建筑也不例外。一般来说，当考虑回报时，财务状况可以用简单投资回报（SPB）或生命周期成本（LCC）的方法评估。对于不太复杂的项目，使用 SPB 意味着需要对客户多久可以收回最初支出做出分析。对于比较复杂或投资更多的项目来说，LCC 方法可能会更加适合，因为它会以一个整体的角度对建筑寿命做出分析，并着眼于建筑设计和施工的第一成本加上运营成本在这样背景下的益处。大多数情况下，客户对于多久能够收回投资回报在脑中有一个预期值，这个值可能是两年、五年或者更久。对于客户看待投资回报具体有怎样的时间框架对于所有绿色建筑专业人士来说都是一个值得探究的好问题。

生命周期成本

在一座建筑的整个生命周期中，有许多类型的成本都需要考虑，从初始成本（设计和施工）到运营成本（维护保养）再到更换费用（改建、装修，或拆除）。关于对生命周期分析（LCA）我们已在第七章有过讨论，同样的原则也适用于成本战略。生命周期成本（LCC）全面了解原有投资，从这里推断出实现全部投资回报的大概时间——当然，也有可能需要加入一定数量的额外资金才能实现整个项目的生命周期。有很多分析工具，都可以为绿色建筑专业人士在处理生命周期成本方面提供帮助。

　　另一个可供考虑的选择是跨越生命周期"链条"的成本类型，既有硬成本也有软成本。硬成本是指实际施工费用——包括砖块、钢条或建成建筑所需的其他建筑材料；软成本是指费用，比如专业费用。

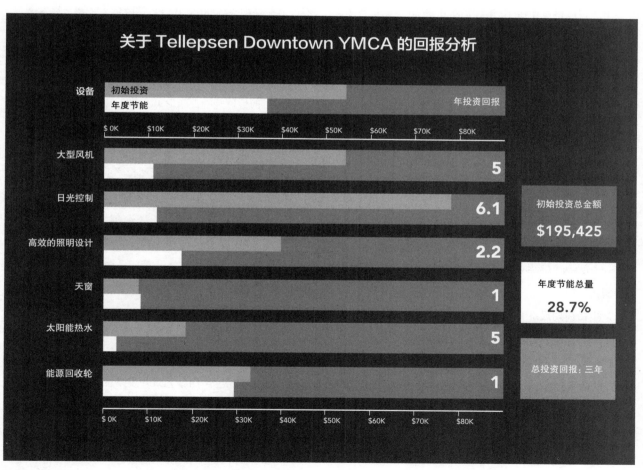

得克萨斯州，休斯敦，Tellepsen Downtown YMCA 的能源回报分析（LEED NC Gold）。公司和图片：2009 KIRKSEY

你会如何形容生命周期成本？

> 生命周期成本仅仅是购买东西的成本综合（而不是初始成本），它的计算建立在东西的使用寿命上。

许多人使用所谓的第一成本分析，会认为，一件成本不到 100 美元的设备比起成本 125 没有的设备来说更便宜。但初始成本并不是这样。一套成本 100 美元的供暖/空调组，可以坚持使用 10 年，每年花费 20 美元运行（因为它并不非常高效），比较另一套价值 125 美元，也能运行十年，但每年只需花费 10 元运行费用的设备来说，实际上更加昂贵。

这个例子对我们大多数人来说都显而易见。但也有不那么明显的例子，比如需要每天花费一小时用于通勤的郊区房子，对比更贵一些的城里的房子。一旦你需要为通勤浪费时间，就会产生额外的燃料成本，远离家人和朋友，没有时间运动、休闲和进行文化方面的追求，以及可能导致更高的医疗费用，这为什么选择廉价的郊区房从生命周期分析来看我们其实付出了昂贵的代价。

——Martin Melaver，Melaver McIntosh *发起人和主要负责人*

> 生命周期成本分析是选择和评估建筑物中所使用部件和系统的工具。你可以对比两个或两个以上备选方案的"总体拥有成本"（TCO）。比如对比两个在办公楼中使用的 4 英尺长的荧光灯，而我们总共需要 1000 个灯，他们每天工作 24 个小时。A 灯消耗 25 瓦，同时含汞量低，额定寿命为 46000 小时，成本 5 美元；B 灯消耗 32 瓦，额定寿命为 24000 小时，成本为 2.52 美元。

通过选择 A 灯，我们可以节约 40% 的灯。在十年的投资期限，我们将需要购买 3000 个 A 灯，对比 B 灯，我们可能需要购买 5000 个 B 灯。这降低了采购，以及搬运、更换和回收的成本。A 灯比起 B 灯少消耗 27% 的能源——这是非常重要的一点，因为能源在照明系统的 TCO 中占据 90% 甚至更多。在这种情况下，A 灯的 TCO 比 B 灯的 TCO 在目前价值基础上减少了 69302 美元。同时购买 A 灯的初始成本比 B 灯每盏多花费 2.48 美元（这就是所谓的"成本溢价"），选择它就意味着每盏节省 6.93 美元的现值，每盏灯使用超过 10 年，那么投资回报率就是 279%。

由于盈亏平衡点或简单投资回报的周期短于一年，所以尽快开始使用 A 灯是有经济意义的。在第一年就能在能源节约量上弥补更换 A 灯所花费的成本。

然而，故事并没有结束。照明能源每节省 3 瓦，建筑物的 HVAC 系统所使用的能源将节省 1 瓦。因此，由于热负荷减低，我们也可以减少 HVAC 系统的规格，从而达到降低建筑物第一成本的目的。

——B. Alan Whitson，RPA，Corporate Realty *总裁*，Model Green Lease Task Force *设计 & 管理研究所主席*

位于华盛顿特区的 USGBC 总部：开放办公区，完成于 2009 年（LEED CI Platinum）。公司：Envision Design, PLLC. 摄影：ERIC LAIGNEL

在绿色建筑财务中的共同问题之一是确定如何分配项目资金。通常情况下，建筑的设计和建造是一个独立于运营的预算部分。这实际上会出现一些问题，因为设计和施工可能无法使用生命周期方法来运作经费。

价值

大多数美国消费者认为水是免费或是非常低成本的。虽然这种看法可能会把水放在经济价值尺度的底端，但水实际上是地球上最宝贵的资源之一，是所有生命的必需品，而且它的供应量是有限的。当水变为不可用或是限量供应的产品时，如在干旱或多年降雨量低的情况下，人们才会开始更多的懂得水的价值，开始谨慎地使用，并学会储存。当水资源在全球恒定水平下变得稀少，人们将开始看到这种自然资源是非常宝贵的，即使他的实际成本可能非常低廉。这就是一个转变的范例。

由 Paul Hawken，Amory Lovins 和 L. Hunter Lovins 联合撰写的一书：《Natural Capitalism：Creating the Next Industrial Revolution》，对于绿色专业人士来说是一本关键书目。这本书提出的前提是，数百家公司通过转变他们对于实际价值或哪些更为重要的价值观获使其得了更多的盈利。自然资本主义的一个重要原则是基于自然系统的模型。[21]

隐形效益

生活中的许多事情都是非常有益的，即使他们无法被看到。以氧气为例，它是地球上生命的基本元素，但我们肉眼却无法察觉。同样，绿色设计的一些副产品也是非常有价值的，但量化价值的科学本是就是一门

艺术。举个例子，一些研究表明，增加日光和视野的获取能够带来：

- 办公效率的提高
- 零售销售率的提升
- 学生成绩的提高 [22]

不同于仅仅基于明确和实际的数字来进行的利润评估，这是朝着价值理解方向的一种转变，它需要对事物整体有着清楚的认识。这样一来，直接投资办公、零售，或教育建筑的客户的将会由于使用者的更佳体验而获益——而这又会某种程度上"补偿"原始设计的成本。在这方面最引人注目的研究表明，设计、建设和运营成本，占建筑初始成本的 8%，这个量与在所建大楼中工作的员工工资相比就相形见绌了，未来 30 年建筑的生命周期在 92%（at 92 percent over the lifetime of the building over thirty years）。

佐治亚州，亚特兰大，Cooper Carry：Town Center 是 Cooper Carry 员工活动中心。这里是员工就餐，会面，以及休闲放松的地方。公司：Cooper Carry。摄影：GABRIEL BENZUR PHOTOGRAPHY

价值的秘密

SCOTT MULDAVIN, CRE, FRICS

The Muldavin Company 总裁

Green Building Finance Consortium 执行董事

能否就您的教育 / 经验和目前的绿色建筑生涯做一个简单的介绍？

> 我是 Green Building Finance Consortium 的执行董事，它是一个公共服务集团，其使命是提高可持续发展评估和承销实践，实现从财务角度的可持续性能评估。

我走上绿色建筑评估和金融这条道路主要依靠我在房地产金融和投资方面的特长。我成为专业顾问的时间已经超过 30 年，在这期间为许多世界领先的房地产企业服务过，并在 13 年前开始了自己公司业务,并成为我们公司的总裁。我联合创办的 Guggenheim Real Estate,一家超过 30 亿美元的私人房地产投资公司,服务于 Global Real Analytics 的咨询委员会,为价值 20 亿美元的房地产投资信托公司和 CMBS 基金提供咨询,并完成了超过 300 项咨询业务,包括房地产金融、抵押贷款、投资、估值、证券化,及可持续性。

我在世界各地的做关于房地产金融和可持续性的讲演及讲座。除了我的基础性书目《Value Beyond Cost Savings: How to Underwrite Sustainable Properties》,我已经撰写了大约 200 篇关于房地产金融、投资、评估,和可持续性的专业文章。我毕业与加州大学伯克利分校,在那里获得了环境研究学士学位,并从哈佛大学获得了城市和区域规划的硕士学位。现在我既是一名房地产顾问(CRE)同时也是英国皇家特许测量时学会会员。

什么是 Green Building Finance Consortium(GBFC)?

> 在 2006 年,我成立了 Green Building Finance Consortium(GBFC),它是一家研究和教育,旨在填补可持续性评估和承销在独立信息、方法,和实践方面的空白,从而在能源效率 / 可持续发展专家和投资商之间缔造更坚实的联系。

BOMA International, the Urban Land Institute, the Pension Real Estate Association, the Mortgage Bankers Association, the National Association of Realtors, the Northwest Energy Efficiency Alliance(NEEA),和其他 13 个机构是 Consortium 的发起成员。此外,英国皇家特许测量师学会,CoreNet Global,和其他贸易协会为董事会提供成员,从事项目合作,同时提供其他的支持和援助。

Green Building Finance Consortium(GBFC)在 2010 年发布了《Value Beyond Cost Savings: How to Underwrite Sustainable Properties》,它是第一本致力于使私人业主和使用者将可持续性的投资价值融入其决策的书。这本书作为 GBFC 所提供的公共服务已经免费向大众开放,并被广泛传播。

Consortium 最初的关注点在于记录如何识别价格(价值),并降低可持续性能带来的风险,使决策基础财务化。超越成本节约的价值奠定了这样的分析基础。近来,我们将重点放在鼓励以价值为基础的决策制定和金融发展选择,以及可升级投资解决方案的应用。

为什么你认为评估和承销对于增加可持续性 / 节能投资如此重要呢?

> 价值是投资的一项基本支柱。贷款价值比率是贷款人在贷款时使用的一项最重要的指标之一。股票投资者将价值和价值创造市委投资决策的基础。评估是房地产行业用来从投资中获取收入、费用和风险的分析方法。可持续属性决策者曾经以有限的投资,希望在较短的投资回报期实现"看似合理的"能源成本节约。这从历史角度来看并不是一个好的做法,但随着监管机构、承租人和投资者日益增长的需求以及社会对碳排放的关注,这种做法既不利于利润最大化,也不利于社会发展。

幸运的是,可持续发展的承销和评估方法不需要从根本上改变。然而,我们需要一些额外的知识和分析手段,以便更好地了解可持续的性能表现。一旦我们了解了性能,我们便可以使用传统的市场分析技术(与承租人和投资者交谈,对可比较的属性进行分析等)来评估市场对特定属性的可持续性能的反馈。

在过去几年里，能源和碳排放的作用和重要性也发生了巨大的变化，需要对其在方法和实践上做出一些调整。作为政府，私营企业，以及个人已经开始关注能源使用和碳排放的问题，虽然私营业主创造公共利益的能力有了显著提高，但依然需要新知识和正确分析的洞察力。来自可持续性的健康和生产力效益的潜力是另一个拥有潜在价值的领域，通过这个领域可以更好的实现承销。

为什么你认为可持续性地产是十分有价值的？

> 事实上，我认为有一个强有力的假设，支持一般情况下可持续性地产拥有较高价值，我同时也认为这个假设是可以测试的（这就是承销商和评估师所做的事）。可持续性地产拥有更高价值的最根本原因是因为他们经济的增加了地产现金流同时降低了现金流的风险。

可持续地产的开发成本通常比传统地产的要高一些（但也并非总是如此）。更高的初始开发成本可以被开发期较低的运营成本所抵消——由于能源和水成本的节约。监管机构、承租人和投资者的更高层次要求也能使收入增加。更高的租户留存率和提高地产耐用性大大降低了资本支出和定期的租户改善和租赁佣金成本。最后，"净"的风险由于一体化设计、调试所带来的风险降低会起到积极作用，未来承租人和投资者的风险降低需求会由于新的设计流程、服务提供商、合同、产品和材料带来的增加风险所抵消。

对于使用者（承租人或业主使用者）来说可持续性的价值是通过这些来实现的——改善员工健康和生产力，提高员工留存率，减少能源和水的成本，降低员工的内部流动成本，遵循内部和外部可持续发展承诺等。

从可持续性投资中捕获地产潜在价值的秘密在于对理解价值定位只是一种假设，还需要通过测试来验证，通过成本、承租人、投资者和市场调节等一系列的可持续发展属性来证明它确实使地产具有某些特殊性。当价值假设测试的结果被很好的组织在一起并在融资请求中提出时，价值达到最大化。

对于业主／开发商来说，将可持续地产"潜在"价值最大化最好的途径在于根据监管机构、承租人和市场价值投资者的需求对具体的可持续特性和结果有着明确目的的项目设计和施工，或整修和改造。

降低风险对于吸引贷款资本来说是尤为重要的。因此，业主／开发商应在可持续流程、特性及系统方面努力追求最佳的实践方式。还有最重要的是，融资请求需要逻辑清楚的表现成本和收益，以及它们如何转化为更高的收入和降低的风险（更高的价值）。资本对于结论过度干预，未能透露潜在风险，以及在审查中未经适当调整的针对特殊地产的数据应用反应极糟。

即使你不相信今天的可持续投资价值，但对可持续发展需求的趋势表明，这将是开发一种解决市场中潜在变化的战略是非常明智的做法。例如，当你今天购买一座现有建筑物时，通常都会遇到租金定期上浮的情况，为未来的承租人或员工维护好建筑的状态是资产管理人员最重要的职责之一。在房地产决策中忽视可持续发展所带来的风险也远远超过成本考虑，所以要将可持续发展作为一个机构整体房地产战略的一部分。

你认为绿色建筑运动是否已经完全融入房地产市场？如果没有，你认为阻碍／解决方案是什么？

> 在过去的五年中，绿色建筑运动在其进入房地产市

场的过程中取得了令人瞩目的进展，但目前仍有很多重要的工作要做。为了更好地回答这个问题，需要把房地产市场至少分为以下三类：（1）住宅地产，（2）小型商业地产，（3）大型商业地产。

例如，可持续投资对于大型企业、抚恤基金、房地产投资信托和其他大股东拥有的大型商业地产的渗透已经非常优于小型地产，但投资的深度还很有限。有大型地产经理们投资和考虑可持续性投资的更多外部助力正在推动这项需求——通常作为更大企业级可持续发展计划的一部分。

需要完成的关键事宜包括更好地性能测量和报告，增强测量和对市场表现和价值假设的理解力，以及不断降低风险和分析。

你的演讲题目之一是"可持续地产金融：金钱如何思考，以及如何与它交谈"，能否简单说说您演讲中所讨论概念的亮度？

> 在寻求资金的过程中你最需要了解的就是钱的类型。例如，如果将去一个公司的首席财务官（CFO）获得可持

基于投资者类型的主要观点，表格来自《SCOTT MULDAVIN，VALUE BEYOND COST SAVINGS：HOW TO UNDERWRITE SUSTAINABLE PROPERTIES》，扩展部分 II，EXHIBIT II-5

基于投资者类型的主要观点	
投资者类型	**主要投资观点**
投资者 / 所有者	·如果他们承担风险，他们就有可能得到丰厚的回报。 ·经常持长期投资视角。 ·承租人会为怎样的建筑买单？ ·实施步骤——新的与现有的，如何选择？
空间使用者	·如果他们承担风险，他们就有可能得到丰厚的回报。 ·经常持长期投资视角。 ·企业价值的贡献——社会经营许可。 ·潜在的健康和生产效益
投机性建房的开发商	·退出 / 取消风险。 ·项目延迟的初始成本潜力。 ·销售价格中的可持续价值货币化。 ·吸收率的影响。 ·政府的激励措施
承租人	·企业价值的贡献——社会经营许可。 ·潜在的健康和生产效益。 ·租赁时间收回价值。 ·减少占用成本（特别是 NNN 费用）
贷款人	·如果冒险，当出现问题时他们会遭受损失，如果成功也无法分享成果。 ·风险焦点的缓解。 ·依赖于第三方评估师 / 其他服务供应商

续发展项目的批准，你必须了解公司内部的阻碍，尽可能不扰乱核心任务的运营，了解业务的关键驱动因素（以及房地产和可持续发展将如何有助于与这些因素），以及其他与可持续投资的 X's 和 O's 相关因素。股权资本基于风险态势、回报目标、杠杆目标和其他因素，有许多不同的类型。股权投资者愿意承担比贷款人更多的风险，因为如果可持续投资确实有效——并能有显著增加需求或降低能源成本——股权投资者可以真正受益，而贷款人只是得到抵押贷款支付。然而，如果一个项目真的表现不佳贷款人将承担损失。

这就不奇怪他们为何会如此厌恶风险，并要求降低风险。

虽然这个问题的答案可能很长，另一个关于资本提供者的关键点是他们对于案例研究和那些非常成功的项目并没有太多兴趣，他们感兴趣的是他们的项目与那些失败的或表现不佳的项目有哪些区别。

对于那些想要进入绿色房地产或是绿色金融相关行业的人有哪些值得推荐的好的工具或资源？

> 《Value Beyond Cost Savings：How to Underwrite Sustainable Properties》这本书是一个很棒的资源，它拥有话题索引和内容明细表，非常方便读者找寻他们感兴趣的内容，这本书在网络上是免费阅读的，并且链接资源非常广泛。Consortium 的网站上有一个可搜索的研究图书馆，它的行业链接部分拥有成千上万文件和相关法规，都可以通过索引获取，它本是一款非常优秀的学习工具，我们还为那些想要更深入了解的人提供一份注释索引（www.GreenBuildingFC.com）。

早期的一体化

与建设绿色化其他方面一样，如果整体目标是投资回报，那么一体化设计是最好的解决方案。一个真正的一体化方案能够看到各种环境战略直接的成本协同效益。在这方面的一个很大的资源 BuildingGreen 白皮书《The Cost of LEED》，这表明从一开始，考虑投资回报就要全面审视成本。[24] 例如，减少照明能源系统的创建会影响建筑物的制冷需求，因此，这两个成本决策需要合并考虑。其结果是，如果一体化能在最初的设计阶段就开始，那么事实证明这样的解决方案是低成本或无成本的。这本白皮书对 LEED 评级系统的描述非常具体，它为常见绿色建筑的预估和项目相关的成本提供了一个框架。

生态地产

WILLIAM D. BROWNING

Terrapin/Bright Green, LLC 创始人

您是《Green Development：Integrating Ecology and Real Estate》一书的作者之一，如果今天让您在其中添加一章，您会选择什么内容？

> 《Green Development》出版于 1998 年，目前仍然是作为有许多绿色地产课程会用到此书。如果可以我应该会改变最后一章，讲述未来发展项目将成功地解决一些环境和社会问题的部分。另外我还有补充一章关于生态设计的内容。

您认为绿色讨论中对于金融部分最大的误解是什么？

> 我们现在仍然能听到人们说绿色建筑花费太多，当我听到这些时我会认为，这个人没有任何关于绿色建筑的实际经验，他知识在为不用改变他们目前做法寻找一个方便的借口而已。这也就是说，我们所知道的关于绿色建筑在健康和生产力方面的好处，特别是在于生态设计，我们应该会愿意在好的建筑上面花费更多。

生产力价值

SAMUEL D. POBST, LEED AP, O+M, BD+C, ID+C

Eco Metrics, LLC 创始人兼负责人

对绿色建筑项目来说，成功的成本估算的三个关键点是什么？

> 1. 明确目标。所有者通常想要一个拥有具体目标的绿色建筑，不包括那些标准建设做法。

2. 使用多种估算方法。在实施不熟悉的技术或过程中需要做好准备。利用多种估算方法检验数字的准确性。也就是说，蓝皮书，平方英尺定价，网络检查，调用承包商，这些都是有助于在收到投标书前期对成本有一定预估能力的工具。

3. 当有新信息时需要修改估算，这是一个反复的过程。

对那些已经进入或考虑进入施工 / 建筑科学领域的人，你会建议他们在探讨绿色建筑金融前做好哪些资源方面的准备呢？

> The USGBC/Resources/GreenBuilding Research/Research Staff Picks 有目前最新的根据绿色建筑类型而进行的可持续建筑的经济研究。我比较喜欢 "USGBC Paid-From-Savings Guide to Green Existing Buildings"，它建立了可持续建筑运营和维护金融的基本经济学。

当与客户讨论绿色建筑和成本时，你通常会使用什么流程和工具？

> 在于潜在客户交谈时，熟练掌握商业语言是非常重要的。虽然许多人对环境标准感兴趣，但经济因素的影响会推动大多决策的过程。经济案例可以为几乎每一个项目都制定出最佳的 LEED 实践方法。将经济学、生态学，以及公平学交织在一起，以验证这些最佳实践背后的逻辑，为客户提供可能会有利于他们商业立业新的观点。

加利福尼亚州湖景露台博物馆，湖景露台。公司：Fields Devereaux Architects & Engineers James Weiner, AIA, LEED Fellow 设计建筑师。主阅览室沿东 / 西轴线，北面是一个庭院，南面是公共公园。在南部窗户的轻型架能够将光线反射到拱形的天花板上，提供低眩光的阅读环境。吸音板设置在 FSC 认证的胶合层木梁之间以缓和噪声。摄影：©RMA PHOTOGRAPHY

我们的许多工作与建筑运营和维护的 LEED 相关。我们能够证明在几乎每个项目中，我们可以在他们所认可的时间框架内可以通过节约天然气、电力和水的使用完成认证成本的支付。有三个单位可以实现量化——BTU、瓦或加仑，在经济案例中也可以使用计算方法。

我们的建筑不仅负责居住和舒适，而且还能提供健康和生产力，这一切都是紧密交织在一起的。对空气质量、光照水平，以及温度的测量能够生成对生成力造成影响的使用者满意度指标。EIA、DOE 和 BOMA 的报告统计显示，建筑中能源的平均成本为每平方英尺 2.56 美元，运营和维护的平均成本为每平方英尺 2.29 美元，工资的平均成为为每平方英尺 282.23 美元。所以如果生产力提升 1%，其收益就能够支付建筑物种所有的能源成本。

对于绿色建筑所有者来说真正的利益来自于生产力的提升。虽然它很难在潜在的收益中得到价值分配，但有足够的证据证明这是最佳的方式，影响使用者的生产力带来的收益将抵消并超过所有建设中的能源成本。

客户会将事实作为决策基础，所以锦上添花的就是使用者在体验到这些利益之后的感受和表达。我们的研究和许多其他的研究都验证了这些观点。虽然主要动机可能是经济方面的，但通过这些我们能够向充分参与的机构传递环境和社会效益的理念。

从潜艇中获得的感悟

B. ALAN WHITSON，RPA

Corporate Realty，Design & Management Institute 总裁
Model Green Lease Task Force 主席

能否对您的教育 / 经验背景和您目前的绿色建筑职业做一个简要的介绍？

> 我目前是 Corporate Realty，Design & Management Institute（CRDMI）的总裁，它是一家集设计和提供设计、施工，以及高性能和可持续建筑运营方面继续教育项目的公司。我的公司是第一批将经济问题与绿色建筑理念联系起来的公司之一。 CRDMI 拥有 Turning Green into Gold® 联邦标识。除了现场和在线教育计划，CRDMI 还能够为财务 1000 强企业提供定制的培训和管理咨询服务。

1972 年，在离开美国海军的核潜艇计划后我就在火奴鲁鲁开始了我的房地产生涯。我的经历包含了在世界各地的超过四千万平方英尺的设施，曾担任的职位有资产经历、企业设施经理、施工经理、开发经理、商业房地产经纪人，以及顾问等。

我的职业生涯范围使我对目前的房地产公司需求有了敏锐的洞察力，以及对建筑、施工和房地产行业都有一些

独到的理解。我在建筑环境和其对人工作效率的影响这方面的兴趣开始于 1969 年，当时我被指派负责一艘核潜艇的室内环境质量，以及对氧气发生器、二氧化碳洗涤器和 CO/H_2 燃烧器的操作和维护。

您的教学重点在绿色建筑成本／价值。您能否就如何与新客户进行探讨给出一些好的建议？

> 首先，我们需要谈谈成本问题。很多人误以为绿色建筑比传统建筑要来得更加昂贵，但事实并非如此。如果绿色建筑比传统建筑花费更多，那时因为在这个过程中人们觉得选择更昂贵的替代品。

价值讨论取决于客户是谁。如果客户是房地产开发商，那么绿色建筑的价值主张就是吸引那些能够在多个建筑之间做决定的承租人，包括绿色建筑和非绿色建筑。而这些也能带来对承租人更好的吸引力，更低的运营成本，以及更低的空置率。

如果客户是建筑的"使用者"，那么主要的益处便在于它如何影响工作者的生产力和健康。超过 80% 的生意成本是工资和福利，而房租和水电费只占到 8%。虽然绿色建筑被认为具有较低的运营成本，但人仍然是主要资产。

绿色租赁为什么对于各方来说（承租人、业主、设施经理等）更有价值？

> 一个有效的租赁需要四个要素：当事人名称、租赁财产描述、租赁期限、报酬。租赁文件中其他的所有都是用于定义当事人的权利和义务，以及由谁支付哪些内容。这就是为什么房地产的格言如此重要："如果不写，你就无法得到。"

一个细致周密的绿色租赁，如 Model Green Lease，是关于建筑的环境性能，使用标准，以及承租人、业主、员工、代理商、承包商和服务供应商的职责（一个包括律师、房地产经纪人、建筑所有者、企业承租人、室内建筑师，和 LEED 顾问在内的国家工作团队编写了 Model Green Lease 的内容）。这里有一个例子：办公楼都装有空气过滤器，以保持良好的室内空气质量。Model Green Lease 其中的一项条款是需要建筑物的空气过滤器符合国家标准——ASHRAE 52.2 2007（B）Appendix J.，如果没有关于 Appendix J 的要求，则需要安装一个 MERV-14 过滤器，即使它比 MERV 11 的性能水平更低。这会对室内空气质量产生负面影响。租赁中的测试要求确保建筑物的业主购买和安装的过滤器能够证明其可以达到承租人预期的性能。

具体化操作为每个人都提供了价值。对于承租人，它可以确保如果建筑在其租赁期内被出售或改变所有权，建筑的环境性能水平仍能保持在相同水平。对于业主，它定义了他们将提供的运行和环境标准。例如，一个详尽的绿色租赁会定义建筑在特定天气和使用条件下能够保持的温度和湿度范围。

这对建筑业主来说非常重要，因为使用者对他们使用空间"不是太热就是太冷"的抱怨是办公楼日常运作中最头疼的问题。因为舒适是一个主观的问题，如果租赁中使用的是诸如"合理"或"与该区域其他 A 类办公楼相当"等模糊术语，那么对"过冷和过热"问题的处理会在建筑业主和承租人之间造成左右为难的情况。但通过具体的细节，却把问题带出了主观性的范畴，使之可以采取直接可衡量的手段解决问题。

有哪些好的金融方面的绿色资源 / 工具？

> Corporate Realty，Design and Management Institute 的网站（www.SquareFootage.net）有许多有用的文章和白皮书，同时它还提供半日制和全日制的北美洲地区教育计划。这些方案符合美国建筑师学会（AIA）、美国室内设计师协会（ASID）、建筑业主 & 管理者协会（BOMI）、国际设施管理协会（IFMA），以及美国绿色建筑委员会（USGBC）等机构的继续教育要求。我们已经开发了一个名为 Finance 101 for Facility and Property Managers 的独特的金融项目。使项目更具价值的是能将生命周期成本的案例融入真正的绿色建筑维护，而这些案例都可以浓缩汇聚在一个 USB 数据棒中。此外，导师还会提供一年的在线支持。

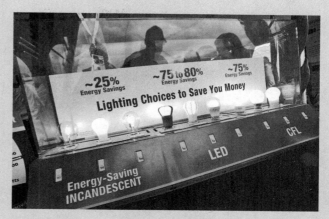

在华盛顿特区 West Potomac Park，美国能源部 2011 年太阳能十项全能的展示篷中，大众可以了解到关于各种节能灯泡的选择。照片：STEFANO PALTERA/U.S. DEPARTMENT OF ENERGY SOLAR ECATHLON

房地产

简单来说，房地产就是买卖、租赁建筑物和土地的生意。因此，房地产专业人士的重点就是通过维护建筑的各项指标，如租户占用率，等来保持楼宇的良好状态。从金融角度来看，目标以市场可能承受的最高价格快速转移地产。例如，拿一个基本的公寓租金来说，任何房东都希望能以更高的租金更快的速度将空间租赁出去，这样做，房东在市场上拥有优势，因此也增加了盈利能力。许多研究表明，绿色建筑为房地产市场提供了一个额外的支撑力。

事实上，由 Piet Eichholtz，Nils Kok，and John M. Quigley 在可持续发展和绿色建筑动力方面的研究为绿色办公建筑在金融方面的表现提供了新的证据。研究表明，对比相同建筑，并将质量和位置因素考虑进去，在 LEED 额外费用直接出租率中 LEED 为 5.85%（The study shows LEED-premium direct-rental rates for LEED at 5.85 percent），能源之星建筑为 2.1%；有效出租率 LEED 是 5.9%，能源之星是 6.6%；销售价格 LEED 为

11.1，能源之星为 13.0。[25]"在所有的市场上，对于每平方英尺的平均租金，节能建筑的表现会略好于传统建筑，"Malachite LLC（一家绿色房地产咨询服务提供商）的创始人兼主管 Leanne Tobias 说，"一般来说，绿色建筑的出租率要胜过传统建筑。"[26] 此外，在由 Jones Lang LaSalle and CoreNet 进行的 2011 年 2 月全球调查中，50% 的房地产公司从业人员表示他们愿意为绿色建筑花费更多，即使建筑并没有节能效益，还有 23% 的人说如果租赁多出的费用能被所节约的能源抵消，那么他们也愿意为绿色建筑的更高价格买单。[27] Tobias 说，"在这个市场中，这是一个显著的优势。"[28]

华盛顿州，Redmond，Microsoft 西校区。（LEED NC Silver）。公司：Callison。摄影：CALLISON/CHRIS EDEN 2011

融资

一旦房地产投资者在投资绿色建筑中已经完全达成共识，下一步就是要说服金融机构，证明这个投资是具有价值的。在寻求绿色融资时，获得 LEED 认证的律师和绿色融资专家 Shari Shapiro of Cozen O'Connor，建议记住以下几条规则：

- 寻找一家致力于绿色项目的贷款人或银行。
- 确保你的绿色项目能够脱颖而出，所以首先它需要是一个明智的投资。
- 尽可能多的提供有利于融资的特征信息。[29]

好消息是，到 2011 年 9 月，最大的单一私营部门目前为止投资于商业财产的能源改造和升级已经完成，总金额达 6.5 亿美元，因此显示确有融资的必要。[30]

田纳西州，纳什维尔市，Music City Center 屋顶的鸟瞰。公司和图片：tvsdesign

针对就涉及成本 / 投资和房地产而言的绿色讨论中 ——尤其是涉及到现有建筑，您认为有哪些关键点或是缺失的点？

> 总的来说，为了能够对全球气候、天然气总量和材料浪费等问题产生积极的影响，现有的建筑环境必须做出一些改变。在为建造新建筑创造出新的和创新战略方面我们已经做了很多很棒的工作，通过使用可再生资源和材料，减少对环境的影响，但新建筑只代表了全球建筑中的一小部分，而已永远只是一小部分。问题存在于过去，而不是将来。我们必须处理好那些我们已经建好的建筑。

Green Realty Trust 的目的是收购现有建筑物，并将其改造或是做些调整，以使他们能够减少能源使用和碳排放。我们相信，这会给环境带来很大影响的同时也能为最佳投资机会提供可能。通过提高大型项目的整体效率，基本上可以直接提高一个项目的净经营收入，这是衡量所有建筑物的价值指标。

关于现有建筑和新建筑的这一问题的讨论经常会陷入僵局，由于建筑师和政治家宁愿站在美丽的新建筑前，因为不得不承认它们看起来确实与老建筑有着明显的区别。每个人都希望看到而不只是听说过新建筑。我们已经有了政府出台的对新的"绿色"建筑的鼓励措施，而且这些措施之后也会得到发展，然而对创造就业机会、经济效益、减少碳和废弃物排放等方面，影响最大仍是现有建筑。使现有的建筑更具节能性无疑可以提升其价值，从而可以产生有意义的投资回报。

——Rob Hannah，Insight Real Estate, LLC，总裁兼 CEO

激励措施

目前联邦、州和地方都有大量的激励机制，它们能够为超出财政援助标准的好的绿色建筑提供帮助。在不同类型的激励措施中，有两大类：框架激励和财政激励。

框架激励有助于绿色建筑整体条件和过程的准备。这可能包括对加快对建设计划的合规审查，特别是对于快节奏的项目这一点非常重要，因为时间就是金钱。

财政激励有多种形式，但可以分为两种主要的传播方式：税收抵免和补助金。USGBC 有一个互动工具，通过它联邦、州、地方、高等教育，以及 K-12 奖励都可以搜索到位置与资金提供资源。也有专门为具体环保措施，如可再生能源和能源效率建立的激励措施。[31] 除此之外，美国能源部还赞助了一个名为"DSIRE"的互动链接，用户可以通过搜索获取每个州这一类型的激励措施。[32]

另一种筹资机制补助金，一旦获取建议书就补助金就能够审批通过。之后为保证资金的投入通常在设计和施工过程中必须满足一定的性能指标。

如何"谈钱"

当一个绿色建筑专业人士在向不了解可持续发展领域的人"出售"绿色建筑时，重要的是要掌握所有本章节中所描述的原则，从而使谈话信息量丰富，在讨论中更具说服力。这样的讨论可能发生在一个房地产专业人士和银行贷款人之间，或者是房东与承租人之间，又或者甚至是建筑师与建筑所有人之间；无论你选择了怎样的绿色专业领域，所有绿色建筑领域的专业人士都应该在经济问题中保持丰富的知识和广泛的信息量。

Navy Federal Credit Union（LEED NC Gold）。公司：ASD, Inc.。**承包商和公司**：GREENHUT CONSTRUCTION COMPANY

在所有的销售机遇中，重要的一点是要了解的观众并打动他们。以下是一些可能会用到的潜在因素：

- 在合规方面表现良好
- 降低运营成本
- 租赁销售量增长
- 员工招聘／留存／生产力
- 保持竞争力
- 降低责任风险
- 保持优秀

一旦意识到驱动因素，你就可以制作出满足观众需求的卖点。这里有一些可用于绿色方面经济探讨的销售工具：

- 基准——找到类似的建筑类型，证明节约成本。
- 性能指标——一个将会被追踪、测量和验证，以考察它是否可以在绿色性能方面给予其所有者更多回馈。这些也可以通过调试、建筑自动化系统、分测光等实现。
- 能够给出一个大致的量级。在会议之前要收集足够的资料，这样你就可以勾画出具体战略的潜在成本和收益。
- 有承包商或成本估算员参与到流程中通常是十分有益的，有助于获得更准确的局部估计。

Suntrust Plaza Garden Offices 的大堂，通过该建筑 Portman 建筑师事务所获得了 LEED-CI Gold 认证。公司：John Portman and Associates。图片由 JOHN PORTMAN AND ASSOCIATES 提供

当与客户讨论绿色建筑和成本时，你通常使用什么流程和工具？

> 我通常是通过提问获取他们的注意，我会问他们是否想知道如何在下一个建筑中用比之前少三分之一的时间实现成本比之前低三分之一，这种做法是否也会节省三分之一的操作，并提高生产力，这样的建筑是否比起其他会更吸引人？我很少得到否定的答案，所以我会拿出一个证据充分的案例研究，展示一个备受好评的美国公司是如何取得这些了不起的成就。他们成功的关键是协同设计过程，涉及建筑所有者、建筑师、主要建筑系统／材料供应商，以及每个人的决定都有建立在权衡三个标准的基础上：成本－功能－环境。

——Wes Evans，Evergreen Consulting Services 所有人

当与客户讨论绿色建筑和成本时，你通常使用什么流程和工具？

> 从承包商的观点来看，可持续性已经成为商业建筑行业中的一个普遍需要的部分。如今在所有新建商业建筑中，已有近 30% 开始要求 LEED 认证。实施 LEED 不过是将能够改善施工条件的最佳实践方法付诸实践。对流线、回收、区域材料的采购、产品回收和低 VOC 涂料及密封剂的现场管理是可以再不增加额外成本的基础上实现的，并且有助于提高安装的整体质量。承包商的时间受文件流程影响的程度通常会比预期要高一些；但是，通常准备就绪的规划和安装效率可以减少项目中的中途调整，这些得益于 LEED 的质量控制措施。

——Tom Boeck, LEED AP, Sustainable Options 创始人兼负责人

当与政府、金融机构和其他合作伙伴讨论绿色建筑和成本时，你通常使用什么流程和工具？

> 我们通常会使用 Green Value Score™，它的承销标准分数区域是从 25-100，分数显示了能够增加经济价值的绿色建筑属性。

——Mike Italiano, The Institute for Market Transformation to Sustainability, 总裁兼 CEO, U.S. Green Building Council 创始人, Sustainable Furnishings Council 董事, Capital Markets Partnership CEO

你认为未来五年绿色建筑领域的融资的最大变化是什么？

> 最大的转变将是国家的绿色建筑融资，这是建立在真实数据、成功先例，和华尔街纽约证券交易所公布同行评议的基础上的预测：

提供 1 兆美元用于私营部门激励计划，能创造 800 万个新就业机会和 4000 亿没有工作。同时停止正在进行的在保险、政府、农业和渔业部门由危险气候变化造成的系统性金融市场风险。

——Mike Italiano, The Institute for Market Transformation to Sustainability, 总裁兼 CEO, U.S. Green Building Council 创始人, Sustainable Furnishings Council 董事, Capital Markets Partnership CEO

> 我认为，技术、科学和合作的融合将对我们对设计、运营和维护建筑物的实际成本和经济效益方面的理解有强大的冲击。今天，我们大多数关于建造绿色建筑的决定都是基于财政方面对增量成本和经济效益在狭义参数上的比较，如节约能源、节约用水、废弃物管理，等等。在未来的五年里，我相信我们所知道的大部分关于环境影响的实际成本和潜在的经济效益的将会实现共享，并且融入到易于使用的技术中去。例如，未来版 BIM 系统可以为建筑设计师、建筑所有者和经营者提供评估绿色建筑战略所需的有价值的信息，而这些信息是基于扩展参数的，包括对品牌价值、投资者关系、员工吸引力、员工留存率、健康、生产力和公众政策的激励与惩罚措施等的财政方面的影响。

绿色财政与领导力资源

Natural Capitalism：Creating the Next Industrial Revolution，by Paul Hawken，Amory Lovins，and Hunter Lovins，Little Brown and Company，1999

Small is Beautiful：Economics as if People Mattered，by E. F. Schumacker，Harper Perennial，1989：

www.　　amazon.com/Small-Beautiful-Economics-People-Mattered/dp/0060916303

Life Cycle Costing for Facilities，by Alphonse J. Dell' Isola and Stephen J. Kirk：

www.amazon.com/Life-Cycle-Costing-Facilities-RSMeans/dp/0876297025/ref=sr_1_1?s=books&ie=UTF8&qid=1326074733&sr=1-1#_

U.S. Green Building Council（USGBC）Research Pubications – Cost Analysis of Whole Buildings：

www.usgbc.org/DisplayPage.aspx?CMSPageID=77#economic_analysis

EPA Green Building：Funding Opportunities：

www.epa.gov/greenbuilding/tools/funding.htm

美国能源部，联邦能源管理计划（FEMP）：Life-Cycle Cost（LCC）Analysis：

www1.eere.energy.gov/femp/program/lifecycle.html

USGBC 公共政策搜索：www.usgbc.org/PublicPolicy/SearchPublicPolicies.aspx?PageID=1776

USGBC 用户满意度、健康与生产力研究：www.usgbc.org/DisplayPage.aspx?CMSPageID=77#occupant
世界可持续发展商业理事会：

www.wbcsd.org/plugins/DocSearch/details.asp?type=DocDet&ObjectId=MzQyMDY

作为可持续性的拥护者，让绿色建筑专业人士了解领导力和生态建设的经济优势，以及长期效益的潜在风险使非常有必要的。虽然在所有这些领域都有懂行的专家——包括首席可持续发展官、环境律师、绿色金融专家——但对于所有的绿色建筑专业人士来说理解这些领域的重叠，并对这些主题进行了解还是很有必要的，这不仅有助对他们自己的实践还能更好的为他们的客户服务。毕竟，绿色建筑未来的一个重要组成部分是它让大众愿意相信可持续发展价值的能力。

注 释

1. Patti Prairie，"The Four Keys to Corporate Sustainability in 2011，" Fast Company，2011-1-5，www.fastcompany.com/1714526/the-fourkeys-to-corporate-sustainability-in-2011，访问日期 2011 年 10 月 15 日。

2. Claudia H. Deutsch，"Companies Giving Green an Office，" The New York Times，2007-7-3，http：//query.nytimes.com/gst/fullpage.html?res=9B02EFDD153EF930A35754C0A9619C8B63&pagewanted=all，访问日期 2011 年 10 月 15 日。

3. Eryn Emerich and William Paddock，"The State of the CSO：An Evolving Profile，" Footprint Sustainable Talent/WAP Sustainability，2011，http：//footprinttalent.wordpress.com/2011/03/09/the-state-of-the-cso-an-evolving-profile/，访问日期 2011 年 10 月 15 日。

4. Terry Masters，"What Does a Chief Sustainability Officer Do？" wiseGEEK，Conjecture Corporation，Copyright 2003–2011，www.wisegeek.com/whatdoes-a-chief-sustainability-officer-do.htm，访问日期 2011 年 10 月 15 日。

5. Johanna Sorrel，"The Rise of the CSO Chief Sustainability Officer，" 2011-3-29，www.2degreesnetwork.com/blog/archives/90-The-Rise-of-the-CSO-Chief-Sustainability-Officer.html，访问日期 2011 年 10 月 15 日。

6. Eryn Emerich and William Paddock，"The State of the CSO：An Evolving Profile，" Footprint Sustainable Talent/WAP Sustainability，" 2011，http：//footprinttalent.wordpress.com/2011/03/09/the-state-of-the-cso-an-evolving-profile/，访问日

期 2011 年 10 月 15 日。

7. Claudia H. Deutsch，"Companies Giving Green an Office，" The New York Times，July 3，2007，http：//query.nytimes.com/gst/fullpage.html?res=9B02EFDD153EF930A35754C0A9619C8B63&pagewanted=all，访问日期 2011 年 10 月 15 日。

8. Johanna Sorrel，"The Rise of the CSO Chief Sustainability Officer，" 2011-3-29，www.2degreesnetwork.com/blog/archives/90-The-Rise-of-the-CSO-Chief-Sustainability-Officer.html，访问日期 2011 年 10 月 15 日。

9. "Corporate Sustainability Officers，" eco-officiency，www.corporatesustainabilityofficers.com/，访问日期 2011 年 10 月 15 日。

10. U.S. Department of Defense，myfuture.com，"Chief Sustainability Officers，" http：//myfuture.com/careers/overview/chief-sustainabilityofficers_11-1011.03，访问日期 2011 年 10 月 15 日。

11. "Corporate Sustainability Officers，" eco-officiency，http：//www.corporatesustainabilityofficers.com/，访问日期 2011 年 10 月 15 日。

12. Ellen Weinreb，"The CSO Myth – Weinreb Group Defines the Chief Sustainability Officer，" 2010-5-23，http：//weinrebgroup.com/category/insights/，访问日期 2011 年 10 月 15 日。

13. CB Richard Ellis，"Environmental Stewardship Policy Effective 2007-5-31，" www.cbre.com/en/aboutus/corporateresponsibility/pages/environment.aspx，访问日期 2011 年 10 月 15 日。

14. Lloyd Alter，"Three Green Building Lawyer Bloggers Predict The Next Big Thing，" TreeHugger，2010-11-29，www.treehugger.

com/files/2010/11/three-green-building-lawyer-bloggers.php，访问日期 2011 年 10 月 15 日。

15. Stephen Del Percio, "Bain v. Vertex Architects: Firm 'Failed to Diligently Pursue and Obtain LEED for Homes Certification from USGBC,'" Green Real Estate Law Journal, 2011-3-18, www.greenrealestatelaw.com/2011/03/bain-v-vertexarchitects-firm-failed-to-diligently-pursue-andobtain-leed-for-homes-certification-from-usgbc/，访问日期 2011 年 10 月 15 日。

16. Stephen Del Percio, "Class Action No More: Gifford-Led Plaintiffs File Amended Complaint Against USGBC," Green Real Estate Law Journal, 2011-2-8, www.greenrealestatelaw.com/2011/02/class-action-no-more-gifford-ledplaintiffs-file-amended-complaint-against-usgbc/，访问日期 2011 年 10 月 15 日。

17. Lloyd Alter, "Three Green Building Lawyer Bloggers Predict The Next Big Thing," TreeHugger, 2010-11-29, www.treehugger.com/files/2010/11/three-green-building-lawyer-bloggers.php，访问日期 2011 年 10 月 15 日。

18. 同上。

19. Donald Simon Esq., partner at Wendel, Rosen, Black & Dean LLP, Basic Green Building Liability Considerations, USGBC-NCC, Silicon Valley Branch, 2010 年 8 月 10 日。

20. Ray Anderson, Melaver McIntosh, http://melavermcintosh.com/，访问日期 2011 年 10 月 15 日。

21. Paul Hawken, Amory Lovins, and L. Hunter Lovins, Natural Capitalism: Creating the Next Industrial Revolution, Boston: Little Brown and Company, September 1999, www.natcap.org/，访问日期 2011 年 10 月 15 日。

22. Heschong Mahone Group, "Daylighting and Productivity - CEC PIER: Daylight and Retail Sales - CEC PIER 2003," http://h-m-g.com/projects/daylighting/summaries%20on%20daylighting.htm#Skylighting_and_Retail_Sales%20-%20PG&E%201999，访问日期 2011 年 10 月 15 日。

23. Joseph J. Romm, Lean and Clean Management: How to Boost Profits and Productivity by Reducing Pollution, New York: Kodansha International, 1994, http://openlibrary.org/books/OL1093491M/Lean_and_clean_management，访问日期 2011 年 10 月 15 日。

24. Stephen Oppenheimer et al., "The Cost of LEED: A Report on Cost Expectations to Meet LEEDNC 2009," BuildingGreen, 2010, https://www.buildinggreen.com/ecommerce/cost-of-leedwhitepaper.cfm，访问日期 2011 年 10 月 15 日。

25. Piet Eichholtz, Nils Kok, and John M. Quigley, Working Paper W10-003, "The Economics of Green Buildings," Institute of Business and Economic Research Program on Housing and Urban Policy Working Paper Series, 2011-4, http://urbanpolicy.berkeley.edu/pdf/EKQ_041511_to_REStat_wcover.pdf，访问日期 2011 年 10 月 15 日。

26. Susan Piperato, "Green Building Regulations: Carrots or Sticks?" National Real Estate Investor, 2011-9-19, http://nreionline.com/strategies/properties/green_building_carrots_sticks_09192011/，访问日期 2011 年 10 月 15 日。

27. Jones Lang LaSalle and LaSalle Investment Management, 2010 CSR Report, http://www.joneslanglasalle.com/csr/SiteCollectionDocuments/CSR_full_report.pdf，访问日期 2011 年 10 月 15 日。

28. Susan Piperato, "Green Building Regulations: Carrots or Sticks?" National Real Estate Investor, 2011-9-19, http://nreionline.com/strategies/properties/green_building_carrots_sticks_09192011/，访问日期 2011 年 10 月 15 日。

29. Shari Shapiro, "The Top Ten Rules of Green Project Finance," Greenbiz.com, 2011-1-20, https://www.greenbiz.com/blog/2011/01/20/top-10-rules-green-project-finance?page=0%2C1，访问日期 2011 年 10 月 15 日。

30. Randyl Drummer, "Fund Invests $650M In Emerging Market for Green Retrofits of Aging Buildings," CoStar, 2011-9-21, www.costar.com/News/Article/Fund-Invests-$650MIn-Emerging-Market-for-Green-Retrofits-of-Aging-Buildings/132198，访问日期 2011 年 10 月 15 日。

31. 美国绿色建筑委员会，绿色建筑的激励策略，www.usgbc.org/DisplayPage.aspx?CMSPageID=2078，访问日期 2011 年 10 月 15 日。

32. 美国能源部可再生能源和效率激励状态数据库（DSIRE），http://dsireusa.org/ 访问日期 2011 年 10 月 15 日。

第九章
绿色建筑的未来

未来是每个人以每小时 60 英里的速度到达的，不管他做什么，不管他是谁。

———C. S. Lewis（伦敦时报评他为"自 1945 年以来 50 位伟大的英国作家"第十一位。以人类共同的道德主题闻名于世）

预测

预测我们共同未来晴朗的天空。虽然这样的预测看起来似乎违反阅读时的环境与地球末日消息的直觉，但这的确是你的观点。虽然目前存在迫在眉睫的可持续发展问题，但也有无数的解决方案和创新的思想家正在努力建设一个可再生的未来。

下面的章节包括不同行业的建筑专家的观点，所有人都会谈及自己的工作生涯和工作，以及他们对可持续未来的预测。

在每一个案例中，都会问到如下三个问题：

- 你是什么背景？
- 你现在的工作是如何融入可持续或者绿色建筑的？
- 你如何预测绿色建筑的未来？

从全球的预测开始，然后缩小到美国，依据专家（无论是在他们的职业生涯结束还是刚刚开始），本章目的在于勾勒一个整体的目前绿色建筑现状以及未来房展方向的图画。尽管这些专家来自于不同的背景，实践于在各个领域，贯穿他们答案的共同主线是一种潜在的、充满了可能性的乐观。

太阳农场边，停车楼建筑绿色屋顶，Energy Complex，泰国曼谷（LEED CS 铂金级）。建筑设计：Architect49。所有者：Energy Complex Co.，Ltd.。图片来源：2011，ENERGY COMPLEX

全球化

　　一个快速的运动正在兴起的绿色意识在全球社区开始生效，甚至在消费者的层面。同样在理解我们正在共享的资源以及如何缓解建筑环境对地球的影响的重要性认识方面也在逐渐增强。如果没有别的，国际社会对全球变暖的认识，以及它对这个问题的反应，有助于这种日益增长的生态意识的视角。每个地区都有细微的差别，在特定的气候条件、场地地形和主要环境问题方面，即使不同的国家、文化和地域，以可持续发展为核心的共同目标都正在成为一种新兴的共同语言。

全球视角

你是什么背景？你现在的工作是如何融入可持续或者绿色建筑的？你如何预测绿色建筑的未来？

　　> 由于在澳大利亚绿色建筑委员会（GBCA）工作，目睹了由世界绿色建筑委员会推进的其他 80 个委员会的过程，我非常乐观地看到更多的新建建筑将被设计和建造得更加高能效。其中最好的一个例子是在墨尔本的像素大楼，这座建筑得到了 GBCA 的最高得分，也是 LEED 和 BREEAM 的最高得分。逐渐地，政府和所有者意识到绿色建造将会是最好的投资。

我现在的工作室提升绿色建筑并且发展减少二氧化碳排放并且顺应不可避免的气候变化。我作为澳大利亚可持续建筑环境委员会（ASBEC）的主席，有任务在城市、零能耗住宅、绿色技术以及能源分配方面，致力于气候变化和适应。建筑是目前澳大利亚温室气体的排放的最大贡献者，也是最快的、最容易的、最便宜的减少排放的领域。

结合气候变化将会产生更少的温室气体排放以及更有弹性的、舒适的、少消耗能源和水资源的建筑。

——澳大利亚可持续建筑环境委员会主席，尊敬的TOM Roper，气候研究所董事会成员

> 目前，我负责江森自控在泰国的业务的发展，一个能源性能和绿色建筑方面的项目。为我们的客户提供高效能源，可再生能源和绿色咨询的解决方案。

当地的建筑工程师和学者尝试组织和建立当地绿色建筑标准和评价流程。然而由于他们的国际化和认可，LEED认证仍然是主导，也是最受欢迎的绿色建筑认证体系，特别是在跨国公司和国际知名的本地企业当中。

——Baldomero P. Din，LEED AP BD+C，江森自控能源与绿色建筑策略销售经理

> 我的工作室提高和发展中国的可持续建筑实践和策略，包括设计、建造和建筑运营管理。

自 2005 年起，我开始从事中国的绿色建筑领域的工作，我可以感到这里明显的变化。LEED 认证是这些变化的很好的证明。在 2005 年以前，不超过 10 个项目得到 LEED 认证，但是从 2005 ~ 2010 年，超过 300 个项目申请这个绿色建筑的认证，并且这个数据还在持续增长当中。

——Joe Yang，LEED AP ID+C，East China EMSI 总经理

美国

本土视角

> 你是什么背景？你现在的工作是如何融入可持续或者绿色建筑的？你如何预测绿色建筑的未来？

《居住建筑的挑战》是最令人兴奋的想法：建筑可以通过设计维持自己，不需要获取电、水的资源，建筑自身仿佛一个有机的整体。这样的想法会改变一切。

我相信人类求知、理解、做好事以及在重要时间上关注的能力。如果我们没有被流行文化、明星和物质利益的带离正常的轨道，在地球上我们还有机会。

人们应该更加努力的去理解人们的处境，一个妥协的环境如何对我们的身体和情感的产生作用。持续的警惕各种各样的信息，扩大你在文化、科学和文字方面的知识储备，所有历史悠久的创造活动都需要使我们人类不断反思。

——Susan Szenasy，《大都会》杂志主编

本土视角（续）

> 在我听到可持续设计（坦白地说，这个词之前真的存在）之前，我就读于得克萨斯大学轨道结构建筑／工程专业。1999 年，我在威廉·麦唐纳处工作，最初我觉得设计需要基于一些合理的理念（不是某一个人的个人品位），给我创建了一个积极的影响和深远的价值。在接下来的十年，我与比尔一起工作，在 2009 年我写的我的下一本书《绿色的形状：美学、生态学和设计——如何用美拯救地球》（讽刺地说，这回到了使我不耐烦了二十年的美学）。一年前，我加入了 GreenBlue，一个非营利（由比尔创始，但以独立）组织，他的使命是让产品更加的可持续。

GreenBlue 涉及多种工业和市场群体，所以最初，我觉得我在朝着可持续的方向，不同程度的影响着各个领域。

下一代可持续议程需要关注串联与人生中的点点滴滴的物理资源（资源的数量）以及幸福程度（生活的质量）。想象一天当我们完美的解决了能源、资源、污染排放的挑战，所有我们做的事情都利用干净的、无害的。取之不尽的可再生资源。这样就够了么？经过了过去的几十年，国内生产总值稳步上升，但是美国人自认的"非常幸福"的数据在下降，同时临床抑郁症的发病率已经比一个世纪前的十倍还要高。我们在资源方面更加富有，但是精神上面更加贫穷。下个阶段的可持续发展需要扩大其目标，从仅仅做无害的产品转向开始推广更加有意义和振奋人心的生活。

——Lance Hosey，GreenBlue 总裁兼首席执行官

> 我是 Hank Houser Walker 事务所创始合伙人，与 Hank Houser 一起创建一个关注文化建筑和建筑的文化设计公司。

作为建筑师，我们设计建筑环境，不论是否明细解决都从本质上希望涉及可持续性和生态学问题。在管理共同的生态并且在每一个设计项目中达到整体设计流程和前景，是我们感到的强烈道德责任。

我还受到一些可持续发展的设计专业人士的鼓舞，利用不同的沟通平台，传播可以纳入的真正的、具体的想法。最后，我希望那些"慢食"和"慢宅"的类型运动可以持续的得到提升，让我们重新考虑"多少"这个真正足够的基本问题。

——Gregory Walker，AIA，LEED AP，Houser Walker 建筑事务所

Toco Hill 室内：Avis G. Williams 图书馆：HouserWalker 建筑事务所，图片来源：© BRIAN GASSELL，tvsdesign

> 我曾经在一个建筑学校教室内设计。不久之后，我被任命教 AR 和 ID 两个专业的学生，与此同时我还在带工作坊的课程。我为当地的建筑师做绘图工作，并且在建筑史的课堂上旁听。一个对美国传统路易斯安纳州民居极度感兴趣的教授，也对热量和湿度如何控制非常热衷。

其中有一节讲述传统民居设计与在暖通空调的系统下允许任何建筑类型在任何地方建造，不论它事实上有多么的不合适，但课程令我着迷。我开始相信暖通空调系统是一个需要被理解的祝福和诅咒。最初我的理念受到建筑师和 1973 年的赎罪日战争的影响，使我意识到能源的供给既是脆弱的，也是昂贵的，之后我意识到了污染的问题。从这之后我开始对关注气候适应性建筑的构想感兴趣，就像传统建筑，依赖更少的化石燃料或者核能。从此开始我一生致力于的兴趣，那就是我们如何更温柔地在这个世界生活。

我不是一个建筑师，也不是一个科学家，更没有再可持续或者"绿色"世界被正式训练过的人。我一直保持一个谦逊的，但是坚定的信念，我们正在生活在一个全球变暖的时代，部分地质具有周期性变暖的趋势，不要忘了在地质条件下，最后一个冰河世纪转瞬即逝，而人类迅速地繁殖还大大加速了这个过程。当我还是一个老师，我逐步去尝试潜移默化的把可持续的理念带给学生。作为农民的儿子我一向简朴，或许这是陈腔滥调，但是我真实地相信生长出来的信念要好于简单的说教。

自从我退休之后，我主要从事建筑设计或者建筑改造。

现在我会花更多的时间去与人交谈他们所希望的"空间"。我感到非常幸运的是我旅游经过了世界很多人口高密度区，利用知识说服当地人"少就是多"的理念是人们需要的一种好的生活。我最近在负责安装一个利用灰水的水箱，更好地保温和通风能够提高暖通空调设备组件的效率，但是一个简单使用的空间更值得关注。更小的空间尺寸意味着上述内容都有更小的容量需求。作为一个老教师，我尝试告诉我的学生不要自以为是地使用更少的东西，而是选择确实能够保护我们所有人的保护方式。当我们在建筑设计的任何一个视角，不论是移动铅笔还是移动鼠标，最好要记得我们花费的材料会造成未来能源使用的增加。

这所有的未来可能是混乱的——我们可能会在军事上或经济上争取资源，或者可能逐渐明白我们需要更加温柔地生活在这个星球。对我来讲弗里德里希·尼采的话可以解释这个问题，就是"那些没有杀害你的会使你更加坚强"。我大胆的微调了一下这句话，"他会帮助你更加坚强"。这不是自动出现的，而是需要我们做出真正的努力使他更加可持续。改善我们的生活方式的是一些更少的不可再生能源和更多的社会互动的工作。前景似乎令人生畏，但这是我们成为更加坚强的物种。希望我们变得更加擅长，更加有韧性，并且坚强。我不认为我们可以一直依赖化石燃料。产生一个可持续发展的世界的潜力是巨大的，依赖于我们明智地认知它。

——Gaines Thomas Blackwell，格雷沙姆注册和校友名誉教授，奥本大学建筑学院，奥本住宅设计，AL

美国建筑师学会致力于"建筑 2030 挑战"的运动，这要求建筑界在 2030 年以前，通过设计采取积极有效的方法，来减少化石燃料使用和温室气体排放，达到碳中性的目标。我们今天向建筑师们所施行的大部分教育和沟通都是在这个危险时期中，平衡可持续的策略和实践管理之间的关系。更重要的是，当你的公司为生存而奋斗时，你如何关注可持续发展呢？

好的一方面是，大多数客户在做项目时，并没有问项目应不应该"绿色"或者可持续，而是问"它怎么绿色？"然而，在国内很多地区房地产市场仍然充满风险，而良好的设计策略可以规避风险。有一段时期，很多新的建筑物都由一部分机构长期持有和维护。改造修复也变得更加规范，所以"绿色设计行业"也要从改造再利用这一类项目的经验中学习。

——Marci B. Reed，CFRE，MPA，AIA 佐治亚州建筑基金会执行董事

> 我的整个职业生涯都在关注采用绿色技术并且增加我设计的房子效率的机会。无论我在推出能效的新产品还是州立法机关有政策变化，我的工作重点都在清洁绿色的技术或项目上。我在十年前做的事情并不是当时的主流也不太受认可，但是今天潮流的导向变了，很多几年前不做绿色设计的公司也能在他们身上找到一些可持续设计的影子。我也看到年轻一代在他们年轻的时候就碰到了可持续性的问题，所以当他们长大后，可持续也就变成了生活的标准，这也是我们所追寻的。

——Ben Taube，LEED AP，Evaporcool 高级副主席，Energy Fool 合伙人

> 作为室内设计师，我们认为，设计解决方案应促进环境管理工作，同时向顾客建议有效的解决方案，以环保的方式改善他们的设施。无论客户是否认可 LEED 认证体系，我们的目标是开发能够实现可持续发展原则并保持工作环境健康的解决方案。可持续的问题已经成为我们日常生活的一部分了。

——Jennifer Treter，LEED AP ID+C，Hendrick Inc 所有者兼负责人

Neoterra 联排别墅的庭院空间
设计及摄影：GERDINGCOLLABORATIVE, LLC

接待区的小会议室（LEED 金级）设计：Hendrick. 摄影：BRIAN ROBBINS OFROBBINS PHOTOGRAPHY INC.

> 当我与我们的建筑学系学生见面时，我在想一个比较流行的问题，就是可持续性的思想如何影响这个专业，我们伊利诺伊大学准备如何教学生。从今年开始，我在介绍部分准备教建筑概论课程，学生们会学习 RE_home 的绿色设计，也就是我们太阳能十项全能竞赛的入场券。

在我写的书《如何成为一个建筑师》第二版里，我强调"可持续发展"是未来的一个趋势，是一个新兴的专业。虽然我从来不预知未来，但是我认为可持续发展势在必行。然而，现在可持续的设计策略可能是现在的一些设计的附属部分，未来它将变得很平常。客户将不再需要相信绿色设计是有益于投资的，所有的建筑都要实行可持续设计。20 年左右时间内，建筑师要用可持续的策略设计建筑，因为这才是正确的选择。

——Lee W. Waldrep，博士，伊利诺伊大学香槟分校建筑学院主任助理，《成为建筑师：设计生涯的指南》（第二版）作者

图片内容：在 2011 年的美国能源部太阳能十项全能项目中，来自伊利诺伊大学香槟分校的学生们正在于工程陪审员进行交谈。照片来源：STEFANO PALTERA/ 美国能源部太阳能十项全能

> 我们的兴趣点在于创造健康的环境——这是一个更广泛的术语，包含了很多有争议的"可持续性"。我们对健康设计感兴趣的是所有尺度上的可持续环境和两个主要领域的焦点：城市规模的项目，如公路走廊，Buford 高速公路，另一方面是家居空间，主要是住宅及室内空间。

在城市的尺度上，环境对健康的影响是可以直接测量的，我们与佐治亚理工学院配合完成的 Buford 高速公路走廊研究是一个由疾病预防控制中心称为"健康影响评估"的基础研究（HIAs）。这是具有开创性的研究，证实了那里的建筑环境的组成部分（即以汽车为中心的发展）与公共健康的关系。我们会在未来看到 HIAs 会将如何修复有汽车围绕的居住区设计。HIAs 也会更多的用于确定那些最高肥胖区领域；今天在一些新的开发区，城市规划不适合步行。

2006 年，我们赢得了一个低成本、节能建筑的设计竞赛，它是由 Southface 能源研究所和 Kendeda 基金会赞助的。房子建造过程是在一个非常紧张的预算下完成的，同时我们的低成本设计也受到了经济衰退的阻碍。我们继续研究更高端的房子，麦克继续在佐治亚理工学院教授"零能耗住宅"的交叉学科课程。来自不同学校不同专业的学生（工程、建筑设计、商学、土建等）跟一群教授和专业人士一起工作，他们为了让城镇家庭住房变成零能耗建筑而一起设计、施工并提供财务建议。这项研究是一个即将出版的同名书籍的基础工作。我们预计，我们看到的过去十年的一种趋势会转变成更多的公众意识到我们的选择对环境产生的影响，更多实施可持续发展战略的愿望和"去网络化"或"零能耗"的兴趣。

我们期望每个人都必须遵循可持续、健康的设计原则，因为它将很快成一种标准而非只是一个崇高的目标。我们也相信，绿色建筑专业的角色将会从引导客户完成可持续

的实践转变成发展和促进这个领域。

——Lee Ann & Mike Gamble，G+G 建筑事务所负责人

> 我是一个室内设计师，在知道这是一场运动之前，从小就开始实践绿色行动。我是由一个挣扎的单亲母亲和一位经历过大萧条的祖母抚养长大，他们教导我要节约能源，永不浪费，还要循环利用资源。我妈妈对我们的遗产切诺基感到荣幸，我也在年轻的时候学会了尊重地球的价值观。

从 UCLA 的室内设计专业毕业后，我开始了我的设计生涯，而且可持续发展的概念与我的绿色生活的结合似乎

牧场之家改造的室内设计
设计：G+GArchitects. 摄影：JIM STODDART, 2010

很合乎逻辑，而且自那之后我的事业一直非常成功。最近我推出的两款具有古典风格线条的新家具中，就运用了生态友好的方式来制作。在我从事这么多年绿色设计以来，我还没有找到真正无可挑剔的绿色可持续作品，所以我要用我的双手去创造他们！看吧！

可持续发展将很快成为常态。

——Lori Dennis ASID, LEED AP, Lori Dennis 公司负责人《绿色室内设计》一书作者

> 我之前日报的环境记者，后来成为亚特兰大另类新闻周刊的编辑。但数字革命让我创建了我自己的媒体组织，专注于我感兴趣的可持续建筑环境。可持续发展和绿色建筑以一种积极的、以解决方案为导向的方式，这对我乐观的天性非常有吸引力。我是 RenewATL.com 的出版商和编辑，这是一个线上媒体组织，用来通知和授权关心提高亚特兰大市的可持续发展的建筑环境社区企业和个人。

正如大多数行业那样，特别是那些名字里有世界"建筑"的，绿色建筑的短期前景是具有挑战性的，甚至还有点吓人。然而从长远来看，我很坚定，可持续发展和绿色建筑将是一种增长型产业，因为亟待解决的环境问题正变得越来越紧迫。

——Ken Edelstein, 编辑, GreenBuildingChronicle.com

> 我已经从事建筑设计 15 年了，有挑战性的事情渐渐变少了。我意识到我真正的能力在于听到别人的要求就能想到如何引导团队很快地进入状态。所以我现在用我的技

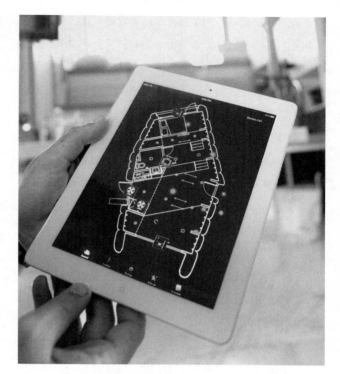

在 2011 年太阳能十项全能的比赛中，加州理工学院团队在他们设计的房子里设置了一个可以在 ipad 上操作的 app，用来控制灯光，阴影还有娱乐系统。
摄影: STEFANOPALTERA/ 美国能源部举办的太阳能十项全能竞赛

能和才能帮助和激励企业有更快更好的发展。我们提供给他们工具，帮助他们在市场里竞争直至取得成绩，对抗那些只有底线激励的生意。我们的目标是通过联络各种各样的企业家来改变世界。

设计行业是唯一一个适应可持续发展概念的行业。它运用了很多质量已经被监测过的材料。此外，整个行业的宗旨是建立在思考做事情的新方式，然后说服别人接受新思想和做法。现在如果整个行业都可以把这个概念融入到工作中（而不是他们仅凭个人喜好），我想建筑师和设计师们有潜力会被公认为创造新世界的领导者。

——Michelle Morgan, founder, Hub Atlanta

> 2009 年我跟 Bill Burke 合著了一本《Fundamentals of Integrated Design for Sustainable Building》（可持续建筑集成化设计基本原理）。由 John Wiley & Sons 出版，这是第一本具有美国大学水平的本科教科书。章节包括：集成设计过程，绿色建筑和绿色建筑立法史，能源的基本原则，能源使用和标准，节能设计，可持续社区，室内空气质量和人类健康。

对我来说，这是关于可持续发展在医疗保健上的进步。但是自从雷切尔·卡森开始通过禁止 DDT 来提高合成化学农药的意识后，我们才开始慢慢关注环境化学的测量影响：生殖危害、呼吸系统疾病、癌症等。很多建筑材料是具有化学毒素的。这些持续性的有机污染物在欧洲国家是被明令禁止的，但是在北美洲没有这些规定。这是由于化工集团的优势，并且我们不愿依靠除农业、食品加工、水处理、施肥、病虫害防治、建筑材料等之外的主流工业处理方式。现在，十年来随着寿命的第一次缩短，绿色建筑的真正先驱变成了那些专门从事医疗建筑的设计师们和评价标准（例如：医疗保健绿色指南、无害医疗、医疗 LEED 标准）。我们应该把化工管理、医疗废物管理和绿色清洁纳入每一个类型的建筑设计策略中。只有采取了这些措施，才能改善室内空气质量，而不是危害人类健康。

——Marian Keeler, Assoc. AIA, LEED AP BD+C, Simon &Associates, Inc

> 长久以来，我都坚信，在可持续发展的过程中，我们可以跨越在工业和市场，以及事物的制造者和使用者之间存在的临界值。跨越这些临界值总是需要改变行为方式，并重塑现状，使曾经看起来伟大的变革变为既定事实。例如，地板产品如果增加一定比例的回收需求，这将改变上游产业的行为方式。或者说，一些可再生能源的利用向前发展了，突然间，所有人都接受了这就是一个正确的方式。跨过这个临界值，其他的改变随之而来。这当然是我的一厢情愿。我确实希望如此。事情的发生源自思想的转变——可以叫做播放列表生成法，也可以叫"App"——但是结果是我相信重大改变都是由千万的小改变积累起来的。我们寻找小而精的创新，然后把它们聚集起来减少累积的影响。真实而又荒诞。因为我们判断一切纯粹依据语境和关联，而不是看事物内在的错与对。

因此，可持续性的发展正处于一个与其相关的危机之中。总会有一个不利因素或警示。万物都在更迭中。对于解决方案来讲，这算是个明智之举。我们不应觉得已经做到了，甚至已经跨过了那个临界值，可以放松警惕了。

但是对于问题本身来说，这不是个好办法。可持续发展旨在解决的不是小变化的问题，而是巨大、深邃和宽泛的。所以他们一直在呼吁要采取大的行动，深刻的价值观和广泛的合作。我们不能满足于很小的变化。在我看来，可持续发展的未来将永远伴随着那些看到并付诸行动的人们，那些想做大事、取得进步的人，以及愿意付出的人。因为真正的利益总有代价；真正的改变总是需要牺牲的。比如付出我的公司、项目和我的待遇，我心甘情愿。这就是事物前进发展的唯一方式。

有一个美好的画面，每个人都在问："绿先生，十年前你所做的一切是伟大的，但是你最近为我做了什么呢？""这不是关于我们曾去过哪里，或者我们要哪里。这是一个是非的问题，以及我们如何能够做的更好。所以我们再一次把它定义为大思想。"

——Caleb Ludwick，26 Tools llc 负责人

> 十年后我回到了学术界，教授和更加严格地研究空间结构，特别是我们的经验和内在感知之间的关系。我的研究旨在能够更加清晰地描述空间、利用空间和感知空间。

这样才会创造出切实可行的、可持续的空间环境，而且不需要不断地修正。

在我看来，专业人士应当专注于可持续发展或绿色建筑，在未来需要成为一个桥梁，连接学科间的设计和工程中所有相关的创新成果。他们需要从各种尺度上产生联系（从室内空间到城市空间），促进跨学科之间的沟通，确保更全面的设计策略，并协调各种变化规律。

S. Dawn Haynie，乔治亚理工学院建筑学院在读博士生，乔治亚州立大学室内设计课程兼职教师

绍姆堡会议中心，绍姆堡
水上花园是一个创造性的设计解决方案，主要完成了湿地方案的挑战
设计：John Portman & Associates.
摄影：LEE HOGAN AERIALS

> 我通过我的学术工作、当地的装置艺术、我的建筑实践和一些修复规划、太阳能住宅会议论文的作者身份等方式，面对无尽的机遇与挑战，我继续着迷于绿色建筑的发展。呈现在我面前的是两条看似分歧，实则一致的绿色建筑行业的未来发展方式：

1. "绿色建筑是'优秀的建筑'，而不再被孤立为'可持续设计'。"这种态度是基于一种对建筑师的假定，假定他们在建筑环境领域从道义上拥护法律并关注民生健康福祉。这类似于那些以减少建筑设计和运营过程中能源消耗为目的的能源法规和其他相关法规的进步。此外，设计术语及场所设计策略的地位将会被提升，建筑作为一种生态结构，可以拥有属于自己的内在价值，而不是作为一种特殊类型的实践过程或者只是被叫做"建筑"

2. "绿色建筑和可持续发展将成为一个在设计和施工过程中越来越具有影响力的专题。"现在许多大型建筑公司的新职位和头衔的出现也佐证了这一预测。设计公司的个人开始使用诸如可持续发展战略主管或绿色建筑分析师的头衔，他们负责监督多个项目的某一项任务，确保项目的性能和规定的目标不会在项目分类、协商和建造过程中出现偏差或边缘化。这种做法体现了对可持续发展的未来的某种乐观态度，或者是一种充满纷争的状态。

无论未来如何，我觉得绿色建筑专业将是设计过程的主要部分。资源枯竭、社会意识、职业道德、加强法规和为限制消费的文化规范调整等将迫使我们的建设过程必须变得更加具有生态敏感度和可修复性。我很欣慰的是，未来的职业和多样的选择将会促成很多可持续或绿色建筑实践的出现。我不看好我们的环境承受能力能够足够容忍我

们的调整能力。我不太确定我们前进的速度是否足够快，但是至少走在正确的道路上。

——Ed Akins II, AIA, LEED AP，建筑专业助理教授，"第三年"设计工作室合伙人，美国南方理工州立大学建筑专业环境技术协调员

> 是年轻的设计师们。我简直不敢相信他们是如何将可持续性嵌入他们的思维方式里的。我听说从普拉提，哈林顿，SCAD 毕业的学生（均在 28 岁以下）以及全国高校都把可持续发展思想作为日常思维的一部分。这就像他们也想象不来任何人都不会把它强加到他们的想法中去。事实是越来越多的年轻设计师开始注重他们公司的作品（在某种程度上归因于过去三年里看到的一些中小型企业的释放）因为我们真的应该都来开始拥有这个权利。另外我还觉得有一些可以接受的观点就是，我们需要更多的建筑师。

我们的世界充满了既有建筑及老旧建筑库存。虽然每个人都喜欢新鲜的、有光泽的建筑，但是我希望在未来，建筑设计师们会被鼓励用绿色设计的思想来改造这些建筑，而不是只专注于营造新的世界。

——Martin Flaherty，SmartBIM 公司高级通信副总裁

> 2007 年，我成立了一个全方位的设计工作室，专注于可持续发展和绿色生活。设计工作室为住宅、商业和酒店项目提供室内设计和产品设计解决方案。2008 年，推出了可持续纺织品及其配件套装。套装中的所有手工机织都运用古老的编织技术，天然纤维及环保染料。这次合作使我有机会与一些有才华的工匠合作，并能推广他们的艺术和圈子。整个演进过程是非常具有社会责任感的，是可持续的，是一种有机的发展。

绿色技术、智能建筑材料和消费者教育的改进将引领

绿之家的房间一角（Energy Star and Earthcraft）. 设计：Alejandra Dunphy，A|DStudio。摄影：ATTIC FIRE 摄影工作室

一个更加可持续的世界。

——Alejandra M. Dunphy，LEED AP，ASID，设计总监，AD Studio

> 一开始在一切成为主流之前，我认为这将是一个十年的创业发展期。同时我也发现随着经济速度放缓，现有建筑的大量库存累积，这个时间框架可能会再延长出另一个十年甚至二十年。与 ADA 标准类似，我认为会有少量的可持续咨询公司会更久，而不是现在的数量。

——Tom Boeck，LEED AP，创始人 Sustainable Options

> 我是一个作家和公关顾问。同时，我也是 William McDonough + Partners 的联络负责人。Bill McDonough 是

《Cradle to Cradle：Remaking the WayWe Make Things》的合著作者，这本书无论是对设计领域还是对商业领域，在美国和全世界的可持续发展运动中都非常有影响力。Bill 擅长讲故事，我也有能力聚拢广泛的读者。作为建筑师和室内设计师的女儿，我想我将永远与设计联系在一起，但我真正的热情在写作上。我与建筑师 Lance Hosey 合著了一本书《绿色的女人：可持续设计的声音》，而这也引发了一个惊人的持续对话。对话通过文章、博客、电台访谈和小组讨论持续进行，我也希望能在不久后开始筹备我的新书。

现在，我工作的一部分就是委托写作，而且我引以为傲的是可以作为 Metropolis magazine and metropolismag.com 的特约作者。我希望通过探索一些社会媒体，寻找新的方式来联系并催化这项绿色运动及女性在这场运动中发挥的作用。这项运动的最好愿景是我们能够停止再贴"可持续"、"绿色"的形式化标签。这看似是一个牢骚，但我相信它在经济困难时期会越来越重要、清晰。经济健康是可持续发展的一部分，但是当对于绿色化的追求（比如建筑、相关工作等等）被贴上了"绿色"的标签时，它就变成了一个许可证，从社会经济的内在健康分离出来。

——Kira Gould，AIA LEED AP，William McDonough + Partners 通信总裁

我认为有很多值得乐观的地方。即使在经济困难的情况下，创新和变革的步伐虽然还不够快，但仍在向前推进。虽然许多领域的人认为太慢了，然而从历史的角度来看，我们仍然在快速发展。我希望我们能够前进得更快，谁不希望呢？我们仍然在通过更广泛的社会团体来创造新产品、新的施工方法、更好的工作与数据、更多的认知——这样的清单可以源远流长。我认为最鼓舞人心的事是我们所做的这一切都超出了我们的所得。正如我们敬爱的 Ray Anderson 提醒我们的那样，这一切都是为了孩子。我不必指望明天，因为我有四个可爱的孩子。他们可人的面容足以支撑我的一生。

——Paul Firth，UL Environment 经理

美丽的年龄

根据婴儿潮总部记载，"美国经历了一个二战士兵返乡所带来的出生率爆炸期，社会学家把出生在 1946-1964 年（包括 1946 年）和第二代的人称为'婴儿潮一代'，目前有 7600 万人被认为是婴儿潮出生的人。"[1]

婴儿潮一代的经济影响不容忽视。仅在美国，超过 50% 的可支配消费能力取决于婴儿潮一代，他们占据了大约一半的消费支出。在医疗保健领域，婴儿潮一代购买 61% 的非处方药和的所有处方药的 77%，这令人难以置信。即使他们的度假习惯也在经济中扮演着重要角色，他们贡献了约 80% 的休闲旅游。随着婴儿潮一代开始步入老龄化，直至退休的阶段，他们消费能力的下降可能会对经济产生负面影响。在美国，大约每 8.5 秒就有一个婴儿潮的人步入 50 岁！据 Drake Labels 网站报道，几乎在未来的 20 年里，这些"金潮"可能会显著影响到美国生活的各个领域。[2]

考虑到绿色建筑的未来，自然而然地需要思考婴儿潮一代的需要。

> 通常的设计（具有普遍适应性的空间设计）是如何与绿色设计产生交集的？

> 这是一个很有意思的问题。我们当中那些想通过做室内设计来做出贡献的人，都被吸引到这两个主题上来，而且它们之间肯定有交集。在我自己的房子里，我就无形中集成了超过 200 种绿色技术特征（www.AgingBeautifully.org/ranch）。譬如，我们使用主动式太阳能电池板和被动式太阳能温室来提供大部分热量。

许多老年人和残疾人已经减少了很多活动量，而且他们需要更高的环境温度（高达 78°F），但承受不了更高的成本。我们的供暖费用平均为每月 69 美元，而我们在温度低至 −20℃，且海拔 7500 英尺的地方。

我们与高 R 值绝缘，所以用测量压力和红外线的方法来测试漏洞。我们在门的底部增加密封措施来代替门槛，这样就不会再担心会绊倒老年人和残障人士了。我们还设置了一台电脑和可编程的温控器来降低能耗，这对那些轮椅使用者和长期卧床的人员来说是一大利好。你可以在任何有网络的地方操作这个系统（甚至乘飞机时你忘记关掉加热装置，或者你要提前预热你的房子）。

炎炎夏日，我们使用的蒸发冷却装置能耗要比空调低，而且增加老年人和那些不能忍受过热过冷的残疾人士的房间舒适度。夏日里，我们的可逆吊扇能送凉风，冬天还能从温室里汲取热量。

总之，我希望读者能够在他们的项目设计时考虑这些想法，而不仅仅用在针对老年人和残疾人士的项目上。这种具有普世价值的可持续设计非常重要，它并不是针对特殊人群的特殊设计。

——Cynthia Leibrock, MA, ASID, Hon. IIDA, Easy Accessto Health, LLC,《健康的设计细节：充分利用室内设计的康复潜力》一书作者

新面貌

用"新的眼光"或一个全新的视角去看待事物，往往会产生一些之前隐藏的见解。这种情况会以多种形式出现，比如在没有经验的时候，在与同事间的讨论过程中，或者当你离开某个项目一段时间后。一旦你有了某些新颖的看法，就很难回到过去。虽然每个人都能通过很多方式来获取一些新鲜观点，但是下一代更容易建立起这种方法，因为他们没有过去的行动和经验去权衡未来。在绿色建筑设计中，许多专业人士希望把可持续思想的火炬传递给他们的孩子（以及孩子的孩子），这种观点尤为重要。

EP 现如今谁在领导绿色建筑运动？

> 我认为是年轻的专业人士在领导这项运动。无论是新兴的专业人士抑或是其他任何年轻的领袖团体，我们是那些正在进入社会，或者是正在向世界发声的社会积极分子。我们的范围涵盖从激进的无政府主义者到有良知的商人，从而能够接触到社会的方方面面。

——Lisa Lin，LEED AP BD+C，地方政府环境行动理事会，地方政府可持续发展基金

> 绿色建筑运动已经到达了一个没有领袖引导的临界点。在建筑和设计界有一个成熟的通则，承包商敦促分包商加快施工的绿色化，业主更容易接受这样的概念，开发

国家数字广播公司的接待区及运营中心室内空间，弗吉尼亚州阿灵顿（LEED 银级），设计：EnvisionDesign。摄影：ERIC LAIGNEL

商们也都能够意识到完成一个 LEED 项目所带来的好处，尽管需要增加费用。

——Dana Mathews，IIDA，LEED AP ID+C，室内设计师，Hickok Cole 建筑事务所

> 专家是至关重要的，但是我认为是全面型人才引领了今天行业的发展。因为他们拥有各个领域的知识储备，所以他们能够看清楚在交流和发展策略上的一些差距和不足。

——Brittany Grech，LEED AP + BD+C，O+M 可持续发展协调员，YR&G 可持续发展公司

> 绿色建筑运动的领导者是那些基层社区的社会活动家和工业、企业中可持续发展的拥护者们。为了实现真正的可持续发展，我们的环境问题解决方案往往是要跨学科和跨社会制度的。我们无法否认工业界在解决方案中的参与，因为他们的投入是非常宝贵的。我们不能对来自社区代表们关于邻里关系的声音表示沉默，因为我们创造了这些人的社区。通过学科交叉、协同创新工作，绿色建筑运动可以并且应该由地球上的每一个人来领导。

——Alessandra R. Carreon，PE，LEED AP O+M，ENVIRON

> 联邦政府已经表明了他们对几乎所有新建筑 LEED 认证的支持。伴随着很高的预算，这是一个受欢迎的设计阶段，其他人都应该遵循。陆军、海军、总务管理局和其他联邦机构正在做出努力并可能最大化节约资源。此外，个人也应如此。人们必须积极主动地在个人生活中做出改变。

——Ryan R. Murphy，美国建筑师学会会员，CDT，LEED AP BD+C

> 在规模和社会影响力方面，我认为像 HOK 这样的国际大型设计公司做出了杰出贡献，并肩负着领导者的责任。他们真正拥有根植于可持续发展核心信念的文化基础——我的意思是，这些理解都来自于他们出版的书。

——Ventrell Williams，Assoc. AIA，LEED AP O+M，美洲银行

> 年轻人和学生。我也看到了很多受世界大战影响的老年人，他们通常是本分地生活的老实人，或者哪些在成长在 20 世纪六七十年代中开始使用蒸汽机的人们。我所感兴趣的是让这两个群体走到一起，并且用他们各自独特的观点来解决同一个问题。

这提醒了我，我们并不是在处理新的问题，而是要把追逐金钱放在一边，并且要忘记两者可以都实现。

——Heather Smith，休斯敦市绿色办公挑战项目，退伍军人发展计划（布什关怀项目）副总裁

> 我认为有许多有意思的组织现在正引导一些伟大的绿色运动。USGBC 无疑是一个享誉国内外的强有力的领导者，

但是我觉得大学校园也可以作为发起可持续发展活动，项目及创新工作的主要枢纽之一。其他一些国家，比如瑞典、芬兰和德国，他们的发展速度明显高于美国各州可持续发展的平均水准。我们应该与这些地方开展一些对话及交流活动。

——Stephanie Coble，RLA，ASLA，景观建筑师，Hager Smith Design PA

> 总体来说，我们认为是那些能够骑着自行车，试图通过重新利用代替直接扔掉来减少资源的浪费的每一个公民，他们会思考每一个他们所购买、使用和消费的产品。他们的行为正启发着身边人。

——Stephanie Walker，室内设计师，The Flooring Gallery

> 我认为我们都在引导着这项绿色建筑运动，这不是仅凭个人、公司或者某个组织所能完成的。

——Edward Wansing，美国建筑师学会会员，LEED AP BD+C，项目经理，可持续设计援助计划，建筑能源公司

你对绿色建筑的未来有何预测？

> 我是奥本大学建筑学院的应届毕业生。经过六年多的学习，我修完建筑学学士学位，室内建筑学学士学位及刚刚完成了一个毕业论文项目。

作为一个天真的建筑专业的学生，当你开始整合"可持续"的材料到设计实践中去的时候，很难理解它们理论上的真正影响，就像我们在学校里的状态一样。直到我在乡村工作室工作了一段时间后（大学里一个开创性的项目，http://apps.cadc.auburn.edu/rural-studio/Default. aspx），我才开始理解建筑设计中每一个选择的逻辑。最初几年里，乡村工作室因倡导为服务水平低下人群建立可以回收利用，可持续的美

好家园及公共设施而闻名。今天，这个工作室致力于定义更大的服务社区项目之间的平衡，并通过知晓自身的浪费及消耗，有针对性地制定因地制宜的解决方案。

我觉得过去两年里的主要教训是好的设计依赖于当地的权力机构及社会责任感。好的设计应该为每一个人，绿色建筑也应该为每个人而设计，无论他的收入多少，因为好的设计能够提高人的生活质量，并且很自然地会激励和启迪下一代。

——Jamie Sartory，2011 年毕业于奥本大学建筑学院，建筑与室内设计学士，室内建筑师，Lake|Flato Architects in San Antonio, TX

结束是新的开始

纵观本书中来自各种不同的声音，无论从全球到地方，无论老少，无论全才还是专家，他们都有一个共同的观点，对于今天和未来，绿色建筑都是一个极具分量的行业类别。人类建筑中资源的可再生功能是他们所构建的共同愿景。无论你的职业选择是什么，这里所讲的核心原则是可以跨界到任何职业，比如医生、律师或者教师。所以为了下一代，我们都要在简单的日常行为中彼此监督。

Lily 和 Cooper Johnson，《眨眼的夫人》，BONNIE CERNIGLIA

注　释

1. Baby Boomer Headquarters，"The Boomer Stats，"www.bbhq.com/bomrstat.htm，访问日期 2011 年 10 月 16 日。
2. Drake Labels，"Impact of Baby Boomers on the Economic Climate，"http：//drake.com/articledirectory/?impact-ofbaby-boomers-on-the-economic-582，访问日期 2011 年 10 月 16 日。

附 录

Recommended Reading

BOOKS

Architecture

Waldrep, Lee S. *Becoming an Architect: A Guide to Careers in Design.* Hoboken, NJ: John Wiley & Sons, 2009.

Biomimicry

Benyus, Janine M. *Biomimicry: Innovation Inspired by Nature.* New York: HarperCollins, 2002.

Carson, Rachel. *Silent Spring.* New York, NY: Mariner Books, 2002.

Business

Anderson, Ray. *Mid-Course Correction: Toward a Sus-tainable Enterprise: The Interface Model.* Atlanta, GA: Peregrinzilla Press, 1999.

Anderson, Ray C., and White, Robin. *Business Les-sons from a Radical Industrialist.* New York, NY: St. Martin's Griffin, 2011.

Career

Boldt, Laurence G. *Zen and the Art of Making a Liv-ing: A Practical Guide to Creative Career Design.* New York: Penguin, 1999.

de Morsella, Chris, and Tracey. *The Green Executive Recruiter Directory: The Most Complete Com-pilation of US Search Firms That Specialize in Renewable Energy, Green Building, Sustainability, Environmental, and Other Green Careers.* Seattle, WA: Green Growth Ventures LLC, 2011.

McClelland, Carol L. *Green Careers for Dummies.* Hoboken, NJ: John Wiley & Sons, 2010.

Education

Early, Sandra Leibowitz. *Educational Design and Building Schools: Green Guide to Educational Opportunities in the United States and Canada.* Oakland, CA: New Village Press, 2005.

Orr, David W. *Ecological Literacy.* New York: State University of New York Press, 1991.

Energy

Hertzog, Christine. *The Smart Grid Dictionary.* GreenSpring Marketing, LLC, 2009.

Engineering

Lechner, Norbert. *Heating, Cooling, Lighting: Sus-tainable Design Methods for Architects.* Hoboken, NJ: John Wiley & Sons, 2008.

Macaulay, David R., and McLennan, Jason F. *The Ecological Engineer, Volume 1: KEEN Engineer-ing.* Bainbridge Island, WA: Ecotone Publishing, 2005.

Existing Buildings

Yudelson, Jerry. *Greening Existing Buildings.* New York, NY: McGraw-Hill Professional, 2009.

Financial

Dell'Isola, Alphonse, and Kirk, Stephen J. *Life Cycle Costing for Facilities.* Kingston, MA: Construction Publishers & Consultants, 2003.

Hawken, Paul. *The Ecology of Commerce: A Declara-tion of Sustainability.* New York, NY: Harper Busi-ness, 1994.

Hawken, Paul, with Lovins, Amory, and Lovins, L. Hunter. *Natural Capitalism: Creating the Next Industrial Revolution.* New York, NY: Back Bay Books, 2008.

Melaver, Martin, and Muehler, Phyllis. The Green *Building Bottom Line: The Real Cost of Sustain-able Building.* New York, NY: McGraw-Hill Profes-sional, 2008.

Muldavin, Scott. *Value Beyond Cost Savings: How to Underwrite Sustainable Properties.* San Rafael, CA: Green Building Finance Consortium, 2010.

Romm, Joseph J. *Lean and Clean Management: How to Boost Profits and Productivity by Reducing Pol-lution.* New York, NY: Kodansha American, Inc, 1994.

Shumaker, E. F. *Small is Beautiful: Economics as if People Mattered. New York*, NY: Harper Perennial, 1989.

General

Capra, Fritjof. *The Web of Life: A New Scientific Understanding of Living Systems*. New York, NY: Anchor Books, 1996.

Contributing authors. *Green Building: Project Plan-ning and Cost Estimating*. Kingston, MA: Con-struction Publishers & Consultants, 2002.

Friedman, Thomas L. *Hot, Flat and Crowded: Why We Need a Green Revolution—And How It Can Renew America*. New York, NY: Farrar, Straus and Giroux, 2008.

Gould, Kira, and Hosey, Lance. *Women in Green: Voices of Sustainable Design*. Bainbridge Island, WA: Ecotone Publishing, 2007.

Johnson, Bart R., and Hill, Kristina. *Ecology and De-sign: Frameworks for Learning. Washington*, DC: Island Press, 2002.

Lyle, John Tillman. *Regenerative Design for Sustain-able Development*. Hoboken, NJ: John Wiley & Sons, 1996.

McLennan, Jason F. *The Philosophy of Sustainable Design*. Kansas City, MO: Ecotone, 2004.

Wilson, Edward O. *The Future of Life*. New York: Al-fred A. Knopf, 2002.

Yudelson, Jerry. *Green Building A to Z: Under-standing the Language of Green Building*. Brit-ish Columbia, Canada: New Society Publishers, 2007.

Yudelson, Jerry, and Fedrizzi, S. Richard. *The Green Building Revolution. Washington*, DC: Island Press, 2007.

Green Building Guidelines

Rider, Traci Rose. *Understanding Green Building Guidelines: For Students and Young Profession-als*. New York, NY: W. W. Norton & Company, 2009.

Integrative Design

Macaulay, David R. *Integrated Design-MITHUN*. Bainbridge Island, WA: Ecotone Publishing, 2008.

Reed, Bill, and 7Group. *The Integrative Design Guide to Green Building: Redefining the Practice of Sustainability (Sustainable Design)*. Hoboken, NJ: John Wiley & Sons, 2009.

Yudelson, Jerry. *Green Building Through Integrative Design*. New York, NY: McGraw-Hill Professional, 2008.

Interiors

Bonda, Penny, and Sosnowchik, Katie. *Sustainable Commercial Interiors*. Hoboken, NJ: John Wiley & Sons, 2006.

Dennis, Lori. *Green Interior Design*. New York, NY: Allworth Press, 2010.

Foster, Kari, Stelmack, Annette, and Hindman, Deb-bie. *Sustainable Residential Interiors*. Hoboken, NJ: John Wiley & Sons, 2006.

Landscape Architecture

Foster, Kelleann. *Becoming a Landscape Architect: A Guide to Careers in Design*. Hoboken, NJ: John Wiley & Sons, 2009.

Management

McElroy, Mark W., and van Engelen, Jo M. L. *Cor-porate Sustainability Management—The Art and Science of Managing Non-Financial Performance*. UK: Earthscan, 2011.

Materials

Calkins, Meg. *Materials for Sustainable Sites: A Com-plete Guide to Evaluation, Selection, and Use of Sustainable Construction Materials*. Hoboken, NJ: John Wiley & Sons, 2008.

McDonough, William, and Braungart, Michael. *Cra-dle to Cradle*. New York, NY: North Point Press, 2002.

Real Estate

Rocky Mountain Institute, Wilson, Alex, Uncapher, Jenifer L., McManigal, Lisa, Lovins, L. Hunter, Cureton, Maureen, and Browning, William D. *Green Development: Integrating Ecology and Real Estate*. Hoboken, NJ: John Wiley & Sons, 1998.

Urban Planning

Bayer, Michael, with Frank, Nancy, and Valerius, Jason. *Becoming an Urban Planner: A Guide to Careers in Planning and Urban Design*. Hoboken, NJ: John Wiley & Sons, 2010.

Farr, Douglas. *Sustainable Urbanism: Urban Design with Nature*. Hoboken, NJ: John Wiley & Sons, 2007.

Melaver, Martin, and Anderson, Ray. *Living Above the Store: Building a Business That Creates Value, Inspires Change, and Restores Land and Community—How One Family Business Trans-formed... Using Sustainable Management Prac-tices.* White River Junction, VT: Chelsea Green Publishing, 2009.

DVD
Green is the Color of Money http://web.mac.com/ sheddproductionsinc/SheddProductions%2CInc./ Welcome.html

Water
Yudelson, Jerry. *Dry Run: Preventing the Next Urban Water Crisis.* British Columbia, Canada: New Soci-ety Publishers, 2010.

Volunteer—Get Involved

Arbor Day Foundation
www.arborday.org/programs/volunteers/

Clean Water Action
www.cleanwateraction.org/action_center/ online_actions

Environmental Defense Fund
www.edf.org

GreenPlate
www.greenplate.org/volunteerform/

Healthy Child Healthy World
http://healthychild.org/get-involved/

Natural Resources Defense Council
www.nrdc.org

National Park Service
www.nps.gov/getinvolved/volunteer.htm

National Wildlife Federation
www.nwf.org/

Sierra Club
www.sierraclub.org/

The Clean Air Campaign
www.cleanaircampaign.org/

The Nature Conservancy
www.nature.org/

The Ocean Project
www.theoceanproject.org/

U.S. Green Building Council
www.usgbc.org

World Wildlife Fund
www.worldwildlife.org/how/index. html#takeAction

索 引